建筑电气工程常用技能丛书

工程设计

张日新　张威　吕佳丽　编

中国电力出版社

CHINA ELECTRIC POWER PRESS

内 容 提 要

本书着重介绍了建筑电气工程设计的基础、建筑电气工程设计的开展、建筑电气工程设计的表达、建筑电气工程设计的实施、变配电工程设计、配电线路设计、低压配电系统设计、动力电气系统设计、照明电气系统设计、电气控制设计、楼宇自动化设计、建筑智能化系统设计、防雷与接地设计。

本书内容丰富、简明易懂、综合性强，以培养和增强读者的建筑电气工程基础及应用能力为目的，知识点由易到难逐渐深入。

本书可作为建筑电气设计人员学习的参考书，特别适用于作为电气类、建筑类本、专科及高职不同层次教学的教材，或电气工程设计专业人员继续教育的辅导用书。

图书在版编目(CIP)数据

工程设计/张日新，张威，吕佳丽编. —北京：中国电力出版社，2015.3

(建筑电气工程常用技能丛书)

ISBN 978-7-5123-7149-1

Ⅰ.①工… Ⅱ.①张… ②张… ③吕… Ⅲ.①房屋建筑设备-电气设备-建筑设计 Ⅳ.①TU85

中国版本图书馆 CIP 数据核字(2015)第 017563 号

中国电力出版社出版、发行

(北京市东城区北京站西街 19 号　100005　http://www.cepp.sgcc.com.cn)

航远印刷有限公司印刷

各地新华书店经售

*

2015 年 3 月第一版　2015 年 3 月北京第一次印刷

710 毫米×980 毫米　16 开本　21 印张　386 千字

定价 **55.00** 元

前　言

随着社会的进步和国民经济的飞速发展，建筑工程已成为当今最具有活力的一个行业。民用、工业以及公共建筑如雨后春笋般在全国各地拔地而起，伴随着建筑施工技术的不断发展与成熟，建筑产品在品质、功能等方面有了更高的要求。与此同时，承担着建筑内能源供应、信息传递、安全防范、设备控制以及智能管理的电气工程的地位变得日益突出，进而已成为现代建筑的一个重要的组成部分。

目前，社会对建筑电气工程技术人才的需求越来越多，各大高等院校也在积极建立和完善建筑电气工程专业人才培养体系，获得了显著的成效。近年来，随着高校毕业生逐年增加，建筑电气专业人员队伍不断壮大，也为整个电气工程行业带来了新鲜的血液。可是初出茅庐的高校毕业生，在管理能力、社会经验、实际操作等方面都极为欠缺，他们中的大多数人不能迅速成为一名合格的技术人员，就业前景不容乐观。如何让这些刚刚参加工作的毕业生的管理能力和技术水平得到快速的提高？这就迫切需要可供刚刚入岗人员在工作之余学习和参考的具有较高实用价值的资料性读物，本套丛书的编写就是基于这样的背景而完成的。希望本套丛书能够为高等院校建筑电气工程专业的读者提供帮助，也可作为教学、辅导的参考用书。

本书全面、细致地介绍了建筑电气工程设计的理论基础和专业技术。既包含了传统电气工程强电内容，也涵盖了新型电气工程弱电技术，同时，还针对当前的电气工程发展的趋势，着重介绍了建筑电气工程智能化、自动化、信息化等相关知识。在内容上由浅及深、循序渐进，适合不同层次的读者，尤其适合新手尽快入门熟练应用。在表达上简明易懂、图文并茂、灵活新颖，杜绝了枯燥乏味的讲述，分别列出需要掌握的技能，让读者一目了然。

目前，电气工程各领域发展迅速，学科之间的联系越来越紧密，虽然编者在编写时力求做到内容全面、及时，但由于自身专业水平有限，时间仓促，书中难免有疏漏和不当之处，恳请读者批评指正。我们诚挚地希望本套丛书能为奋斗在建筑电气工程行业的朋友带来更大的帮助。

编　者

2015 年 2 月

目　录

第一章

建筑电气工程设计的基础

技能 1　了解建筑工程设计的任务

工程设计的服务对象是建设工程。

工程设计的任务就是在工程建设中贯彻国家基本建设的方针和技术经济政策，作出切合实际、安全适用、技术先进、综合经济效益好的设计。

工业、民用及公共建筑工程是由各种建、构筑物，生产和生活的各种设备、设施及管道，给排水各措施，空调及通风各机械设备等构成。而工程中的电气系统是由各种各样的电气设备构成的。尽管其种类成千上万，但从在建筑工程内的空间效果来考虑，都可以分为以下两大类。

（1）占空性设备。占空性设备指在建筑物内要占据一定建筑空间的各种供电、配电、控制、保护、计量及用电的各种设备，如变压器、配电屏、照明箱、控制柜和电动机等，它们均占有一定的空间，功能集中、特性外露、动作频繁。

（2）广延性设备。广延性设备指纵、横、上、下穿越各建筑部位，广为延伸到各个电气设备及信息终端的各种线、缆、管、架，甚至无线通道，如直埋电力电缆、穿 PVC 管的绝缘导线、光纤及信息插座等。它们少占甚至不占空间，具有隐蔽性的同时又具有故障率高、更换性难的特点。

技能 2　了解建筑电气工程的作用

（1）环境优良。电是工业生产中最好的动力能源，能做到稳定、可靠、净化、无污染。生活环境的声/像、温/湿、光/气（空气）均依靠电气实现。人们生活日渐增多的舒适要求全靠电气工程来实现。

（2）快捷方便。工业生产最需要的快捷、及时、易切换、易调整，生活中的给排水，电梯运送，家用电器及通信、电视、消防都要依靠电气实现。

（3）安全可靠。系统自身的可靠、安保、防灾措施以及防雷、躲避过电压、过电流冲击，同样离不开电气工程。

（4）控制精良。电气工程能依据各种使用要求和随机状况对设备和系统及时进行有效的控制和调节。特别是计算机智能系统和电气联合能使生产和楼宇达到预期控制水平，做到节能、降耗，延长寿命，效果完善，控制精良。

（5）信息综合。使用电气工程能解决车间之间、楼宇内外、异地分布的各下属分公司的各种不同信息的收集、处理、存储、传输、检索和提供决策，实现信息的综合使用。这一点在当前这个信息高速膨胀的时代显得尤其重要。

技能 3　　掌握建筑电气工程的设计原则

1. 安全

由于电使用的广泛性及隐蔽性，使得电具有易忽视性、易发生性和易扩展性，再加上电反应的瞬时性及结构上的逐级联网性，使得"安全用电"应放在首位。而且要从生命、设备、系统、工厂及建筑等方面，在设计阶段予以充分、全面地考虑。

电气安全包含三个方面的内容，见表 1-1。

表 1-1　　　　　　　　　　　　电气安全包含的内容

项　目	内　容
人身安全	生命是最宝贵的财富。电气工程设计中人的安全还要包括操作、维护人员的安全以及使用电的人的安全。前者一般具备电的专业知识，而后者不一定具备电的专业知识，甚至不了解电的基本常识
供电系统、供电设备自身的安全	供电系统的正常运行是工业正常生产、楼宇正常运行的前提，而各种消防、安保等安全设施的工作运行，也是以电能正常供应为先决条件的
保证供电和用电的设备、装置、楼宇及建筑的安全	特别是防止电气事故引发的电气性火灾。一旦发生火灾要控制，并使其在尽可能小的区域内，尽早发现、及时地排除。当前建筑的失火，多因电气而致

2. 可靠

供电电源的可靠即供电的不间断性，也即供电的连续性。根据供电负荷对不间断供电的要求的严格性，供电负荷分类见表 1-2。

表 1-2　　　　　　　　　　　　供电负荷分类

项　目	内　容
一级负荷	需两个独立电源供电，特殊情况加自备发电设备
二级负荷	有一个备用电源
三级负荷	供电无特殊要求

供电质量的可靠，包含以下两个方面。

（1）参数指标。如电压、频率、波形的正弦规律的误差限定在规定的范围内。

（2）不利成分。如高次谐波、瞬态冲击电压减小到一定的范围。

3. 合理

（1）符合要求。设计必须贯彻执行国家有关的政策和法令，要符合现行国家、行业、地方、部门的各种规程、规范及要求。

（2）符合国情。设计要满足使用要求，也要符合建设方的经济实力，同时还要考虑管理及运行、维护及修理、扩充及发展的需要。

4. 先进

（1）要杜绝使用落后、淘汰的设备，并要在经济合理的前提下，面向未来发展，采用切实可行、经国家认定成熟的先进技术。

（2）未经认定可靠的技术是不能在一般工程上试用的。在投资费用与技术先进的矛盾中，注意防止片面强调节约投资的趋向。

（3）还要充分为未来发展考虑，兼顾运行维护，预计增容扩建。

1）运行检验设计质量。设计时要充分考虑到正常运行时的维护管理、操作使用、故障排除及安装测试、吊装通道等问题。正式运行后才能综合反映、客观检验整体设计质量。

2）要预计五年内发展的配电路数和容量，留出位置及空间。

5. 实用

（1）节能降耗。节能降耗是工程设计各专业中与电专业联系最为密切的。这一工作必须贯穿整个设计，从电器设备选型到系统构成的各个阶段。同时还要在降低物耗、保护环境、综合利用、防止重复建设等方面全面考虑。

（2）符合实际要求。消防、安保、通信、闭路电视、规划、环保各方面都有各种具体实际的要求，设计时必须要综合、全面考虑。

技能 4　熟悉建筑电气工程的设计要求

建筑电气工程的设计一般分为方案设计、初步设计和施工图设计三个阶段。对于技术要求相对简单的民用建筑工程，经有关部门同意，且合同中没有做初步设计的约定，可在方案设计审批后直接进入施工图设计。这是因为民用建筑工程的方案设计文件用于办理工程建设的有关手续，施工图设计文件用于施工，都是必不可少的；初步设计文件用于审批（包括政府主管部门和/或建设单位对初步设计文件的审批）。若无审批要求，初步设计文件就没有出图的必要。因此，对于无审批要求的建筑工程，经有关部门同意，且合同中有不做初步设计的约定，可在方案设计审批后直接进入施工图设计。

建筑电气工程的设计包括以往统称的强电、弱电设计内容，也包括建筑智能化系统的设计内容。我国实行的建筑电气注册工程师制度无强电、弱电之分，故统称为建筑电气。建筑电气工程的设计的具体要求如下。

（1）必须先了解建设单位的需求和提供的设计资料，必要时还要了解电气设备的使用情况。完工后的建筑工程是以交付建设单位使用，满足建设单位的使用需要为设计的最根本目的。当然，不能盲目地去满足，而是在客观条件许可之下适当地实现。因此，在设计中应进行多方案的比较，选出技术、经济合理的方案，加以设计和施工。

（2）设计是用图样表达的产品，尚需施工单位去建设工程实体。因此，设计方案能否满足施工是一个很重要的问题，否则只是"纸上谈兵"而已。一般来说，设计者应掌握电气施工工艺，了解各种安装过程以使图样有指导作用。

（3）由于电气装置使用的能源和信息来自市政设施的不同系统，因此，在开始进行方案设计构想时，就应考虑到能源和信息输入的可能性及具体措施。与之相关的设施就是供电网络、通信网络和消防报警网络等，相应地就要和供电、电信和消防等部门进行业务联系。

（4）"安全用电"在建筑设计中是个特别重要的问题。因此，在设计中考虑多种安全用电设施是非常必要的，同时还要保证建筑电气设计的内容完全符合电气的相关规程、规定。在这方面，当地供电、电信和消防等部门不但是能源和信息的供应单位，而且还是"安全用电"和"防火报警"的管理部门。建筑电气设计的关键应该是经过这些部门的审查后，方能进行施工与验收。

（5）建筑电气是建筑工程重要的一部分，与其本体不可分割，而且与其他"系统"纵横交错、休戚相关。一栋具备完善功能的建筑物，应该是集土建、水、暖、电等系统所组成的统一体。建筑电气的设计必须与建筑协调一致，按照建筑物格局进行布置，同时要不影响结构的安全，在结构安全的许可范围内"穿墙越户"。建筑电气设备与建筑设备"争夺地盘"的矛盾特别多。因此，要与设备专业协调"划分地盘"。如在走廊内敷设干线、干管时，设计中应先约定电气线槽与设备干管各沿走廊的一侧敷设，并协商好相互跨越时的高度。

总之，各专业在设计中要协调好，认真进行专业间的校对，否则易造成返工和损失建筑功能。

技能 5　　熟悉建筑电气工程设计的程序

建筑电气工程设计的程序如图 1-1 所示。

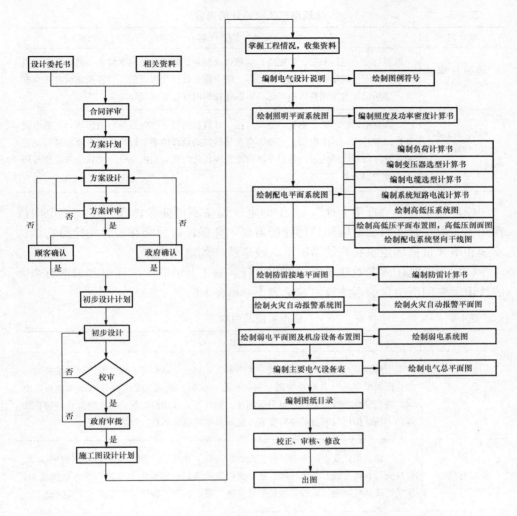

图 1-1 建筑电气工程设计的程序

（1）利用电工学和电子学的理论与技术，在建筑物内部人为创造并保持合理的环境，以充分发挥建筑物功能的一切电工设备、电子设备和系统，称为建筑电气设备。而建筑电气设备从广义上讲包括工业与民用建筑电气设备两方面。下面仅讨论民用建筑范畴内的问题，概括地说，建筑电气工程设计的内容可以分为两大部分，见表 1-3。

表 1-3　　　　　　　　　　　　建筑电气工程设计的内容

项　目	内　容
照明与动力（"强电"系统）	照明与动力包括照明、供配电、建筑设备控制、防雷、接地等设备，其中照明、供配电、防雷、接地是传统的设计内容。随着建筑现代化程度的提高以及建筑向高空发展，建筑设备的控制要求越来越高，因此控制内容也越来越复杂
通信与自动控制（"弱电"系统）	含有电话、广播、电视、空调自控、计算机网络、火灾报警与消防联动、机电设备自控等系统，其中电话、广播、电视是传统的设计内容，计算机网络及各种自动控制系统等属新增的内容。它们是体现建筑现代化的重要组成部分，尤其是高层建筑所必不可少的装备

（2）建筑物是"百年大计"，其中的电气设备不可能考虑在百年，但也应该在相当一段长时间内能适应建筑功能的需要，并保证以后能在不影响建筑物结构安全和不大量损坏建筑装修的情况下，改造或增加电气设施。

（3）为了能让读者对建筑电气工程设计、施工及验收中的强电和弱电有全面的认识，它们所包含的系统及内容见表 1-4 和表 1-5。

表 1-4　　　　　　　　　　　　强电系统及内容

项　目	内　容
室外电气	架空线路及杆上电气设备安装，变压器、箱式变电站安装，成套配电柜（箱）和动力、照明配电箱（盘）及控制柜（屏、台）安装，电线、电缆导管和线缆敷设，电线、电缆穿管和线槽敷线，电缆头制作、导线连接和线路电气试验，建筑物外部装饰灯具、航空障碍灯和庭院路灯安装，建筑照明通电试运行，接地装置安装
变配电站	变压器、箱式变电站安装，成套配电柜（箱）和动力、照明配电箱及控制柜（屏、台）安装、裸母线、封闭母线、插接式母线安装，电缆沟内和电缆竖井内电缆敷设，导线连接和线路电气试验，接地装置安装，避雷引下线和变配电室接地干线敷设
电气动力	成套配电柜（箱）和动力、照明配电箱（盘）及控制柜（屏、台）安装，电动机、电加热器及电动执行机构检查、接线，低压电气动力设备检测、试验和空载运行，桥架安装和桥架内电缆敷设，电线、电缆导管和线槽敷设，电线、电缆穿管和线槽敷线，电缆头制作、导线连接和线路电气试验，插座、开关、风扇安装
备用电源不间断电源安装	成套配电柜（箱）和动力、照明配电箱（盘）及控制柜（屏、台）安装，柴油发电机组安装，蓄电池组安装，不间断电源的其他功能单元安装，裸母线、封闭母线、插接式母线安装，电线、电缆导管和线槽敷设，电缆头制作、导线连接和线路电气试验
防雷和接地安装	接地装置安装，防雷引下线和变配电室接地干线敷设，建筑物等电位连接，接闪器安装

表 1-5	弱电系统及内容
项 目	内 容
建筑物设备自动化系统	暖通空调及冷热源监控系统安装,供配电、照明、动力及备用电源监控系统安装,卫生、给排水、污水监控系统安装,其他建筑设备监控系统安装
火灾报警与消防联动系统	火灾自动报警系统安装,防火排烟设备联动控制安装,气体灭火设备联动控制系统安装,消防专用通信安装,事故广播系统、应急照明系统安装,安全门、防火门或防火水幕控制系统安装,电源和接地系统调试
建筑物保安监控系统	闭路电视监控系统、防盗报警系统、保安门禁系统、巡查监控系统安装,线路敷设,电源和接地系统调试
建筑物通信自动化系统	电话通信和语音留言系统、卫星通信和有线电视广播系统、计算机网络和多媒体系统、大屏幕显示系统安装,线路敷设,电源和接地系统安装,系统调试
建筑物办公自动化系统	电视电话会议系统、语音远程会议系统、电子邮件系统、计算机网络安装、线路敷设,源和接地安装,系统调试
广播音响系统	公共广播和背景音乐系统及音响设备安装、线路敷设、电源和接地安装,系统调试
综合布线系统	信息插座、插座盒、适配器安装,跳线架、双绞线、光纤安装和敷设,大对数电缆馈线、光缆安装和敷设,管道、直埋铜缆或光缆敷设,防雷、浪涌电压装置安装,系统调试

技能 7　了解建筑电气工程设计的依据

1. 基本依据

（1）批复文件。项目批复文件包括来源、立项理由、建设性质、规模、地址及设计范围与分界线等。初步设计阶段要依据正式批准的"初步设计任务书"。施工图设计阶段依据有关部门对初步设计的"审批修改意见"及建设单位的"补充要求",此时不得随意增、减内容。如果设计人员对某具体问题有不同意见,通过双方协商,达成一致后,应以文字形式确定下来作为设计依据。

（2）供电范围。供电要求包括电源容量、电压、频率偏差和耗电情况,应保持用电连续性、稳定性、冲击性、频繁性、联锁性和安全性,以及对防尘、防腐、防爆、温度、湿度的特殊要求,建设方五年内用电增长及规划,工厂本身全年计划产量及计划用电量。对电气专业的要求包括自动控制、联锁关系和操作方式等。设计边界的划分要防止与土建混淆,土建是以国土规划部门划定的红线确定范围;电气通常是建设单位（俗称甲方）与供电主管部门商议,不以红线,而是以工程供电线路接电点来划定的。它可能在红线内,也可能在红线外。与其他单位联合进行电气设计时,还必须明确彼此的具体分工、交接界限,本单位设计的具体任务及必须向合作方提供的条件（含技术参数）。所以往往又要区分内部线路与外部网络、设计范围与保护范围、建设范围与管属范围。

（3）地区供电。

1）电源来源、回路数、长度、引入方位、供电引入方式（专用或非专用、架空或埋地）。

2）供电电压等级、正常电源外的备用电源、保安电源以及检修用电的提供。

3）高压供电时，供电端或受电母线短路参数（容量、稳态电流、冲击电流、单相接地电流）。

4）供电端继保方式的整定值（动作电流及动作时间）、供电端对用户进线的继保时限及方式配合要求。

5）供电计量方式（高供高计、高供低计或低供低计）及电费收取（含分时收费、分项收费）办法。

6）对功率因数、干扰指标及其他方面的要求。

（4）服务设施。

1）电信设备位置、布局及提供通信的可能程度，如中继线对数，专用线申办可能、要求、投资，电话制式及未来打算，线路架设及引入方式。

2）闭路电视及宽带多媒体通信现状、等级、近期规划。应具体了解工程位置所在地其他布局、安排，如电视频道设置、电视台方位及工程所在地磁场强度。个别工程还要了解无线、卫星通信的接收可能性及电磁干扰状况。

3）消防主管部门对当地消防措施的具体要求、地方性消防法规。环保要求中个别工程要注意电磁干扰的限制性指标。

4）地区通信，宽带网系统的现状、等级、未来规划发展及在本工程位置具体布局、安排。电信部门所能提供中继线的对数，专用线申办的可能性、要求及投资，电缆电视的要求，消防、火灾报警及数据通信的具体要求。

（5）气象资料。一般情况是向当地气象部门索取近 20 年来当地全部气象资料，包括以下内容：

1）年均温。月均温的全年 12 个月的平均值，为全年气候变化的中值，用于计算变压器使用寿命及仪表校验。

2）最热月最高温。每日最高温的月平均值，用于选室外导线及母线。

3）最热月平均温。每日均温，即一天 24h 均值的月均值，用于选取室内绝缘线及母线。

4）一年中连续三次的最热日昼夜均温。用于选取敷设在空气中的电缆。

5）土壤中 0.7～1.0m 深处一年中最热月均温。用于考虑电缆埋地载流量。

6）最高月均水温。影响水循环散热作用。

7）土壤热阻系数。电缆在黏土和沙土中的允许载流量不同。

8）年雷电小时及雷电日数。涉及防雷措施。

9）土壤结冰深度。涉及线缆埋地敷设。

10）土壤电阻率。关系接地系统接地电阻大小。

11）50年一遇最高水位。涉及工程防洪、防水淹措施，尤其是变配电站地址选择。

12）地震烈度。关系变、配、输电建筑及设施抗震要求。

13）30年一遇最大风速。

14）空气温度。离地2m、无阳光直射空气流通处空气温度，用于考虑设备温升及安装。

15）空气湿度。每立方米空气含水蒸气质量（g/m^3）或压力［mmHg（1mmHg＝133.322Pa）］，为绝对湿度。空气中水蒸气与同温饱和水蒸气密度或压力之比为相对湿度，用以考虑设备绝缘强度、绝缘电阻及材料防腐。

（6）地区概况。

1）工程所在地段的标准地图，随工程大小及不同阶段，图样比例不同。

2）当地及邻近地区大型设备检修、计量、调试的协作可能。

3）当地电气设备及相关关键元件材料生产、制造情况、价格、样本及配套性。

4）当地类似工厂电气专业技经指标，如工厂需要系数、照度标准、单产耗电及地区性规定和要求。

（7）控制设计。如果涉及控制设计，则需增加以下内容。

1）工艺对控制仪表的要求。

2）引进专用仪表有关厂商的技术资料（含接线、接管、安全、要求）。

3）国内有关新型仪表的技术资料、使用情况及供货情况。

4）生产过程控制系统有关的自锁及联锁要求。

5）仪表现场使用情况。

6）机、电、仪一体化配套供应情况及接线要求。

（8）常规要求。建筑的类型、等级，相适应的规程、规定、要求，电专业具备的功能，为设计的内容及要求。如宾馆、饭店是何等星级，它的装修、配置差别很大。剧场、会场还应包括舞美灯光、扩声系统。学校建筑应有电铃、有线广播、多媒体教学，且照明也有特殊之处。

2. 合同依据

（1）与当地供电部门签订供电合同。

1）可供电源电压及方式（专线或非专线、架空或电缆）、距离、路线与进入本厂线路走向。

2）电力系统最大及最小运行方式时供电端的短路参数。

3）对用户的功率因数、系统谐波的限量要求。

4）电能计量的方式（高供高计、高供低计、低供低计）、收费办法、电贴标准。

5）区外电源供电线路的设计施工方案、维护责任、用法及费用承担情况。

6）区内降/配电站继电保护方式及整定要求。

7）转供电能、躲峰用电、防火、防雷等特殊要求。

8）开户手续。

（2）与电信、闭路电视部门签订合同。

（3）倾听、征求消防、环保、交通、规划等相关部门的意见及要求，商议后签订合同。

技能 8　熟悉建筑电气工程设计的资料

1. 法规资料

（1）由全国和地方（省、自治区、直辖市）人民代表大会制定并颁布执行的法律和各级政府主管部分颁布实施的规定、条例等统称为法规。

（2）有关建设方面的法规是从事建设活动的根本依据，是规范行业活动的保障。因此，法规在其行政区划内都是必须执行的。

（3）法律条文通常制定得较为原则，有时还附有实施细则。各级政府主管部门根据法律和其他有关规定，制定更具有针对性和可操作性的规定、条例。

（4）法规通常由颁布部门负责解释。

（5）工作中还应遵守国家和地方的其他有关法规。

2. 规范标准

（1）标准是对重复性事物和概念所做的统一规定。它以科学、技术和实践经验的综合成果为基础，经有关方面协商一致，由主管机构批准，以特定形式发布，作为共同遵守的准则和依据。

（2）标准的分级如下。

1）国家标准：由国家标准化和工程建设标准化主管部门联合发布，在全国范围内实施。1991 年以后，强制性标准代号采用 GB，推荐性标准代号采用 GB/T，发布顺序号大于 50 000 者为工程建设标准，小于 50 000 者为工业产品等标准。

2）行业标准：由国家行业标准化主管部门发布，在全国某一行业内实施，同时报国家标准化主管部门备案。行业标准的代号随行业而不同。对"建筑工业"行业，强制性标准代号采用 JG，推荐性标准代号采用 JG/T；属于工程建设标准的，在行业代号后加字母 J。"城镇建设"行业标准代号为 CJJ（CJJ/T）。

3）地方标准：由地方（省、自治区、直辖市）标准化主管部门发布，在某一地区范围内实施，同时报国家和行业标准化主管部门备案。地方标准的代号随发布标准的省、市、自治区而不同。强制性标准代号采用"DB＋地区行政区划代码的前两位数"，推荐性标准代号在斜线后加字母 T。属于工程建设标准的，不少的地区在 DB 后另加字母 J。

4）企业标准：由企业单位制定，在本企业单位内实施。企业产品标准报当地标准化主管部门备案。企业标准代号为 QB（与轻工行业代号一样）。

5）标准的修改：当标准只作局部修改时，在标准编号后加（××××年版）。

6）四级标准的编制原则：下一级标准提出的技术要求不得低于上一级的标准，但可以提出更高的要求，即国家标准中的要求为最基本的要求，也可以看做市场准入标准。

（3）标准的分类。按照标准的法律属性，我国的技术标准分为强制性标准和推荐性标准两类。

1）强制性标准：凡保障人身、财产安全、环保和公共利益内容的标准，均属于强制性标准，必须强制执行。

2）推荐性标准：强制性标准以外的标准，均属于推荐性标准。

3）我国实行的是强制性标准与推荐性标准相结合的标准体制。其中，强制性标准具有法律属性，在规定的适用范围内必须执行；推荐性标准具有技术权威性，经合同或行政性文件确认采用后，在确认的范围内也具有法律属性。

（4）标准的表达形式。我国工程建设标准有以下三种表达形式。

1）标准：通常是基础性和方法性的技术要求。

2）规范：通常是通用性和综合性的技术要求。

3）规程：通常是专用性和操作性的技术要求。

（5）常用的标准与规范见表 1-6。

表 1-6　　　　　　　　　　常用的标准与规范

规范名称	标准代号
《民用建筑设计通则》	GB 50352—2005
《供配电系统设计规范》	GB 50052—2009
《低压配电设计规范》	GB 50054—2011
《通用用电设备配电设计规范》	GB 50055—2011
《电力工程电缆设计规范》	GB 50217—2007

规范名称	标准代号
《民用建筑电气设计规范（附条文说明）》	JGJ 16—2008
《建筑电气工程施工质量验收规范》	GB 50303—2002
《20kV 及以下变电所设计规范》	GB 50053—2013
《建筑物防雷设计规范》	GB 50057—2010
《建筑物电子信息系统防雷技术规范》	GB 50343—2012
《建筑照明设计标准》	GB 50034—2013
《人民防空地下室设计规范》	GB 50038—2005
《商店建筑设计规范》	JGJ 48—2014
《饮食建筑设计规范》	JGJ 64—1989
《综合医院建筑设计规范》	JGJ 49—1988
《医院洁净手术部建筑技术规范》	GB 50333—2002
《疗养院建筑设计规范》	JGJ 40—1987
《宿舍建筑设计规范（附条文说明）》	JGJ 36—2005
《中小学校建筑设计规范》	GB 50099—2011
《特殊教育学校建筑设计规范（附条文说明）》	JGJ 76—2003
《老年人建筑设计规范》	JGJ 122—1999
《博物馆建筑设计规范》	JGJ 66—1991
《图书馆建筑设计规范》	JGJ 38—1999
《档案馆建筑设计规范》	JGJ 25—2010
《电影院建筑设计规范》	JGJ 58—2008
《剧场建筑设计规范（附条文说明）》	JGJ 57—2000
《体育建筑设计规范（附条文说明）》	JGJ 31—2003
《汽车加油加气站设计与施工规范》	GB 50156—2012
《汽车库建筑设计规范》	JGJ 100—1998
《交通客运站建筑设计规范》	JGJ/T 60—2012
《铁路旅客车站建筑设计规范［2011 年版］》	GB 50226—2007
《冷库设计规范》	GB 50072—2010
《粮食平房仓设计规范》	GB 50320—2001
《锅炉房设计规范》	GB 50041—2008
《生物安全实验室建筑技术规范》	GB 50346—2011
《科学实验建筑设计规范》	JGJ 91—1993
《看守所建筑设计规范》	JGJ 127—2000
《殡仪馆建筑设计规范》	JGJ 124—1999

规范名称	标准代号
《无障碍设计规范》	GB 50763—2012
《住宅设计规范》	GB 50096—2011
《建筑设计防火规范》	GB 50016—2014
《火灾自动报警系统设计规范》	GB 50116—2013
《汽车库、修车库、停车场设计防火规范》	GB 50067—1997
《固定消防炮灭火系统设计规范》	GB 50338—2003
《采暖通风与空气调节设计规范》	GB 50019—2003
《爆炸危险环境电力装置设计规范》	GB 50058—2014
《综合布线系统工程设计规范》	GB 50311—2007
《安全防范工程技术规范》	GB 50348—2004
《视频安防监控系统工程设计规范》	GB 50395—2007
《入侵报警系统工程设计规范》	GB 50394—2007
《出入口控制系统工程设计规范》	GB 50396—2007

3. 技术资料

（1）自然资料。

1）工程建设项目所在地的海拔高度、地震烈度、环境温度、最大温差。

2）工程建设项目所在地的最大冻土深度。

3）工程建设项目所在地的夏季气压、气温（月平均最高、最低）。

4）工程建设项目所在地的地形、地物情况（如相邻建筑物的高度）、气象条件（如雷暴日）和地质条件（如土层电阻率）。

5）工程建设项目所在地的相对温度（月平均最冷、最热）。

（2）电源现状。

1）工程建设项目所在地的电气主管部门规划和设计规定。

2）市政供电电源的电压等级、回路数及距离。

3）供电电源的可靠性。

4）供电系统的短路容量。

5）供电电源的进线方式、位置、标高。

6）供电电源质量。

7）电源计费情况。

（3）电信线路。

1）工程建设项目所在地电信主管部门的规划和设计规定。

2）市政电信线路与工程建设项目的接口地点。

3）市政电话引入线的方式、位置、标高。

（4）有线电视。

1）市政建设项目所在地有线电视主管部门的规划和设计规定。

2）市政有线电视线路与工程建设项目的接口地点。

3）市政有线电视引入线的方式、位置、标高。

4. 工具性资料

常用工具性资料主要包括设计手册、标准图、常用综合图集和常用资料集等。

方案设计阶段与外界的协调见表 1-7。

表 1-7　　　　　　　　　　方案设计阶段与外界的协调

项　目		内　　容
建筑专业	向建筑专业获取资料	（1）建设单位委托设计内容，建筑物位置、规模、性质、标准，建筑物高度、层数、建筑面积等。 （2）市政外网情况（包括电源、电信、电视等）。 （3）主要设备机房布置（包括冷冻机房、变配电机房、水泵房、锅炉房、消防控制室等）
	向建筑专业提供资料	（1）主要电气机房面积、位置、层高及其对环境的要求。 （2）主要电气系统路由及竖井位置。 （3）大型电气设备的运输通路
结构专业	向结构专业获取资料	（1）主体结构形式。 （2）剪力墙、承重墙布置图。 （3）伸缩缝、沉降缝位置
	向结构专业提供资料	（1）变电站位置。 （2）大型电气设备的运输通路
设备专业	向设备专业获取资料	（1）冷冻机房的位置、用电量、制冷方式（电动压缩机或直燃式机）。 （2）空调方式（集中式、分散式）。 （3）水泵种类及用电量。 （4）锅炉房的位置、用电量。 （5）其他设备的性质及用电量
	向设备专业提供资料	（1）柴油发电机容量。 （2）变压器的数量和容量。 （3）主要电气机房对环境温、湿度的要求。 （4）主要设备机房的消防要求。 （5）电气设备用房用水点

技能 10　掌握建筑电气工程设计在初步设计阶段与外界的协调

初步设计阶段与外界的协调见表 1-8。

表 1-8　　初步设计阶段与外界的协调

项目		内容
建筑专业	向建筑专业获取资料	（1）建设单位委托设计内容、方案审查意见表和审定通知书，建筑物位置、规模、性质、用途、标准，建筑物高度、层高、建筑面积等主要技术参数和指标，建筑使用年限、耐火等级、抗震级别、建筑材料的等。 （2）人防工程、防化等级、战时用途等。 （3）总平面位置、建筑物的平、立、断面图及建筑做法（包括楼板及垫层厚度）。 （4）吊顶位置、高度及做法。 （5）各设备机房、竖井位置、尺寸（包括变配电站、冷冻机房、水泵房等）。 （6）防火分区的划分。 （7）电梯类型（普通电梯或消防电梯、有机房电梯或无机房电梯）
	向建筑专业提供资料	（1）变电站位置及平、断面图（包括设备布置图）。 （2）柴油发电机房的位置、面积、层高。 （3）电气竖井位置、面积等要求。 （4）主要配电点位置。 （5）各弱电机房位置、层高、面积等要求。 （6）强、弱电进出线位置及标高。 （7）大型电气设备运输通路的要求。 （8）电气引入线做法。 （9）总平面图中人孔、手孔的位置及尺寸
结构专业	向结构专业获取资料	（1）主体结构形式。 （2）基础形式。 （3）楼板厚度及梁的高度。 （4）梁板布置图。 （5）伸缩缝、沉降缝位置。 （6）剪力墙、承重墙布置图
	向结构专业提供资料	（1）大型设备的位置。 （2）剪力墙上的大型孔洞（如门洞、大型设备运输预留洞等）

项　目		内　　容
设备专业	向设备专业获取资料	(1) 冷冻机房及控制（值班）室的设备平面图；冷冻机组的台数、机组电压等级、电功率、位置及控制要求；冷冻泵、冷却水泵或其他相关水泵的台数、电功率、位置及控制要求。 (2) 各类风机房（空调风机、新风机、排风机、补风机、排烟风机、正压送风机等）的位置、容量、供电及控制要求。 (3) 锅炉房的设备位置及用电量。 (4) 电动排烟口、正压送风口、电动阀的位置。 (5) 其他设备用电性质及容量。 (6) 各类水泵台数、用途、容量、位置、电动机种类及控制要求。 (7) 各场所的消防灭火形式及控制要求。 (8) 消火栓位置。 (9) 冷却塔风机容量、台数、位置。 (10) 各种水箱、水池的位置，液位计的型号、位置及控制要求。 (11) 水流指示器、检修阀及水力报警阀、放气阀等位置。 (12) 各种用电设备（电伴热、电热水器等）的位置、用电容量、相数等。 (13) 各种水处理设备所需电量及控制要求
	向设备专业提供资料	(1) 柴油发电机的容量。 (2) 变压器的容量和台数。 (3) 冷冻机房控制室位置、面积及环境、消防要求。 (4) 主要电气机房对环境、湿度的要求。 (5) 主要电气设备的发热量。 (6) 主要设备机房的消防要求。 (7) 水泵配电控制室的位置、面积。 (8) 电气设备用房用水点
向概、预算专业提供资料		(1) 设计说明及主要设备、材料表。 (2) 电气系统图及平面图

技能 11　掌握建筑电气工程设计在施工图设计阶段与外界的协调

施工图设计阶段与外界的协调见表 1-9。

表 1-9 施工图设计阶段与外界的协调

项　目		内　容
建筑专业	向建筑专业获取资料	（1）建设单位委托设计内容、初步设计审查意见表和审定通知书，建筑物位置、规模、性质、用途、标准，建筑高度、层高、建筑面积等主要技术参数和指标，建筑使用年限，耐火等级，抗震等级，建筑材料等。 （2）人防工程、防化等级、战时用途等。 （3）总平面位置，建筑平、立、断面图及尺寸（承重墙、填充墙）和建筑做法。 （4）吊顶平面图及吊顶高度、做法，楼板厚度及做法。 （5）二次装修部位平面图。 （6）防火分区平面图，卷帘门、防火门形式及位置，各防火分区疏散方向。 （7）沉降缝、伸缩缝位置。 （8）各设备机房、竖井位置及尺寸。 （9）室内外高差（标高）、周围环境、地下室外墙及基础防水做法、污水坑位置。 （10）电梯类型（普通电梯或消防电梯，有机房电梯或无机房电梯）
	向建筑专业提供资料	（1）变配电站位置、房间划分、尺寸标高及设备布置图。 （2）变电站地沟或夹层平面布置图。 （3）柴油发电机房的平面布置图及断面图、储油间位置及防火要求。 （4）变配电设备预埋件。 （5）电气通路上预留洞位置、尺寸、标高。 （6）特殊场所的维护通道（马道、爬梯等）。 （7）各电气设备机房的建筑做法及对环境的要求。 （8）电气竖井的建筑做法要求。 （9）设备运输通道的要求（包括吊装孔、吊钩等）。 （10）控制室配电间的位置、尺寸、层高、建筑做法及对环境的要求。 （11）总平面图中人孔、手孔位置及尺寸
结构专业	向结构专业获取资料	（1）柱子、圈梁、基础等的主要尺寸及构造形式。 （2）梁、板、柱、墙布置图及楼板厚度。 （3）护坡桩、锚杆形式。 （4）基础板形式。 （5）剪力墙、承重墙布置图。 （6）伸缩缝、沉降缝位置
	向结构专业提供资料	（1）地沟、夹层的位置及结构做法。 （2）剪力墙留洞位置、尺寸。 （3）进出线预留洞位置、尺寸。 （4）防雷引下线、接地及等电位连接位置。 （5）机房、竖井预留的楼板孔洞的位置及尺寸。 （6）变电站及各弱电机房荷载要求。 （7）设备基础、吊装及运输通道的荷载要求。 （8）微波天线、卫星天线的位置及荷载与风荷载的要求。 （9）所用结构内钢筋的规格、位置及要求

项　目		内　　容
设备专业	向设备专业获取资料	（1）所有用电设备（含控制设备、送风阀、排烟阀、温湿度控制点、电动阀、电磁阀、电压等级及相数、风机盘管、诱导风机、风幕、分体空调等）的平面位置，并标出设备的编（代）号、电功率及控制要求。 （2）电采暖用电容量、位置（包括地热电缆、电暖气等）。 （3）电动排烟口、正压送风口、电动阀位置及其所对应的风机及控制要求。 （4）各用电设备的控制要求（包括排风机、送风机、补风机、空调机组、新风机组、排烟风机、正压送风机等）。 （5）锅炉房的设备布置、用电量及控制要求等。 （6）各种水泵、冷却塔设备布置图及工艺编号、设备名称、型号、外形尺寸、电动机型号、设备电压、用电容量及控制要求等。 （7）电动阀容量、位置及控制要求。 （8）水力报警阀、水流指示器、检修阀、消火栓的位置及控制要求。 （9）各种水箱、水池的位置，液位计的型号、位置及控制要求。 （10）变频调速水泵容量、控制柜位置及控制要求。 （11）各场所的消防灭火形式及控制要求。 （12）消火栓箱的位置布置图
	向设备专业提供资料	（1）冷冻机房控制室位置面积及对环境、消防要求。 （2）空调机房、风机房控制箱的位置。 （3）空调机房、冷冻机房电缆桥架的位置、高度。 （4）对空调有要求的房间内的发热设备的用电量（如变压器、电动机、照明设备等）。 （5）各电气设备机房对环境温度、湿度的要求。 （6）柴油发电机容量。 （7）室内储油间、室外储油库的储油容量。 （8）主要电气设备的发热量。 （9）变电站及电气用房的用水、排水及消防要求。 （10）水泵房配电控制室的位置、面积。 （11）柴油发电机房用水要求
向概、预算专业提供资料		（1）设计说明及主要设备材料表。 （2）电气系统图及平面图

第二章

建筑电气工程设计的开展

技能 12　　了解建筑电气工程设计在方案设计阶段的内容

1. 设计原则

（1）建筑工程设计文件的编制，必须符合国家的相关法律法规和现行工程建设标准规范的规定，其中工程建设强制性标准必须严格遵守、执行。

（2）方案设计文件应满足编制初步设计文件的需要。

（3）当设计合同对文件编制深度另有要求时，设计文件编制深度应同时满足设计合同的要求。

2. 设计步骤

（1）建设工程项目的申请得到批准后，即进入可行性研究阶段。首先选取定工程位置，并研讨建设规模、组织定员、环境保护、工程进度、必要的节能措施、经济效益分析及负荷率计算等。

（2）收集气象、地质资料、用电负荷情况（容量、特点和分布）、地理环境条件（邻近有无机场和军事设施，是否存在污染源或需跨越的铁道、航道和通信线）等与建设项目有关的重要资料，并和所涉及的有关部门或个人（如电管部门、跨越对象、修建时占用土地、可能损坏青苗的主人等）协商解决具体问题，并取得有关主管部门的同意文件。

（3）设计人员还应提出设想的主接线方案、各级电压出线回路数和走向、平面布置等内容，并进行比较和选择，结合其他专业，将上述问题和解决办法等内容拟出"可行性研究报告"，协助有关部门编制"设计任务书"。

3. 设计内容

（1）工程概况。

（2）工程拟设置的建筑电气系统。

（3）变、配、发电系统。

1）负荷级别以及总负荷估算容量。

2) 城市电网提供电源的电压等级、回路数、容量。

3) 拟设置的变、配、发电站数量和位置。

4) 确定自备应急电源的形式、电压等级、容量。

（4）其他建筑电气系统对城市公用事业的需求。

（5）建筑电气节能措施。

4. 主要工作

（1）根据使用要求和工艺、建筑专业的配合要求，汇总、整理、收集、调研有关资料，提出设备容量及总容量的各种数据。确定供电方式、负荷等级及供电措施设想，必要时要做多方案对比。

（2）绘出供电点负荷容量的分布、干线敷设方位等的必要简图（总图按子项、单项，以配电箱作供电终点）。

（3）对工艺复杂、建筑规模庞大、有自控系统及智能建筑的项目，需编制必要的控制方案并绘制重点智能内容（如消防、安保、宽带）系统简图（或方框简图）。

（4）大型公共建筑还需与建筑专业配合布置出灯位平面图，也可标出灯具形式。

（5）估算主要电气设备所需投资，多方案时应对比经济指标及概算。

技能 13　了解建筑电气工程设计在初步设计阶段的内容

1. 设计原则

（1）建筑工程设计文件的编制，必须符合国家有关法律法规和现行工程建设标准规范的规定，其中工程建设强制性标准必须严格执行。

（2）初步设计文件，应满足编制施工图设计文件的需要。

（3）在设计中宜因地制宜，正确选用国家、行业和地方建筑标准设计，并在设计文件的图样目录或设计说明中注明所用图集的名称。重复利用其他工程的图样时，应详细了解原图利用的条件和内容，并作必要的核算和修改，以满足新设计项目的需要。

（4）当设计合同对文件编制深度另有要求时，设计文件编制深度应同时满足设计合同的要求。

（5）民用建筑工程一般应分为方案设计、初步设计和施工图设计三个阶段。对于技术要求相对简单的民用建筑工程，经有关部门同意，且合同中没有做初步设计的约定，可在方案设计审批后直接进入施工图设计。

2. 设计步骤

根据上级下达的设计任务书所给条件，各个专业开始进行初步设计。

3. 设计内容

（1）设计说明书的内容见表 2-1。

项　目	内　容
设计依据	（1）工程概况。应说明建筑类别、性质、结构类型、面积、层数、高度等。 （2）相关专业提供给本专业的工程设计资料。 （3）建设单位提供的有关部门（如供电部门、消防部门、通信部门、公安部门等）认定的工程设计资料，建设单位设计任务书及设计要求。 （4）设计所执行的主要法规和所采用的主要标准（包括标准的名称、编号、年号和版本号）。 （5）上一阶段设计文件的批复意见
设计范围	（1）根据设计任务书和相关设计资料，说明本专业的设计内容以及与相关专业的设计分工和界面。 （2）拟设置的建筑电气系统。建筑电气所设计的系统，应根据工程的规模、重要程度、复杂程度等，表述本工程需要设置的电气系统，供建设单位选择和有关部门审查，最后确定取舍后作为施工图设计依据。当涉及两个或两个以上设计单位时，应说明各设计单位的设计内容以及各设计单位之间的设计分工与界面
变、配、发电系统	（1）确定符合等级和各级别负荷容量。 （2）确定供电电源及电压等级，要求电源容量及回路数、专用线或非专用线、线路路由及敷设方式、近远期发展情况。 （3）备用电源和应急电源容量确定原则及性能要求；有自备发电机时，说明启动方式及与市电网关系。 （4）高、低压供电系统接线形式及运行方式：正常工作电源与备用电源之间的关系；母线联系开关运行和切换方式；变压器之间低压侧联系方式；重要负荷的供电方式。 （5）变、配、发电站的位置、数量、容量（包括设备安装容量，计算有功、无功、视在容量，变压器、发电机的台数、容量）及形式（室内、室外或混合）、设备技术条件和选型要求，电气设备的环境特点。 （6）继电保护装置的设置。 （7）电能计量装置：采用高压或低压、专用柜或非专用柜（满足供电部门要求和建设单位内部核算要求）、监测仪表的配置情况。 （8）功率因数补偿方式：说明功率因数是否达到供用电规则的要求，应补偿容量和采取的补偿方式和补偿前后的结果。 （9）谐波：说明谐波治理措施。 （10）操作电源和信号：说明高、低压设备的操作电源、控制电源以及运行信号装置配置情况。 （11）工程供电：高、低压进出线路的型号及敷设方式。 （12）选用导线、电缆、母干线的材质和型号及敷设方式。 （13）开关、插座、配电箱、控制箱等配电设备选型及安装方式。 （14）电动机启动及控制方式的选择

表 2-1　　　　　　　　　　　设计说明书的内容

项　目	内　容
照明系统	（1）照明种类及照度标准，主要场所照明功率密度值。 （2）光源、灯具及附件的选择，照明灯具的安装及控制方式。 （3）室外照明的种类（如路灯、庭院灯、草坪灯、地灯、泛光照明、水下照明等）、电压等级、光源选择及控制方法等。 （4）照明线路的选择及敷设方式（包括室外照明线路的选择和接地方式）；若设置应急照明，应说明应急照明的照度值、电源形式、灯具配置、线路选择及敷设方式、控制方式、持续时间等
电气节能和环保	（1）拟采用的节能和环保措施。 （2）表述节能产品的应用情况
防雷	（1）确定建筑物的防雷类别，建筑物电子信息系统雷电防护等级。 （2）防直接雷击、防侧击雷、防雷击电磁脉冲、防高电位侵入的措施。 （3）当利用建（构）筑物混凝土内钢筋做接闪器、引下线、接地装置时，应说明采取的措施和要求
接地及安全措施	（1）各系统要求接地的种类及对接地电阻的要求。 （2）总等电位、局部等电位的设置要求。 （3）接地装置要求，当接地装置需做特殊处理时应说明采取的措施、方法等。 （4）安全接地及特殊接地措施
火灾自动报警系统	（1）按建筑性质确定保护等级及系统组成。 （2）确定消防控制室的位置。 （3）火灾探测器、报警控制器、手动报警按钮、控制台（柜）等设备的选择。 （4）火灾报警与消防联动控制要求、控制逻辑关系及控制显示要求。 （5）概述火灾应急广播、火灾警报装置及消防通信。 （6）概述电气火灾报警。 （7）消防主电源、备用电源供给方式，接地及对接地电阻的要求。 （8）传输、控制线缆选择及敷设要求。 （9）当有智能化系统集成要求时，应说明火灾自动报警系统与其他子系统的接口方式及联动关系。 （10）应急照明的联动控制方式等
安全技术防范系统	（1）根据建设工程的性质、规模，确定风险等级、系统组成和功能。 （2）安全防护区域的确定及划分。 （3）确定视频监控、入侵报警、出入口管理设置地点、数量及监视范围。 （4）访客对讲、车库管理、电子巡查等系统的设置要求。 （5）确定机房位置、系统组成。 （6）传输线缆选择及敷设要求

项　目	内　容
有线电视和卫星电视接收系统	（1）确定系统规模、网络组成、用户输出口电平值。 （2）节目源选择。 （3）确定机房位置、前端设备配置。 （4）用户分配网络、传输线缆选择及敷设方式，确定用户终端数量。 （5）若设置闭路应用电视，应说明电视制作系统组成及主要设备选择
广播、扩声与会议系统	（1）系统组成及功能要求。 （2）会议扩声、投影、同声传译及视频会议系统传输方式。 （3）同声传译模式。 （4）确定机房位置、设备规格。 （5）传输线缆选择及敷设要求
呼应信号及信息显示系统	（1）系统组成及功能要求（包括有线或无线）。 （2）显示装置、时钟等安装部位、种类。 （3）设备规格。 （4）传输线缆选择及敷设要求
建筑设备监控系统	（1）系统组成及控制功能。根据调研，当前实际工程中，热工检测及自动调节系统通常已并入建筑设备监控系统，若设计文件中有热工检测及自动调节系统的设计内容，并入建筑设备控制的条款中统一说明。 （2）确定机房位置、设备规格。 （3）传输线缆选择及敷设要求
计算机网络系统	（1）系统组成及网络结构。 （2）确定机房位置、网络连接部件配置。 （3）网络操作系统，网络应用及安全。 （4）传输线缆选择及敷设要求
通信网络系统	（1）根据工程性质、功能和近远期用户需求，确定电话系统的组成、电话配线形式、配线设备的规格。 （2）当设置电话交换总机时，确定电话机房位置、电话中继线数量及各专业技术要求。若电话系统不含电话机房设计，则仅有线路交接及配线相关内容。 （3）传输线缆选择及敷设要求。 （4）确定市话中继线路的设计分工、中继线路敷设和引入位置。 （5）防雷接地、工作接地方式及对接地电阻的要求
综合布线系统	（1）根据建设工程的性质、功能和近期需求、远期发展，确定综合布线的组成及设置标准。 （2）确定综合布线系统交换、配线设备规格。 （3）传输线缆选择及敷设要求

项 目	内 容
智能化系统集成	(1) 集成形式及功能要求。 (2) 设备选择
其他建筑 电气系统	(1) 系统组成及功能要求。 (2) 确定机房的位置、设备规格。 (3) 传输线缆选择及敷设要求

（2）设计图样的内容见表 2-2。

表 2-2　　　　　　　　　　　　设计图样的内容

项 目	内 容
电气总平面图	(1) 标示建（构）筑物名称、存量，高低压线路及其他系统线路的走向、回路编号，导线及电缆型号规格，架空线、路灯、庭院灯的杆位（路灯、庭院灯可不绘线路），重复接地等。 (2) 变、配、发电站的位置、编号。 (3) 比例、指北针
变、配电系统	(1) 高、低压供电系统图：注明开关柜编号、型号及回路编号、次回路设备型号、设备容量、计算电流、补偿容量、导体型号规格、用户名称、二次回路方案编号。 (2) 平面布置图：应包括高低压开关柜、变压器、母线、发电机、控制屏、直流电源及信号屏等设备平面布置和主要尺寸以及图样比例。 (3) 标示房间层高、地沟位置、标高（相对标高）
配电系统	配电系统（一般只绘制内部作业草图，不对外出图）包括主要干线平面布置图、竖向干线系统图（包括配电及照明干线、变配电站的配出回路及回路编号）
照明系统	对于特殊建筑，如大型体育馆、大型影剧院等，应绘制照明平面图。应包括灯位（含应急照明灯）、灯具规格、配电箱（控制箱）位置，不需连线
火灾自动 报警系统	(1) 火灾自动报警系统图。 (2) 消防控制室设备布置图
通信网络系统	(1) 电话系统图。 (2) 电话机房设备平面图
防雷、接地系统	一般不出图，特殊工程只出顶视平面图、接地平面图。特殊工程是指单独采用滚球法或避雷带网格法不能满足防雷要求的工程，或者是仅使用天然接地体不能满足接地要求的工程
其他系统	(1) 各系统所属系统图。 (2) 各控制室设备平面布置图（若在相应系统图中说明清楚时，可不出图）

（3）主要电气设备表。注明设备名称、型号、规格、单位、数量。

（4）计算书。

1）用电设备负荷计算。

2）变压器选型计算。

3）电缆选型计算。

4）系统短路电流计算。

5）防雷类别的选取或计算，避雷针保护范围计算。

6）照度值和照明功率密度值计算。

7）各系统计算结果还应标示在设计说明书或相应图样中。

8）因条件不具备不能进行计算的内容，应在初步设计中说明，并应在施工图设计时补算。

4. 电专业的工作

（1）根据建设方使用要求及工艺、建筑专业的设计，按照方案设计的原则，绘制供电点、干线分布等简图。根据负荷容量需要系数法计算结果，确定变、配电站需设备规模的大小，给出平面布置图及系统图。

（2）按负荷分类计算，确定供电及控制方式，确定采用的变压器、高低压配电屏的型号、规格及其安装位置布置、功率因数补偿方式、供电线路、过电压及接地保护。

（3）阐述动力控制方式（几地控制、何种方式控制），绘制动力的位置，确定控制屏、箱、台的控制范围，动力电压等级及动力系统形式，导线选择与敷设，安全保护及防触电措施。

（4）确定电气照明的标准，主要区域、场所关键部位的单位照度容量及采用灯型，绘制必要的简图或表格，应急照明及电源切换。

（5）确定建筑物防雷保护等级，接闪器、引下线及接地系统的形式和做法。

（6）确定弱电及自控系统的构成、主要设备的选择、弱电或中央控制室的布置、必要的控制方案的构成。

（7）提出设备材料表及必要图样，应满足工程概算及订货需要（包括供货时间要求）。

技能 14 **了解建筑电气工程设计在施工图设计阶段的内容** //////////////

1. 设计原则

（1）建筑工程设计文件的编制，必须符合国家有关法律法规和现行工程建设标准规范的规定，其中工程建设强制性标准必须严格执行。

（2）施工图设计文件，应满足设备材料采购、非标准设备制作和施工的需要。对于将项目分别发包给几个设计单位或实施设计分包的情况，设计文件相互关联处的深度应满足各承包或分包单位设计的需要。

（3）在设计中宜因地制宜，正确选用国家、行业和地方建筑标准设计，并在设计文件的图样目录或设计说明中注明所用图集的名称。重复利用其他工程的图样时，应详细了解原图利用的条件和内容，并作必要的核算和修改，以满足新设计项目的需要。

（4）对于技术要求相对简单的民用建筑工程，经有关部门同意，且合同中没有做初步设计的约定，可在方案设计审批后直接进入施工图设计。

（5）当设计合同对文件编制深度另有要求时，设计文件编制深度应同时满足设计合同的要求。

2. 设计步骤

（1）初步设计经上级审查批准后，便可根据审查结论和设备材料的供货情况，开始施工图设计。施工图设计说明书中要求编制技术组织措施、各专业间施工综合进度表、协作设计单位的设计分工协议、工程电气施工图总目录，并简要介绍施工图设计原则及与初步设计不相同部分的改进方案的论证，并做出工程预算书。

（2）通用部分应尽量调用国家标准图集中的对应图样，可在保证质量的同时加快设计进度；非标准部分则需由设计者设计制图，并说明设计意图和施工方法。

（3）注意协作专业的互相配合问题，注意图样会签，防止返工、碰车现象等。对于规模较小的工程，也可以将上述三个阶段合并成 1～2 次完成。因此，图样目录中先列新绘制的图样，后列选用的标准图或重复利用图。

3. 设计内容

（1）建筑电气工程设计说明的内容。

1）工程概况，应将经初步（或方案）审核定案的主要指标录入。

2）设计依据、设计范围、设计内容、建筑电气系统的主要指标。

3）各系统的施工要求和注意事项（包括布线、设备安装等）。

4）设备主要技术要求（也可附在相应图样上）。

5）防雷及接地保护等其他系统相关内容（也可附在相应图样上）。

6）电气节能及环保措施。

7）与相关专业的技术接口要求，当涉及两个或两个以上设计单位、施工单位和订货单位时，应说明相关的技术接口要求。

8）对承包商深化设计图样的审核要求。

（2）图例符号见相关标准的规定。

（3）电气总平面图的内容。

1）标注建（构）筑物名称或编号，层数或标高，标注道路、地形等高线和用户的安装容量。

2）标注变、配电站位置、编号，变压器台数、容量，发电机台数、容量，室外配电箱的编号、型号，室外照明灯具的规格、型号、容量。本部分内容如由外单位负责设计，出图时暂不确定的内容（例如供电局负责设计的公共部分的变压器容量等），在电气总平面图中不需要表达，但应加以说明。

3）架空线路应标注线路规格及走向、回路编号、档数、档距、杆高、拉线、重复接地、避雷器等（附标准图集选择表）。

4）电缆线路应标注线路走向、回路编号、敷设方式、人（手）孔型号、位置。当电缆敷设方式、人（手）孔型号等选用标准图时，应标注标准图选用表。

5）绘出比例、指北针。

6）图中未表达清楚的内容可附图作统一说明。

（4）变、配电站设计图的内容如下。

1）高、低压配电系统图（一次线路图）。图中应标明母线的型号、规格，变压器、发电机的型号、规格，开关、断路器、互感器、电工仪表（包括计量仪表）等的型号、规格、整定值。图下方表格标注开关柜编号、开关柜型号、继电器型号、回路编号、设备容量、计算电流、导线型号及规格、敷设方法、用户名称、二次原理图方案号。

2）平、断面图。按比例绘制变压器、发电机、开关柜、控制柜、直流及信号柜、补偿柜、支架、地沟、接地装置等平面布置和安装尺寸等，以及变、配电站的断面图。当选用标准图时，应标注标准图编号、页次以及进出线回路编号、敷设安装方法。图样应有比例。

3）继电保护及信号原理图。继电保护及信号二次原理方案号宜选用标准图、通用图。当需要对所选用标准图或通用图进行修改时，只需绘制修改部分并说明修改要求；控制柜、直流电源及信号柜、操作电源均应选用企业标准产品，图中标注相关产品型号、规格和要求。

4）竖向配电系统图。以建（构）筑物为单位，自电源点开始至终端配电箱为止，竖向配电系统图按设备所处相应楼层绘制，应包括变、配电站变压器台数、容量，发电机台数、容量，各处终端配电箱编号，自电源点引出回路编号（与系统图一致）。

5）相应图样说明。图中表达不清楚的内容，可随图作相应说明。

设计说明书的两个阶段见表 2-3。

表 2-3　　　　　　　　　　　设计说明书的两个阶段

项　　目	内　　容
方案设计阶段	（1）电源。征得主管部门同意的电源设施及外部条件、供电负荷等级、供电措施。 （2）容量、负荷。列表说明全厂装机容量、用电负荷、负荷等级和供电参数。根据使用要求、工艺设计，汇总、整理有关资料，提出设备容量及总容量等各种数据。 （3）总变、配电站。依据总变、配电站的布局和位置及规模，确定负荷的大小。 （4）供电系统。供电系统的选择，及配电箱的干线敷设方式。大型公共建筑需要与建筑配合布置的灯位，并提供灯具形式。 （5）其他。防雷等级及措施，环境保护、节能措施。 （6）主要设备及材料。按子项列出主要设备及材料表说明其选型名称、型号、规格、单位、数量及供货进度。 （7）经济。需要时对不同方案提出必要的经济概算指标对比。 （8）问题。待解决问题以及需提请在设计审批时解决或确定的主要问题
初步设计阶段	（1）设计依据。摘录设计总说明所列批准文件和依据性资料中与本专业设计有关的内容、其他专业提供的本工程设计的条件等。 （2）设计范围。根据设计任务书要求和有关设计资料，说明本专业设计的内容和分工（当有其他单位共同设计时）。如为扩建或改建系统，需说明与新建系统的相互关系、所提内容和分工。 （3）设计技术方案。 1）变、配电工程。 a. 负荷等级。叙述负荷性质、工作班制及建筑物所属类别，根据不同建筑物及用电设备的要求，确定用电负荷的等级。 b. 供电电源及电压。说明电源引来处（方向、距离）、单电源或双电源、专用线或非专用线、电缆或架空、电源电压等级、供电可靠程度、供电系统短路数据和远期发展情况。备用或应急电源容量的确定和型号的选择原则。 c. 供电系统。叙述高、低压供电系统接线形式、正常电源与备用电源间的关系、母线联络断路器的运行和切换方式、低压供电系统对重要负荷供电的措施、变压器低压侧间的联络方式及容量。设有柴油发电机时应说明启动方式及与市电之间的关系。 d. 变、配电站。叙述总用电负荷分配情况、重要负荷的考虑及其容量，给出总电力供应主要指标，变、配电站的数量、位置、容量（包括设备安装容量，计算有功、无功、视在容量，变压器容量）及结构形式（户内、户外或混合），设备技术条件和选型要求。 e. 继电保护与计量。继电保护装置种类及其选择原则，电能计量装置采用高压或低压、专用柜或非专用柜，监测仪表的配置情况。 f. 控制与信号。说明主要设备运行信号及操作电源装置情况，设备控制方式等。

项 目	内 容
初步设计阶段	g. 功率因数补偿方式。说明功率因数是否达到《供用电规则》的要求，应补偿的容量和采取补偿的方式及补偿的结果。 h. 全厂供电线路和户外照明。高、低压进出线路的型号及敷设方式，户外照明的种类（如路灯、庭园灯、草坪灯、水下照明等）、光源选择及其控制地点和方法。 i. 防雷与接地。叙述设备过电压和防雷保护的措施、接地的基本原则、接地电阻值的要求，对跨步电压所采取的措施等。 2）供配电工程。 a. 电源、配电系统。说明电源引来处（方向、距离）、配电系统电压等级和种类、配电系统形式、供电负荷容量和性质，对重要负荷如消防设备、电子计算机、通信系统及其他重要用电设备的供电措施。 b. 环境特征和配电设备的选择。分述各主要建筑的环境特点（如正常、多尘、潮湿、高温或有爆炸危险等），根据用电设备和环境特点，说明选择控制设备的原则。 c. 导线、电缆选择及敷设方式。说明选用导线、电缆或母干线的材质和型号，敷设方式（是竖井、电缆明敷还是暗敷）等。 d. 设备安装开关、插座、配电箱等配电设备的安装方式，电动机启动及控制方式的选择。 e. 接地系统。说明配电系统及用电设备的接地形式、防止触电危险所采取的安全措施、固定或移动式用电设备接地故障保护方式、总等电位联结或局部等电位联结的情况。 3）照明工程。 a. 照明电源。电压、容量、照度标准及配电系统形式。 b. 室内照明。装饰、应急及特种照明的光源及灯具的选择、设置，及其控制方式。 c. 室外照明。种类（如路灯、庭院灯、草坪灯、地灯、泛光照明、水下照明、障碍灯等）、电压等级、光源选择及控制方式等。 d. 照明线路的选择及敷设方式。 e. 照明配电设备的选择及安装方式。 f. 照明设备的接地。 4）建（构）筑物防雷保护工程。 a. 确定防雷等级。根据自然条件、当地雷电日数和建筑物的重要程度确定防雷等级（或类别）。 b. 确定防雷类别。防直接雷击、防电磁感应、防侧击雷、防雷电波侵入和等电位的措施。 c. 当利用建（构）筑物混凝土内的钢筋作接闪器、引下线、接地装置时，应说明采取的措施和要求。 d. 防雷接地阻值的确定。如对接地装置作特殊处理时，应说明措施、方法和达到的阻值要求。当利用共用接地装置时，应明确阻值要求。 5）接地及等电位联结工程。

项　目	内　容
初步设计阶段	a. 接地。工程各系统要求接地的种类及接地电阻要求。 b. 等电位。总等电位、局部等电位的设置要求。 c. 接地装置要求。当接地装置需作特殊处理时，应说明采取的措施、方法等。 d. 等电位接地及特殊接地的具体措施。 6) 自动控制与自动调节工程。 a. 按工艺要求说明热工检测及自动调节系统的组成。 b. 控制原则。叙述采用的手动、自动、远动控制，联锁系统及信号装置的种类和原则；设计对检测和调节系统采取的措施，对集中控制和分散控制的设置。 c. 仪表和控制设备的选型。选型的原则、装设位置、精度要求和环境条件，仪表控制盘、台选型与安装及其接地。 d. 线路选择及敷设。 7) 火灾自动报警及消防联动控制工程。 a. 按建筑性质确定保护等级及系统组成。 b. 消防控制室位置的确定和要求。 c. 火灾探测器、报警控制器、手动报警按钮、控制台（柜）等设备的选择。 d. 火灾自动报警与消防联动的控制要求、控制逻辑关系及监控显示方式。 e. 火灾紧急广播及消防通信的概述。 f. 消防主、备电源供给，接地方式及接地阻值的确定。 g. 线路选型及敷设方式。 h. 应急照明的电源形式、灯具配置、控制方式、线路选择及敷设方式。 i. 当有智能化系统集成要求时，应说明火灾自动报警系统与其子系统，以及与保安、建筑设备计算机管理系统的接口方式及联动关系。 8) 安全技术防范工程。 a. 系统防范等级、组成和功能要求。 b. 保安监控及探测区域的划分、控制、显示及报警要求。 c. 设备选型、导体选择及敷设方式。 d. 系统配置及安装摄像机、探测器安装位置的确定，访客对讲、巡更、门禁等子系统配置及安装，机房位置的确定。 e. 系统。供电方式、接地方式及阻值要求。 9) 线缆电视工程。 a. 系统规模、网络模式、用户输出口电平值的确定。 b. 节目源、电视制作系统、接收天线位置、天线程式、天线输出电平值的确定。 c. 机房位置、前端组成特点及设备配置。 d. 用户分配网络、线缆选择及敷设方式、用户终端数量的确定。 e. 大系统设计时，除确定系统模式外，还需确定传输方式及传输指标的分配（包括各部分信噪比、交互调等各项指标的分配）。 10) 有线广播系统。

项 目	内 容
初步设计阶段	a. 系统组成。 b. 输出功率、送电方式和用户线路敷设的确定。 c. 广播设备的选择，并确定广播室位置。 d. 导体选择及敷设方式。 11）扩声和同声传译工程。 a. 系统组成及技术指标分级。 b. 设备选择以及声源布置的要求。 c. 同声传译方式及机房位置确定。 d. 网络组成、线路选择及敷设。 e. 系统接地和供电。 12）呼叫信号工程。 a. 系统组成及功能要求（包括有线和无线）。 b. 用户网络结构和线路敷设。 c. 设备型号、规格选择。 13）公共显示工程。 a. 系统组成及功能要求。 b. 显示装置安装部位、种类、导体选择及敷设方式。 c. 设备型号、规格选择。 14）时钟工程。 a. 系统组成及子钟负荷分配、线路敷设。 b. 设备型号、规格的选择。 c. 系统供电和接地。 d. 塔钟的扩声配合。 15）车库管理系统。 a. 系统组成及功能要求。 b. 监控室设置。 c. 导体选择及敷设要求。 16）综合布线系统。 a. 根据工程项目的性质、功能、环境条件和近、远期用户要求，确定综合类型及配置标准。 b. 系统组成及敷设选型。 c. 总配线架、楼层配线架及信息终端的配置。 d. 导体选择及敷设方式。 17）建筑设备监控系统及系统集成。 a. 系统组成、监控点数及其功能要求。 b. 设备选型。 c. 导体选择及敷设方式。

项　目	内　　容
初步设计阶段	18）信息网络交换系统。 a. 系统组成、功能及用户终端接口的要求。 b. 导体选择及敷设要求。 19）智能化系统集成。 a. 集成形式及要求。 b. 设备选择。 20）电脑经营管理工程。 a. 系统网络组成、功能及用户终端接口的要求。 b. 主机类型、台数的确定。 c. 用户终端网络组成和线路敷设。 d. 供电和接地。 21）建筑设备智能化管理工程。 a. 说明建筑设备智能化管理系统的划分、系统组成、监控点数、监控方式及其要求。 b. 中心站硬、软件系统，区域站形式，接口位置和要求。 c. 供电系统中正常电源和备用电源的设置，UPS容量的确定和接地要求。 d. 线路敷设方式及线路类别（交、直流及电压种类）

技能 16　　了解建筑电气工程设计计算书的内容

建筑电气工程设计计算书包括以下内容。

（1）各类用电设备的负荷计算。

（2）系统短路电流及继电保护计算。

（3）电力、照明配电系统保护配合计算。

（4）避雷针保护范围及大、中型公用建筑主要场所照度计算。

（5）主要供电及配电干线电压降、发热计算。

（6）导线及主要设备选型计算。

（7）接地电阻计算。

（8）电缆电视系统各点电平分配计算，以及其他特殊计算。

注：上述计算中的某些内容，若因初步设计阶段条件不具备不能进行，或审批后初步设计有较大的修改时，应在施工图阶段作补充或修正计算。部分计算及相应的设备、材料选择，按表2-4～表2-12几种格式分别列出。

表 2-4　　　　　　　　　　　　　总电力供应主要指标

名　　称	单　位	数　量	备　　注
××kV 线路	km		

名　称	单　位	数　量	备　注
××kV 线路	km		
总设备容量	kW		
其中：高压设备	kW		
低压设备	kW		其中重要负荷××kW（最好区分Ⅰ、Ⅱ类）
照明	kW		其中应急照明××kW，特殊照明××kW
总计算容量	kW		
需要系数			无单位
功率因数			无单位
补偿前平均功率因数 $\cos\varphi_1$			无单位
补偿后平均功率因数 $\cos\varphi_2$			无单位
电力电容器总容量	kvar		
其中：高压	kvar		
低压	kvar		
安装变压器	台		
变压器总容量	kV・A		
年用电小时数①	h		
年电能总消耗量①			
有功	kW・h		
无功	kvar・h		

① 民用建筑不填此项目。

表 2-5　　　　　　　　　　　　总负荷计算及变压器选择

用电设备组名称	设备容量（kW）	需要系数 K_x	功率因数 $\cos\varphi$	计算负荷			变压器容量（kV・A）	备注
				有功 P_{30}（kW）	无功 Q_{30}（kvar）	视在容量 S_{30}（kV・A）		
1	2	3	4	5	6	7	8	9
...								

表 2-6 　　　　　　　　　　　　　　　　　　　　　　　　　　　　电力负荷计算

用电设备名称	设备台数 n	设备容量（kW）		计算系数				有功功率（kW）		计算负荷				导线截面及管径（mm²）
		P_e	P_{nl}	c	b (K_x)	$\cos\varphi$	$\tan\varphi$	cP_{nl}	bP_e	P_{30} (kW)	Q_{30} (kvar)	S_{30} (kV·A)	计算电流 I_{30} (A)	
1	2	3	4	5	6	7	8	9	10	11	12	13	14	15
...														

表 2-7 　　　　　　　　　　　　　　　　　　　　　　　短路电流计算

短路点（回路）编号	电压（kV）	X	$I_{0.2}$ (kA)	$S_{0.2}$ (MV·A)	I'' (kA)	I (kA)	i_c (kA)	I_c (kA)	假想时间（s）			备注
									β'	t	t_{jx}	
1	2	3	4	5	6	7	8	9	10	11	12	13
...												

表 2-8 　　　　　　　　　　　　　　　　　　　　　　　开关设备选择

回路名称及编号	设备名称	型号	额定电压（kV）	额定电流（A）	额定开断电流（kA）		遮断容量（MV·A）		动稳定性（kA）		热稳定性（kA）		假想时间 t_{js} (s) 0.1～2.5	备注
					容许值	计算值	容许值	计算值	容许值	计算值	容许值	计算值		
1	2	3	4	5	6	7	8	9	10	11	12	13	14	15
...														

表 2-9 　　　　　　　　　　　　　　　　　　　　　　　母线选择

母线名称	型号及截面（mm²）	间距		放置方法	负荷电流（A）		动稳定性（kA）		热稳定性（kA）		备注
		各相间（cm）	绝缘物间（cm）		容许值	计算值	容许值	计算值	容许值	计算值	
1	2	3	4	5	6	7	8	9	10	11	12
...											

表 2-10 　　　　　　　　　　　　　　　　　　　　　　　电缆选择

回路名称及编号	型号及截面（mm²）	额定电压（kV）	容许温升（℃）	敷设方法	负荷电流（A）		热稳定性（kA）		假想时间 t_{js} (s)	备注
					容许值	计算值	容许值	计算值		
1	2	3	4	5	6	7	8	9	10	11
...										

表 2-11　　　　　　　　　　　　　　　　电压互感器选择表

设备名称	回路名称及编号	型号及准确度	额定电压(kV)	额定一次电流(A)	动稳定性(kA)		热稳定性(kA)		假想时间 t_{js}(s)	备注
					容许值	计算值	容许值	计算值		
1	2	3	4	5	6	7	8	9	10	11
…										

表 2-12　　　　　　　　　　　　　　　　电流互感器选择

名称及编号	基本参数						过电流保护装置										速断保护装置						
	被保护元件计算电流(A)	过负荷系数	被保护区末端最小三相短路电流(kA)	被保护区内最大三相短路电流(kA)	最大穿越三相短路电流(kA)	电流互感器电流比K_i	返回系数K_j	电流互感器接线系数K_{jx}	可靠系数K_k	继电器动作电流		一次侧动作电流I_{dZj}	灵敏系数K_L	电流继电器型号	时间继电器		可靠系数K_k	接线系数K_{jx}	继电器动作电流I_{dZj}(A)		一次侧动作电流I_{dZj}	灵敏系数K_L	电流继电器型号
										计算整定值	采用整定值				整定时限	采用型号			计算整定值	采用整定值			
1	2	3	4	5	6	7	8	9	10	11	12	13	14	15	16	17	18	19	20	21	22	23	24
…																							

注　微机综合保护时，则用系统提供的表格。

技能 17　熟悉不同阶段建筑电气工程设计的图样

1. 方案设计阶段

（1）总变、配电站位置示意图（厂区平面图）。

（2）供电连接线简图（系统图）。

（3）供电主要设备表。

2. 初步设计阶段

（1）电气工程图样要求见表 2-13。

表 2-13　　　　　　　　　　　　　　　　电气工程图样要求

项　目	内　容
供电总平面规划工程	（1）标出建筑物名称、电力及照明容量，画出高、低压线路走向、回路编号、导线及电缆型号、规格，架空线路的杆位、路灯、庭院灯和重复接地等。 （2）变、配电站位置、编号和容量

项 目	内 容
变、配电站工程	(1) 高、低压供电系统图。注明设备型号、开关柜及回路编号、开关型号、设备容量、计算电流、导线型号、规格及敷设方法、用户名称、二次回路方案编号。 (2) 平面布置图。画出高、低压开关柜、变压器、母线、柴油发电机、控制盘、直流电源及信号屏等设备的平面布置和主要尺寸。必要时应画出主要断面图
电力工程	(1) 平面布置图。一般只绘内部作业草图（不对外出图）。 (2) 系统图。复杂工程和大型公用建筑应出系统图，注明配电箱编号、型号、设备容量、干线型号规格及用户名称
照明工程	(1) 平面布置图。一般工程只绘内部作业草图（不对外出图）。使用功能要求高的复杂工程应出主要平面图，绘出工作照明和应急照明等的灯位、配电箱位置等（可不连线）。 (2) 系统图。复杂工程和大型公用建筑应绘制系统图（只绘至分配电箱）
自动控制与调节工程	(1) 自动控制与调节的框图或原理图，注明控制环节的组成、精度要求、电源选择等。 (2) 控制室平面布置图
其他	(1) 建筑设备计算机管理工程绘出主机和终端机的框图及系统划分图。 (2) 建筑防雷工程一般不绘图，特殊工程只出顶视平面图，画出接闪器、引下线和接地装置平面布置，并注明材料规格

(2) 弱电工程图样的要求。

1) 各弱电项目系统框图。

2) 主要弱电项目控制室设备平面布置图。

3) 弱电总平面布置图，绘出各类弱电机房位置、用户设备分布、线路敷设方式及路由。

4) 大型或复杂子项宜绘制主要设备平面布置图。

5) 电话站内各设备连接系统图。

6) 电话交换机同市内电话局的中继接续方式和接口关系图。

7) 电话电缆系统图（用户电缆容量比较小的系统可不出图）。

3. 施工图设计阶段

施工图设计阶段的要求见表 2-14。

表 2-14 施工图设计阶段图样的要求

项 目	内 容
图样目录	先列新绘制图样,后列选用的标准图或重复利用图
首页及设计说明	首页应包括设计说明、施工要求、主要设备材料表及图例。本专业没有总说明时,在各子项图样中加以附注说明;当子项工程先出图时,分别在各子项首页或第一张图面上写出设计说明,列出主要设备材料表及图例
图样主体	(1) 变、配电工程。 (2) 电力工程。 (3) 电气照明工程。 (4) 自动控制与自动调节工程。 (5) 建筑设备计算机管理系统。 (6) 建筑与构筑物防雷保护。 (7) 弱电工程

技能 18　掌握工程设计图的分类

工程设计图分类如下。

(1) 投影图。以"三视图"原理绘制的图,如设备安装详图。

(2) 简图。以"图形符号"、"文字符号"绘制的图,如电气工程图。

(3) 表图。表示多个变量、动作和状态对应关系的表格式样的图,如时序图、逻辑图。

(4) 表格。纵横排列数据文字表示其对应关系的图表,如设备材料明细表、图样目录。

技能 19　掌握电气图的分类

电气图的分类见表 2-15,各种电气图示例如图 2-1 所示。

表 2-15　电气图的分类

项 目	内 容
系统图	表示系统基本组成及其相互关系和特征,如动力系统图、照明系统图。其中一种以方框简化表示的又称为框图
功能图	不涉及实现方式,仅表示功能的理想电路,是为进一步深化、细致绘制出其他简图的依据

项　目	内　容
逻辑图	不涉及实现方式，仅用二进制逻辑单元图形符号表示的图，是数字系统产品重要的设计文件。绘制前必先做出采用正、负逻辑方式的约定
功能表图	以图形和文字配合表达控制系统的过程、功能和特性的对应关系，但是不考虑具体执行过程的表格式的图。实际上是功能图的表格化，有利于电气专业与非电专业间技术交流
电路图	将图形符号按工作顺序排列，详细表示电路、设备或成套装置的基本组成和连接关系，而不考虑实际位置的图。此图便于理解原理、分析特性及参数计算，是电气设备技术文件的核心
等效电路图	将实际器件等效变换为理论的或理想的简单器件，表达其功能联系的图。主要供电路状态分析、特性计算
端子功能图	以功能图、图表、文字三种方式表示功能单元全部外接端子的内部功能，是较高层次电路图的一种简化，代替较低层次电路图的特殊方式
程序图	以元素和模块的布置清楚表达程序单元和程序模块间的关系，便于对程序运行分析、理解的图，如计算机程序图
设备器件表	把成套设备、设备和装置中各组成部分与其名称、型号、规格及数量列成的表格
接线图表	表示成套设备、设备和装置的连接关系，供接线、测试和检查的简图或表格。接线表可补充代替接线图。电缆配置图表是专门针对电缆而言的
单元接线图/表	仅表示成套设备或设备的一个结构单元内连接关系的图或表，是上述接线图表的分部表示
互连接线图/表	仅表示成套设备或设备的不同单元间连接关系的图或表，也称线缆接线图，表示外连接物性，不表示内连接
端子接线图/表	表示结构单元的端子与其外部（必要时还反映内部）接线连接关系的图或表，表示内部、内与外的连接关系
数据单	对特定项目列出的详细信息资料的表单，供调试、检修、维修用
位置图/简图	以简化的几何图形表示成套设备、设备装置中各项目的位置，主要供安装就位的图。应标注的尺寸，任何情况下不可少标、漏标。位置图应按比例绘制，简图有尺寸标注时可放松比例绘制要求。印制板图是一种特殊的位置图

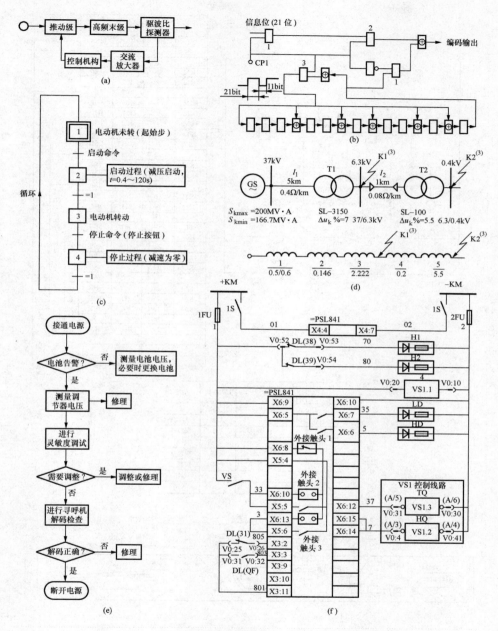

图 2-1 各种电气图示例（一）

（a）（某自动功率调节系统）功能图；（b）（某编码电路）逻辑图；（c）（某减压启动电动机操作）功能表图；（d）（某供电系统）电路图（上）及其对应的（短路计算）等效电路图（下）；（e）（某寻呼机故障检查）程序图；（f）（某微控开关柜）单元接线图

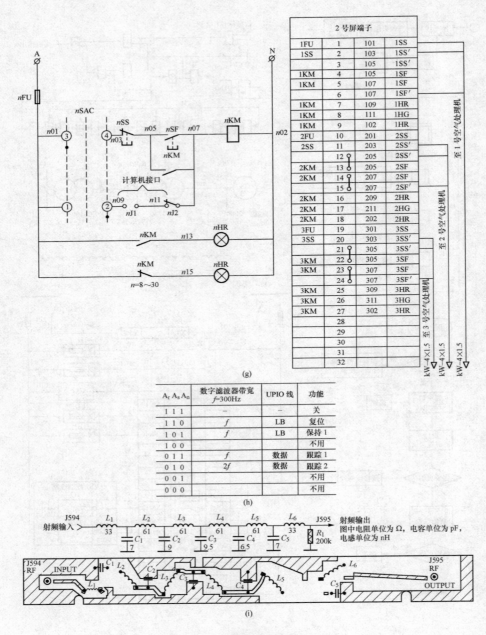

2号屏端子			
1FU	1	101	1SS
1SS	2	103	1SS′
	3	105	1SS′
1KM	4	105	1SF
1KM	5	107	1SF
	6	107	1SF′
1KM	7	109	1HR
1KM	8	111	1HG
1KM	9	102	1HR
2FU	10	201	2SS
2SS	11	203	2SS′
	12	205	2SS′
2KM	13	205	2SF
2KM	14	207	2SF
	15	207	2SF′
2KM	16	209	2HR
2KM	17	211	2HG
2KM	18	202	2HR
3FU	19	301	3SS
3SS	20	303	3SS′
	21	305	3SS′
3KM	22	305	3SF
3KM	23	307	3SF
	24	307	3SF′
3KM	25	309	3HR
3KM	26	311	3HG
3KM	27	302	3HR
	28		
	29		
	30		
	31		
	32		

(g)

$A_f A_s A_n$	数字滤波器带宽 f=300Hz	UPIO 线	功能
1 1 1	—	—	关
1 1 0	f	LB	复位
1 0 1	f	LB	保持 1
1 0 0			不用
0 1 1	f	数据	跟踪 1
0 1 0	$2f$	数据	跟踪 2
0 0 1			不用
0 0 0			不用

(h)

(i)

图 2-1 各种电气图示例（二）

（g）（某中央空调微机）控制电路图（左）及其对应的端子接线图（右）；（h）（某状态选择线
的）功能表（数据单的一种）；（i）（某寻呼发射机低通滤波器）电路图及其对应的印刷电路板
图（位置图的一种）

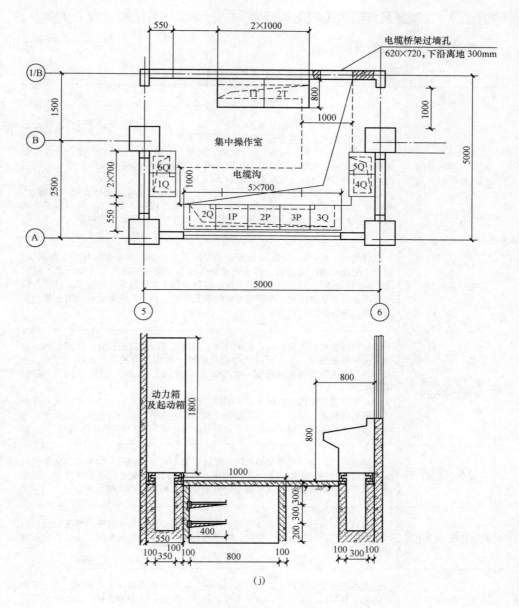

图 2-1 各种电气图示例 (三)

(j)（某集控室）平（上）剖（下）面布置图（位置图的一种）

建筑电气工程图的分类见表 2-16。

表 **2-16** 建筑电气工程图的分类

项 目	内 容
目录、说明、图例、设备材料表	(1) 图样目录。包括图样名称、编号、张数、图样大小及图样序号等。通过它对整个设计技术文件有全面了解。 (2) 设计/施工说明。阐述设计依据、建筑方要求和施工原则、建设特点、安装标准及方法、工程等级及其他要求等有关设计/施工的补充说明。主要交代不必用图以及用图无法交代清楚的内容。 (3) 设备材料明细表。列出工程所需设备、材料的名称、型号、规格和数量，供设计预算和施工预算参考。具体要求、特殊要求往往一并表示。与图标不一致的图例此时也表示出来。其材料、数量只做概算估计，不作供货依据
电气系统图	表现电气工程供电方式、电能输送、分配及控制关系和设备运行情况的图样。只表示电路中器件间连接，而不表示具体位置、接线情况等，可反映出工程概况。强电系统图主要反映电能的分配、控制及各主要器件设备的设置、容量及控制作用；弱电系统图主要反映信号的传输及变化，各主要设备、设施的布置与关系。都以单线图的方式表示
电气平面图及电气总平面图	(1) 以建筑平面图为依据，表示设备、装置与管线的安装位置、线路走向、敷设方式等平面布置，而不反映具体形状的图，多用较大的缩小比例（常用 1：100），是提供安装的主要依据。常用的有变/配电、动力、照明、防雷、接地、弱电平面图。 (2) 电气总平面图是在建筑总平面图（或小区规划图）上表示电源、电力或者弱电的总体布局。要表示清楚各建筑物及方位、地形、方向，必要时还要标注出施工时所需的缆沟、架、人孔、手孔井等设施，常用 1：500 的比例绘制
设备布置图	表示各种设备及器件平面和空间位置、安装方式及相互关系的平面、立面和剖面及构件的详图，多按三视图原则绘出。常用的有变/配电、非标准设备、控制设备布置图。最为常用且重要的是配电室及中央控制室平、剖面布置图
安装接线/配线图	表示设备、器件和线路安装位置、配线及接线方式以及安装场地状况的图，用以指导安装、接线和查障、排障。常用的有开关设备、防雷系统、接地系统安装接线图
电气原理图	依照各部分动作原理，多以展开法绘制，表现设备或系统工作原理，而不考虑具体位置和接线的图，用以指导安装、接线、调试、使用和维修，是电气工程图中的重点和难点。常用的是各种控制、保护、信号、电源等的原理图
详图	表现设备中某一部分具体安装和做法的图，又称为大样图。前面所述屏、箱、柜、和电气专业通用标准图多为详图。一般非标屏、箱、柜及复杂工程的安装，需出此图。有条件时应尽可能利用或参照通用标准图

建筑电气工程设计图的特点如下：

（1）简图是表示的主要形式。

1）简图是用图形符号、带注释的围框或简化外形表示系统或设备中各组成部分之间相互关系的一种图。

2）简化指的是表现形式，而其含义却是极其复杂和严格的。阅读、绘制，尤其是设计电气工程图，必须具备综合且坚实的专业功底。

3）简化就是使一些安装、使用、维修方面的具体要求不用在图中一一反映，因为这部分内容在有关标准、规范及标准图中都有明确表示，设计中可用"参照×××"等方式简略。

（2）设备、器件及其连接是描述的主要内容。电路需闭合，其四要素是电源、用电设备或器件、连接导线及控制开关或设备，因此必须从基本原理、主要功能、动作程序及主体结构四个方面去构思。

（3）功能方式及位置方式是两种基本布局方式。位置布局是表示空间的联系，而功能布局是要表示跨越空间的功能联系，这是机械、建筑图比较直观的集中表示法所少有的。设计时必须充分利用整套图样：系统图表示关系，电路图表示原理，接线图表示联系，平面布置图表示布局，文字标注及说明作补充。

（4）图形符号、文字符号和项目代号是基本要素。必须明确和熟悉规程、规范的内容、含义、区别、对比及其相互联系。只有在熟练使用的基础上才能做到不混淆、恰当应用，才能算得上综合、巧用及优化。

（5）对能量流、信息流、逻辑流及功能流的不同描述构成多样性。描述能量流和信息流的有系统图、框图、电路图和接线图；描述逻辑流的有逻辑图；描述功能流的有功能图、程序图、系统说明图等。能量、信息、逻辑及功能这几种物理流既是抽象的又是有形的，从而形成电气图的多样性。

（1）工厂供电类设计中相关的专业是工艺、设备、土建、总图、给排水、自动控制，涉及供热的还有热力，涉及采暖、通风、制冷、换气的还有暖通、空调专业。其中以工艺专业为主导专业，供电及自控服从工艺专业的统一需要。

（2）民用建筑类电气设计相关的专业是建筑、结构、给排水（含消防）、规划、建筑设备，涉及供热、供冷的还有冷热源、采暖、通风专业，其中以建筑专业为主导，强、弱电专业配合其统一的构思。

（3）在某些特定的条件下，在某些子项中，电专业必须承担主导作用。另一方面，在工程的控制水平、现代化程度、智能水准、弱电指标等方面必须以电气为主导。

技能 23　了解建筑电气工程设计相关专业间的配合

相关专业间的配合关系见表 2-17。

表 2-17　　　　　　　　　　　相关专业间的配合关系

项　目	内　　容
互提条件	彼此提出对对方专业的要求，此要求便成为本专业给对方设计的设计条件，称为互提条件
分工协作	是指按专业进行分工，但分工后必须互相协作
防止冲突	特别要防止位置的冲突。工业电气中电缆线、桥架等的架设，稍不注意就会与热力管道相邻，甚至设备管道的保暖层占据了电缆桥架的架设位置。民用建筑中位于地下层的配电室、变压器室，它的上面房间布局是要避免滴漏的，洗手间之类是要绝对避免的。变、配电室门的大小除了换热、通风的要求外，还应考虑屏、箱、柜的搬进搬出，以及防止小动物进出或意外事故的发生
杜绝漏项	在设计工作头绪较多时，各专业设计者彼此都认为对方在考虑，结果都未考虑，产生了漏项

第三章

建筑电气工程设计的表达

技能 24 　了解图样幅面的要求

（1）图样幅面及图框尺寸应符合表 3-1 的规定。

表 3-1 　　　　　　　　　　　　　幅面及图框尺寸　　　　　　　　　　　　　（mm）

尺寸代号＼幅面代号	A0	A1	A2	A3	A4
$b×l$	841×1189	594×841	420×594	297×420	210×297
c	10			5	
a	25				

注　表中 b 为幅面短边尺寸，l 为幅面长边尺寸，c 为图框线与幅面线间宽度，a 为图框线与装订边间宽度。

（2）需要微缩复制的图样，其一个边上应附有一段准确米制尺度，四个边上均附有对中标志，米制尺度的总长应为 100mm，分格应为 10mm。对中标志应画在图样内框各边长的中点处，线宽 0.35mm，并应伸入内框边，在框外为 5mm。对中标志的线段，于 l 和 b 范围取中。

（3）图样的短边尺寸不应加长，A0～A3 幅面长边尺寸可加长，且应符合表 3-2 的规定。

表 3-2 　　　　　　　　　　　　　图样长边加长尺寸　　　　　　　　　　　　　（mm）

幅面代号	长边尺寸	长边加长后的尺寸
A0	1189	1486（A0+1/4l）　1635（A0+3/8l）　1783（A0+1/2l）　1932（A0+5/8l）　2080（A0+3/4l）　2230（A0+7/8l）　2378（A0+l）
A1	841	1051（A1+1/4l）　1261（A1+1/2l）　1471（A1+3/4l）　1682（A1+l）　1892（A1+5/4l）　2102（A1+3/2l）

幅面代号	长边尺寸	长边加长后的尺寸
A2	594	743（A2+1/4l）　891（A2+1/2l）　1041（A2+3/4l）　1189（A2+l）　1338（A2+5/4l）　1486（A2+3/2l）　1635（A2+7/4l）　1783（A2+2l）　1932（A2+9/4l）　2080（A2+5/2l）
A3	420	630（A3+1/2l）　841（A3+l）　1051（A3+3/2l）　1261（A3+2l）　1471（A3+5/2l）　1682（A3+3l）　1892（A3+7/2l）

注　有特殊需要的图样，可采用 $b \times l$ 为 841mm×891mm 与 1189mm×1261mm 的幅面。

（4）图样以短边作为垂直边应为横式，以短边作为水平边应为立式。A0～A3 图样宜横式使用；必要时，也可立式使用。

（5）工程设计中，每个专业所使用的图样，不宜多于两种幅面，不含目录及表格所采用的 A4 幅面。

技能 25　了解标题栏的要求

（1）图样中应有标题栏、图框线、幅面线、装订边线和对中标志。图样的标题栏及装订边的位置，应符合下列规定。

1）横式使用的图样，应按图 3-1、图 3-2 的形式进行布置。

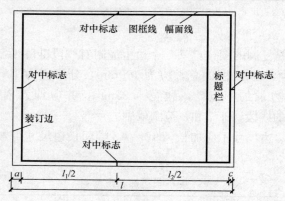

图 3-1　A0～A3 横式幅面（一）

2）立式使用的图样，应按图 3-3、图 3-4 的形式进行布置。

（2）标题栏应符合图 3-5、图 3-6 的规定，根据工程的需要选择确定其尺寸、格式及分区。签字栏应包括实名列和签名列，并应符合下列规定。

1）涉外工程的标题栏内，各项主要内容的中文下方应附有译文，设计单位

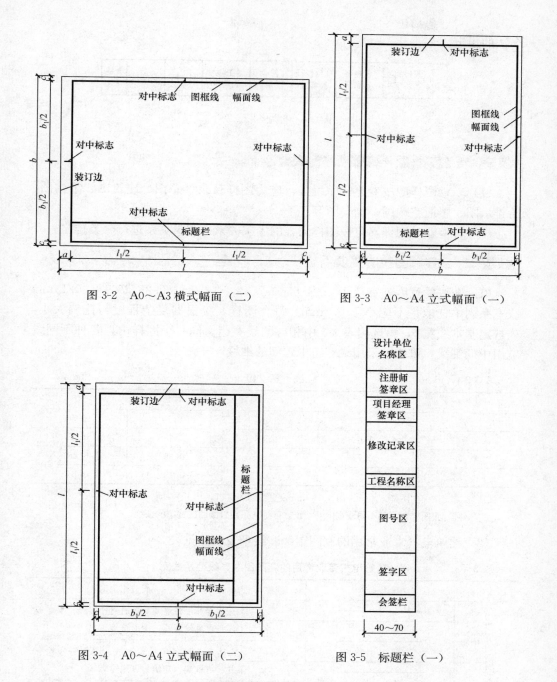

图 3-2　A0～A3 横式幅面（二）

图 3-3　A0～A4 立式幅面（一）

图 3-4　A0～A4 立式幅面（二）

图 3-5　标题栏（一）

的上方或左方，应加"中华人民共和国"字样。

2）在计算机制图文件中当使用电子签名与认证时，应符合国家有关电子签名法的规定。

图 3-6 标题栏（二）

（1）工程图样应按专业顺序编排，应为图样目录、总图、建筑图、结构图、给排水图、暖通空调图、电气图等。

（2）各专业的图样，应按图样内容的主次关系、逻辑关系进行分类排序。

（1）图线的宽度 b 宜从 1.4、1.0、0.7、0.5、0.35、0.25、0.18、0.13mm 线宽系列中选取，不应小于 0.1mm。每个图样，应根据复杂程度与比例大小，先选定基本线宽 b，再选用表 3-3 中相应的线宽组。同一个图样内，各种不同线宽组中的细线，可统一采用线宽组中较细的细线。

表 3-3   线 宽 组   （mm）

线宽比	线 宽 组			
b	1.4	1.0	0.7	0.5
$0.7b$	1.0	0.7	0.5	0.35
$0.5b$	0.7	0.5	0.35	0.25
$0.25b$	0.35	0.25	0.18	0.13

注   1. 需要微缩的图样，不宜采用 0.18 mm 及更细的线宽组。

2. 同一张图样内，各不同线宽中的细线，可统一采用较细的线宽组的细线。

（2）建筑电气专业常用的制图图线、线型及线宽见表 3-4。

表 3-4   建筑电气专业常用的制图图线、线型及线宽

图线名称		线 型	线宽	一 般 用 途
实线	粗	——————	b	本专业设备之间电气通路连接线、本专业设备可见轮廓线、图形符号轮廓线
	中粗	——————	$0.7b$	
		——————	$0.7b$	本专业设备可见轮廓线、图形符号轮廓线、方框线、建筑物可见轮廓
	中	——————	$0.5b$	
	细	——————	$0.25b$	非本专业设备可见轮廓线、建筑物可见轮廓；尺寸、标高、角度等标注线及引出线

图线名称		线　型	线宽	一　般　用　途
虚线	粗	- - - - - - - - -	b	本专业设备之间电气通路不可见连接线、线路改造中原有线路
	中粗	- - - - - - - - -	$0.7b$	本专业设备不可见轮廓线、地下电缆沟、排管区、隧道、屏蔽线、连锁线
	中	- - - - - - - - -	$0.5b$	
	细	- - - - - - - - -	$0.25b$	非本专业设备不可见轮廓线及地下管沟、建筑物不可见轮廓线等
波浪线	粗	～～～～～	b	本专业软管、软护套保护的电气通路连接线、蛇形敷设线缆
	中粗	～～～～～	$0.7b$	
单点长画线		——·——·——	$0.25b$	定位轴线、中心线、对称线；结构、功能、单元相同围框线
双点长画线		——··——··——	$0.25b$	辅助围框线、假想或工艺设备轮廓线
折断线		———⌐———	$0.25b$	断开界线

（3）同一张图样内，相同比例的各图样，应选用相同的线宽组。图样中，可使用自定义的图线、线型及用途，并应在设计文件中明确说明。自定义的图线、线型及用途不应与国家现行有关标准、规范相矛盾。

（4）图样的图框和标题栏线可采用表 3-5 的线宽。

表 3-5　　　　　　　　　图样的图框和标题栏线的宽度　　　　　　　　　（mm）

幅面代号	图框线	标题栏外框线	标题栏分格线
A0、A1	b	$0.5b$	$0.25b$
A2、A3、A4	b	$0.7b$	$0.35b$

（5）相互平行的图例线，其净间隙或线中间隙不宜小于 0.2mm。

（6）虚线、单点长画线或双点长画线的线段长度和间隔，宜各自相等。

（7）单点长画线或双点长画线，当在较小图形中绘制有困难时，可用实线代替。

（8）单点长画线或双点长画线的两端，不应是点。点画线与点画线交接或点画线与其他图线交接时，应是线段交接。

（9）虚线与虚线交接或虚线与其他图线交接时，应是线段交接。虚线为实线的延长线时，不得与实线相接。

（10）图线不得与文字、数字或符号重叠、混淆。不可避免时，应保证文字的清晰。

（1）图样上所需注写的文字、数字或符号等，均应笔画清晰、字体端正、排列整齐；标点符号应清楚正确。

（2）文字的字高应从表 3-6 中选用。字高大于 10mm 的文字宜采用 True Type 字体。当需注写更大的字时，其高度应按 $\sqrt{2}$ 的倍数递增。

表 3-6　　　　　　　　　**文字的字高**　　　　　　　　　（mm）

字体种类	中文矢量字体	True Type 字体及非中文矢量字体
字高	3.5、5、7、10、14、20	3、4、6、8、10、14、20

（3）图样及说明中的汉字，宜采用长仿宋体或黑体，同一图样字体种类不应超过两种。长仿宋体的高宽关系应符合表 3-7 的规定，黑体字的宽度与高度应相同。大标题、图册封面、地形图等的汉字，也可注写成其他字体，但应易于辨认。

表 3-7　　　　　　　　　**长仿宋字高宽关系**　　　　　　　　　（mm）

字高	20	14	10	7	5	3.5
字宽	14	10	7	5	3.5	2.5

（4）汉字的简化字注写应符合国家有关汉字简化方案的规定。

（5）图样及说明中的拉丁字母、阿拉伯数字与罗马数字，宜采用单线简体或 ROMAN 字体。拉丁字母、阿拉伯数字与罗马数字的注写规则应符合表 3-8 的规定。

表 3-8　　　　　　　　**拉丁字母、阿拉伯数字与罗马数字的注写规则**

书 写 格 式	字 体	窄 字 体
大写字母高度	h	h
小写字母高度（上下均无延伸）	$7/10h$	$10/14h$
小写字母伸出的头部或尾部	$3/10h$	$4/14h$
笔画宽度	$1/10h$	$1/14h$
字母间距	$2/10h$	$2/14h$
上下行基准线的最小间距	$15/10h$	$21/14h$
词间距	$6/10h$	$6/14h$

（6）拉丁字母、阿拉伯数字与罗马数字，当需写成斜体字时，其斜度应是从字的底线逆时针向上倾斜 75°。斜体字的高度和宽度应与相应的直体字相等。

（7）拉丁字母、阿拉伯数字与罗马数字的字高，不应小于 2.5mm。

（8）数量的数值注写，应采用正体阿拉伯数字。各种计量单位凡前面有量值的，均应采用国家颁布的单位符号注写，单位符号应采用正体字母。

（9）分数、百分数和比例数的注写，应采用阿拉伯数字和数学符号。

（10）当注写的数字小于 1 时，应写出各位的"0"，小数点应采用圆点，对齐基准线注写。

（11）长仿宋汉字、拉丁字母、阿拉伯数字与罗马数字示例，应符合 GB/T 14691—1993《技术制图—字体》的有关规定。

技能 29　了解比例的要求

（1）图样的比例，应为图形与实物相对应的线性尺寸之比。

（2）比例的符号应为"："，比例应以阿拉伯数字表示。

平面图 1：100　　⑥ 1：20

（3）比例宜注写在图名的右侧，字的基准线应取平；比例的字高宜比图名的字高小一号或二号（见图 3-7）。

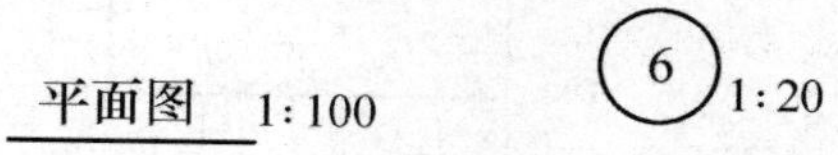

图 3-7　比例的注写

（4）电气总平面图、电气平面图的制图比例，宜与工程项目设计的主导专业一致，采用的比例宜从表 3-9 中选用，并应优先采用表中常用比例。

表 3-9　　　　　电气总平面图、电气平面图的制图比例

序号	图　　号	常用比例	可用比例
1	电气总平面图、规划图	1：500、1：1000、1：2000	1：300、1：5000
2	电气平面图	1：50、1：100、1：150	1：200
3	电气竖井、设备间、电信间、变配电室等平、剖面图	1：20、1：50、1：100	1：25、1：150
4	电气详图、电气大样图	10：1、5：1、2：1、1：1、1：2、1：5、1：10、1：20	4：1、1：25、1：50

（5）一般情况下，一个图样应选用一种比例。根据专业制图需要，同一图样可选用两种比例。

（6）特殊情况下也可自选比例，除应注明绘图比例外，还应在适当位置绘制出相应的比例尺。

1. 剖面的剖切符号

（1）剖视剖面的剖切符号应由剖切位置线及剖视方向线组成，均应以粗实线绘制。剖视剖面的剖切符号应符合下列规定。

1）剖切位置线的长度宜为 6～10mm；剖视方向线应垂直于剖切位置线，长度应短于剖切位置线，宜为 4～6mm，如图 3-8 所示，也可采用国际统一和常用的剖视方法，如图 3-9 所示。绘制时，剖视剖面的剖切符号不应与其他图线相接触。

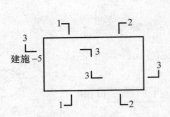

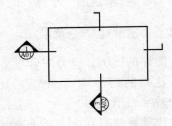

图 3-8　剖视剖面的剖切符号（一）　　图 3-9　剖视剖面的剖切符号（二）

2）剖视剖面的剖切符号编号宜采用阿拉伯数字，按剖切顺序由左至右、由下向上连续编排，并应注写在剖视方向线的端部。

3）需要转折的剖切位置线，应在转角的外侧加注与该符号相同的编号。

4）建（构）筑物断面图的剖面的剖切符号应注在±0.000 标高的平面图或首层平面图上。

5）局部断面图（不含首层）剖面的剖切符号应注在包含剖切部位的最下面一层的平面图上。

（2）断面剖面的剖切符号应符合下列规定。

1）断面剖面的剖切符号应只用剖切位置线表示，并应以粗实线绘制，长度宜为 6～10mm。

2）断面剖面的剖切符号的编号宜采用阿拉伯数字，按顺序连续编排，并应注写在剖切位置线的一侧；编号所在的一侧应为该断面的剖视方向（见图 3-10）。

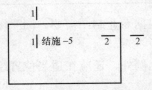

图 3-10　断面剖面的剖切符号

（3）断面图或断面图，当与被剖切图样不在同一张图内时，应在剖切位置线的另一侧注明其所在图样的编号，也可以在图上集中说明。

2. 索引符号与详图符号

（1）图样中的某一局部或构件，如需另见详图，应以索引符号索引〔见图 3-11（a）〕。索引符号是由直径为 8~10mm 的圆和水平直径组成，圆及水平直径应以细实线绘制。索引符号应按下列规定编写：

1）索引出的详图，如与被索引的详图同在一张图样内，应在索引符号的上半圆中用阿拉伯数字注明该详图的编号，并在下半圆中间画一段水平细实线〔见图 3-11（b）〕。

2）索引出的详图，如与被索引的详图不在同一张图样内，应在索引符号的上半圆中用阿拉伯数字注明该详图的编号，在索引符号的下半圆用阿拉伯数字注明该详图所在图样的编号〔见图 3-11（c）〕。数字较多时，可加文字标注。

3）索引出的详图，如采用标准图，应在索引符号水平直径的延长线上加注该标准图集的编号〔见图 3-11（d）〕。需要标注比例时，文字在索引符号右侧或延长线下方，与符号下对齐。

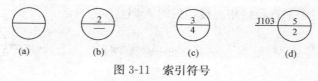

图 3-11　索引符号

（2）当索引符号用于索引剖视详图时，应在被剖切的部位绘制剖切位置线，并以引出线引出索引符号，引出线所在的一侧应为剖视方向。索引符号的编写应符合 GB/T 50001—2010《房屋建筑制图统一标准》第 7.2.1 条的规定（见图 3-12）。

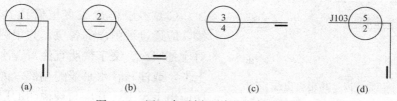

图 3-12　用于索引剖面详图的索引符号

（3）零件、钢筋、杆件、设备等的编号宜以直径为 5~6mm 的细实线圆表示，同一图样应保持一致，其编号应用阿拉伯数字按顺序编写（见图 3-13）。消火栓、配电箱、管井等的索引符号，直径宜为 4~6mm。

（4）详图的位置和编号应以详图符号表示。详图符号的圆应以直径为 14mm 粗实线绘制。详图编号应符合下列规定。

1）详图与被索引的图样同在一张图样内时，应在详图符号内用阿拉伯数字注明详图的编号（见图 3-14）。

2）详图与被索引的图样不在同一张图样内时，应用细实线在详图符号内画一水平直径的圆，在上半圆中注明详图编号，在下半圆中注明被索引的图样的编号（见图 3-15）。

图 3-13　零件、钢筋、
杆件、设备等的编号

图 3-14　与被索引图样同在
一张图样内的详图符号

图 3-15　与被索引图样不在
同一张图样内的详图符号

3. 引出线

（1）引出线应以细实线绘制，宜采用水平方向的直线，与水平方向成 30°、45°、60°、90°的直线，或经上述角度再折为水平线。文字说明宜注写在水平线的上方 [见图 3-16（a）]，也可注写在水平线的端部 [见图 3-16（b）]。索引详图的引出线，应与水平直径线相连接 [见图 3-16（c）]。

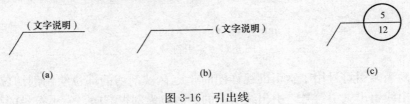

（a）　　　　　　　　　（b）　　　　　　　　　（c）

图 3-16　引出线

（2）同时引出的几个相同部分的引出线，宜互相平行 [见图 3-17（a）]，也可画成集中于一点的放射线 [见图 3-17（b）]。

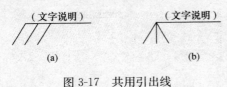

（a）　　　　　（b）

图 3-17　共用引出线

（3）多层构造或多层管道共用引出线，应通过被引出的各层，并用圆点示意对应各层次。文字说明宜注写在水平线的上方，或注写在水平线的端部，说明的顺序应由上至下，并应与被说明的层次对应一致；如层次为横向排序，则由上至下的说明顺序应与由左至右的层次对应一致（见图 3-18）。

4. 其他符号

（1）对称符号由对称线和两端的两对平行线组成。对称线用细单点长画线绘制；平行线用细实线绘制，其长度宜为 6～10mm，每对的间距宜为 2～3mm；对称线垂直平分于两对平行线，两端超出平行线宜为 2～3mm（见图 3-19）。

（2）连接符号应以折断线表示需连接的部位。两部位相距过远时，折断线两

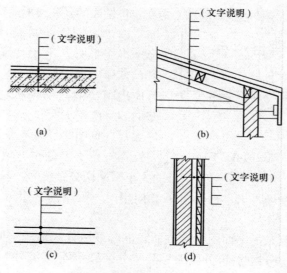

图 3-18　多层共用引出线

端靠图样一侧应标注大写拉丁字母表示连接编号。两个被连接的图样应用相同的字母编号（见图 3-20）。

（3）指北针的形状符合图 3-21 的规定，其圆的直径宜为 24mm，用细实线绘制；指针尾部的宽度宜为 3mm，指针头部应注"北"或"N"字。需用较大直径绘制指北针时，指针尾部的宽度宜为直径的 1/8。

（4）对图样中局部变更部分宜采用云线，并宜注明修改版次（见图 3-22）。

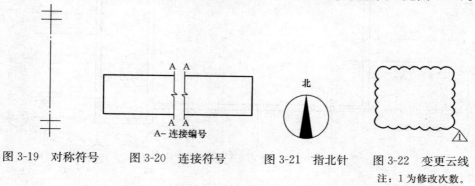

图 3-19　对称符号　　　图 3-20　连接符号　　　图 3-21　指北针　　　图 3-22　变更云线

注：1 为修改次数。

技能 31　了解定位轴线的要求

（1）定位轴线应用细单点长画线绘制。

（2）定位轴线应编号，编号应注写在轴线端部的圆内。圆应用细实线绘制，直径为8～10mm。定位轴线圆的圆心应在定位轴线的延长线上或延长线的折线上。

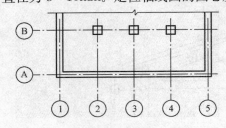

图 3-23 定位轴线的编号顺序

（3）除较复杂需采用分区编号或圆形、折线形外，平面图上定位轴线的编号，宜标注在图样的下方或左侧。横向编号应用阿拉伯数字，从左至右顺序编写；竖向编号应用大写拉丁字母，从下至上顺序编写（见图3-23）。

（4）拉丁字母作为轴线编号时，应全部采用大写字母，不应用同一个字母的大小写来区分轴线号。拉丁字母的I、O、Z不得用做轴线编号，当字母数量不够使用时，可增用双字母或单字母加数字注脚。

（5）组合较复杂的平面图中定位轴线也可采用分区编号（见图3-24）。编号的注写形式应为"分区号-该分区编号"。"分区号-该分区编号"采用阿拉伯数字或大写拉丁字母表示。

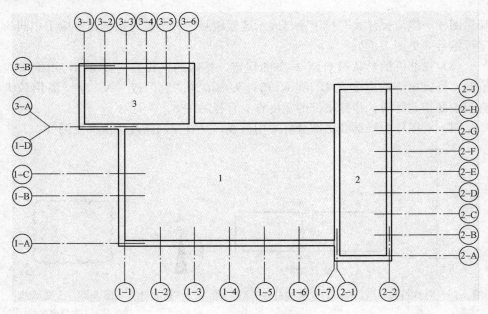

图 3-24 定位轴线的分区编号

（6）附加定位轴线的编号，应以分数形式表示，并应符合下列规定。

1）两根轴线的附加轴线，应以分母表示前一轴线的编号，分子表示附加轴线的编号。编号宜用阿拉伯数字顺序编写。

56

2）1 号轴线或 A 号轴线之前的附加轴线的分母应以 01 或 0A 表示。

（7）一个详图适用于几根轴线时，应同时注明各有关轴线的编号（见图 3-25）。

用于 2 根轴线时　　　　用于 3 根或 3 根　　　　用于 3 根以上连续
　　　　　　　　　　　以上轴线时　　　　　　编号的轴线时

图 3-25　详图的轴线编号

（8）通用详图中的定位轴线，应只画圆，不注写轴线编号。

（9）圆形与弧形平面图中的定位轴线，其径向轴线应以角度进行定位，其编号宜用阿拉伯数字表示，从左下角或－90°（若径向轴线很密，角度间隔很小）开始，按逆时针顺序编写，其环向轴线宜用大写阿拉伯字母表示，从外向内顺序编写（见图 3-26 和图 3-27）。

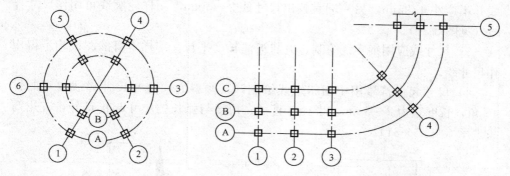

图 3-26　圆形平面定位轴线的编号　　　　　图 3-27　弧形平面定位轴线的编号

（10）折线形平面图中定位轴线的编号可按图 3-28 的形式编写。

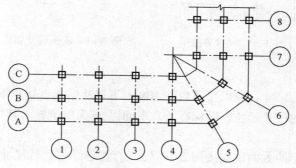

图 3-28　折线形平面定位轴线的编号

尺寸标注的要求如下。

（1）尺寸界线、尺寸线及尺寸起止符号。

1）图样上的尺寸，应包括尺寸界线、尺寸线、尺寸起止符号和尺寸数字（见图 3-29）。

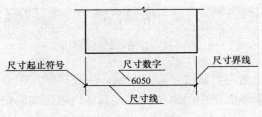

图 3-29　尺寸的组成

2）尺寸界线应用细实线绘制，应与被注长度垂直，其一端应离开图样轮廓线并不应小于 2mm，另一端宜超出尺寸线 2～3mm。图样轮廓线可用作尺寸界线（见图 3-30）。

3）尺寸线应用细实线绘制，应与被注长度平行。图样本身的图线均不得用作尺寸线。

4）尺寸起止符号用中粗斜短线绘制，其倾斜方向应与尺寸界线成顺时针45°角，长度宜为 2～3mm。半径、直径、角度与弧长的尺寸起止符号，宜用箭头表示（见图 3-31）。

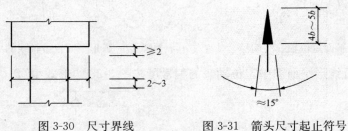

图 3-30　尺寸界线　　　　图 3-31　箭头尺寸起止符号

（2）尺寸数字。

1）图样上的尺寸，应以尺寸数字为准，不得从图上直接量取。

2）图样上的尺寸单位，除标高及总平面以 m 为单位外，其他必须以 mm 为单位。

3）尺寸数字的方向，应按图 3-32（a）的规定注写。若尺寸数字在 30°斜线区内，也可按图 3-32（b）的形式注写。

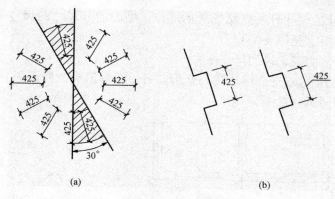

(a)   (b)

图 3-32　尺寸数字的注写方向

4）尺寸数字应依据其方向注写在靠近尺寸线的上方中部。如没有足够的注写位置，最外边的尺寸数字可注写在尺寸界线的外侧，中间相邻的尺寸数字可上下错开注写，引出线端部用圆点表示标注尺寸的位置（见图 3-33）。

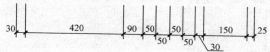

图 3-33　尺寸数字的注写位置

（3）尺寸的排列与布置。

1）尺寸宜标注在图样轮廓以外，不宜与图线、文字及符号等相交（见图 3-34）。

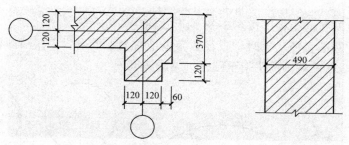

图 3-34　尺寸数字的注写示例

2）互相平行的尺寸线，应从被注写的图样轮廓线由近向远整齐排列，较小尺寸应离轮廓线较近，较大尺寸应离轮廓线较远（见图 3-35）。

3）图样轮廓线以外的尺寸界线，距图样最外轮廓之间的距离，不宜小于10mm。平行排列的尺寸线的间距宜为 7～10mm，并应保持一致（见图 3-35）。

4）总尺寸的尺寸界线应靠近所指部位，中间的分尺寸的尺寸界线可稍短，但其长度应相等（见图3-35）。

（4）半径、直径、球的尺寸标注。

1）半径的尺寸线应一端从圆心开始，另一端画箭头指向圆弧。半径数字前应加注半径符号 R（见图3-36）。

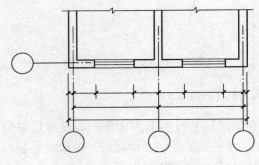

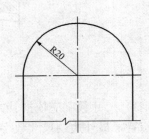

图3-35　尺寸的排列　　　　　　　　图3-36　半径标注方法

2）较小圆弧的半径可按图3-37形式标注。

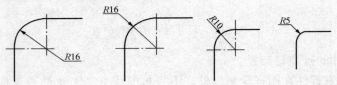

图3-37　小圆弧半径的标注方法

3）较大圆弧的半径可按图3-38的形式标注。

4）标注圆的直径尺寸时，直径数字前应加直径符号 ϕ。在圆内标注的尺寸线应通过圆心，两端画箭头指至圆弧（见图3-39）。

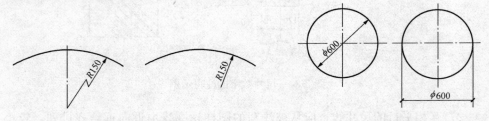

图3-38　大圆弧半径的标注方法　　　　图3-39　圆直径的标注方法

5）较小圆的直径尺寸可标注在圆外（见图3-40）。

6）标注球的半径尺寸时，应在尺寸前加注符号 SR。标注球的直径尺寸时，应在尺寸数字前加注符号 $S\phi$。注写方法与圆弧半径和圆直径的尺寸标注方法相同。

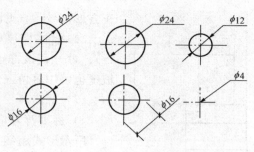

图 3-40　小圆直径的标注方法

(5) 角度、弧度、弧长的标注。

1) 角度的尺寸线应以圆弧表示。该圆弧的圆心应是该角的顶点，角的两条边为尺寸界线。起止符号应以箭头表示，如没有足够位置画箭头，可用圆点代替，角度数字应沿尺寸线方向注写（见图 3-41）。

2) 标注圆弧的弧长时，尺寸线应以与该圆弧同心的圆弧线表示，尺寸界线应指向圆心，起止符号用箭头表示，弧长数字上方应加注圆弧符号 ⌒（见图 3-42）。

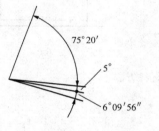

图 3-41　角度标注方法

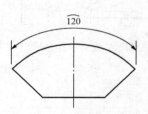

图 3-42　弧长标注方法

3) 标注圆弧的弦长时，尺寸线应以平行于该弦的直线表示，尺寸界线应垂直于该弦，起止符号用中粗斜短线表示（见图 3-43）。

(6) 薄板厚度、正方形、坡度、非圆曲线等尺寸标注。

1) 在薄板板面标注板厚尺寸时，应在厚度数字前加厚度符号 t（见图 3-44）。

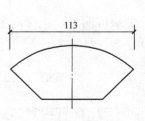

图 3-43　弦长标注方法

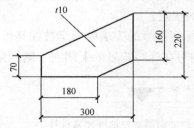

图 3-44　薄板厚度标注方法

2) 标注正方形的尺寸，可用"边长×边长"的形式，也可在边长数字前加

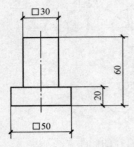

图 3-45　标注正方形尺寸

正方形符号□（见图 3-45）。

3）标注坡度时，应加注坡度符号←［见图 3-46（a）、（b）］，该符号为单面箭头，箭头应指向下坡方向。坡度也可用直角三角形形式标注［见图 3-46（c）］。

（7）标高。

1）标高符号应以直角等腰三角形表示，按图 3-47（a）所示形式用细实线绘制，当标注位置不够时，也可按图 3-47（b）所示形式绘制。标高符号的具体画法应符合图 3-47（c）、（d）的规定。

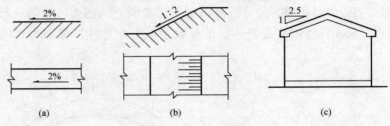

图 3-46　坡度标注方法

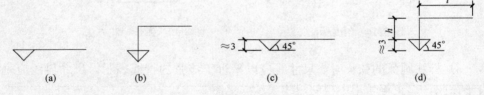

图 3-47　标高符号

l—取适当长度注写标高数字；h—根据需要取适当高度

2）总平面图室外地坪标高符号，宜用涂黑的三角形表示，具体画法应符合图 3-48 的规定。

3）标高符号的尖端应指至被注高度的位置。尖端可向下，也可向上。标高数字应注写在标高符号的上侧或下侧（见图 3-49）。

图 3-48　总平面图室外地坪标高符号　　　图 3-49　标高的指向

4）标高数字应以 m 为单位，注写到小数点后第三位。在总平面图中，可注写到小数点后第二位。

5）零点标高应注写成±0.000，正数标高不注
＋，负数标高应注－，例如3.000、－0.600。

6）在图样的同一位置需表示几个不同标高时，
标高数字可按图3-50的形式注写。

图3-50　同一位置注写
多个标高数字

（8）电气工程标注。

1）电气设备的标注应符合下列规定。

a. 宜在用电设备的图形符号附近标注其额定功率、参照代号。

b. 对于电气箱（柜、屏），应在其图形符号附近标注参照代号，并宜标注设备安装容量。

c. 对于照明灯具，宜在其图形符号附近标注灯具的数量、光源数量、光源安装容量、安装高度、安装方式。

2）气线路的标注应符合下列规定。

a. 应标注电气线路的回路编号或参照代号、线缆型号及规格、根数、敷设方式、敷设部位等信息。

b. 对于弱电线路，宜在线路上标注本系统的线型符号。

c. 对于封闭母线、电缆梯架、托盘和槽盒，宜标注其规格及安装高度。

3）照明灯具安装方式、线缆敷设方式及敷设部位，应按相关文字符号标注。

技能 33　掌握建筑标准设计图集的编制

国家建筑标准设计图集09DX001《建筑电气工程设计常用图形和文字符号》是按我国工业和民用建筑电气技术应用文件的编制需要，依据最新颁布的各种标准编制。具体编制依据如下。

GB/T 2900.18—2008《电工术语　低压电器》

GB/T 4025—2003《人—机界面标志标识的基本和安全规则　指示器和操作器的编码规则》

GB/T 4327—2008《消防技术文件用消防设备图形符号》

GB/T 4728.1—2005《电气简图用图形符号　第1部分：一般要求》

GB/T 4728.2—2005《电气简图用图形符号　第2部分：符号要素、限定符号和其他常用符号》

GB/T 4728.3—2005《电气简图用图形符号　第3部分：导体和连接件》

GB/T 4728.4—2005《电气简图用图形符号　第4部分：基本无源元件》

GB/T 4728.5—2005《电气简图用图形符号　第5部分：半导体管和电子管》

GB/T 4728.6—2008《电气简图用图形符号　第6部分：电能的发生与转换》

GB/T 4728.7—2008《电气简图用图形符号　第7部分：开关、控制和保护

器件》

GB/T 4728.8—2008《电气简图用图形符号　第8部分：测量仪表、灯和信号器件》

GB/T 4728.9—2008《电气简图用图形符号　第9部分：电信　交换和外围设备》

GB/T 4728.10—2008《电气简图用图形符号　第10部分：电信　传输》

GB/T 4728.11—2008《电气简图用图形符号　第11部分：建筑安装平面布置图》

GB/T 5094.2—2003《工业系统，装置与设备以及工业产品——结构原则与参照代号　第2部分：项目的分类与分类码》

GB/T 5465.2—2008《电气设备用图形符号　第2部分：图形符号》。

GB/T 6988.1—2008《电气技术用文件的编制　第1部分：规则》

GB 7947—2006《人机界面标志标识的基本和安全规则　导体的颜色或数字标识》

GB/T 18135—2008《电气工程CAD制图规则》

GB/T 15544—2013《三相交流系统短路电流计算　第1部分：电流计算》

GB/T 20939—2007《技术产品和技术产品文件结构原则　字母代码　按项目用途和任务划分的主类和子类》

GB/T 50106—2010《建筑给水排水制图标准》

GB/T 50114—2010《暖通空调制图标准》

GA/T 74—2000《安全防范系统通用图形符号》

GA/T 229—1999《火灾报警设备图形符号》

GB/T 4026—2010《人机界面标志标识的基本和安全规则　设备端子和导体终端的标识》

YD/T 5015—2007《电信工程制图与图形符号规定》

GY/T 5059—1997《广播电影电视工程设计图形符号和文字符号》

技能34　掌握建筑标准设计图集的内容

（1）编制目的。为方便设计人员的使用，提高设计人员的工作效率，把工程设计中常用图形、文字符号汇编，编制成图集。

（2）适用范围。适用于一般新建、改建和扩建的工业与民用建筑工程中的电气工程设计，也可供编制、实施工业与民用建筑电气工程技术文件时使用。

（3）主要内容。

1）图形符号部分分为常用强电图形符号和常用弱电图形符号。

a. 常用强电图形符号按工程设计中涉及的电气元器件分类编制，包括导体和连接件、电机、变压器、互感器、整流器、蓄电池、发生器，开关、继电器、测量仪表、变电站标注、线路标注、配电设备标注、接线盒，启动器、插座、照明开关、按钮、灯具及小型电气器件等。

b. 常用弱电图形符号按 GB/T 50314—2006《智能建筑设计标准》中不同的系统分类编制，包括通信及综合布线系统、火灾自动报警与应急联动系统、有线电视及卫星电视接收系统、广播系统、安全技术防范系统、建筑设备管理系统、其他及线路标注。

c. 图形符号按应用类别区分为功能性文件用图形符号和位置文件用图形符号。功能性文件用图形符号一般用于电路图、接线图、概略图、系统图、框图和功能图等。位置文件用图形符号一般用于安装图、平面图、布置图和路由图等。

2）汇编了工程设计中常用的文字标注标识，包括电力设备的标注方法，安装方式的文字符号，供电条件用的文字符号，设备端子和特定导体的终端标识，电气设备常用项目种类的字母代码，常用辅助文字符号，指示器、操作器的颜色标识，导体的颜色标识，信号名用的字母代码和信号分类，字母代码和焊缝符号。

技能 35　掌握建筑标准设计图集的使用

（1）国家建筑标准设计图集 09DX001《建筑电气工程设计常用图形和文字符号》中用红色字体表示本次修编后变动的部分。根据设计人员的习惯及画图方便，推荐了部分符号，用蓝色字体表示，供国内建筑电气工程设计时参考使用。

（2）图集中图形符号可根据需要缩小或放大，图形符号示出的方位不是强制的，在不改变符号含义的前提下，符号旋转或取其镜像形态时，其文字和指示方向不应倒置。

（3）为方便读图，有利于图形符号的记忆，优先采用一般符号。为防止不同用途的同一项目种类设备、器件的图形符号读图时出现混淆，可采用特定符号、一般符号加标注：一般符号标注多字母种类代码或采用一般符号标注型号规格予以区分。

（4）图集中对同一概念如有不同的符号形式（如形式一、形式二），选用时宜遵守最优形式（如可行）。但在同一工程图纸上应使用同一种形式。

（5）图集中仅编入常用的元器件、设备、装置的一般符号，并只给出了有限的组合符号或例子。

（6）电气设备常用项目种类的字母代码优先采用单字母主类代码。只有当用单字母主类代码不能满足设计要求，需将主类进一步划分时，才可采用多字母子类代码，以便较详细和具体地表达电气设备、装置和元器件。

（7）图集中指示器和操作器的颜色标识按照 GB/T 4025—2010《人机界面

标志标识的基本和安全规则　指示器和操作器的编码规则》编制。

（8）同一项目的指示器和操作器颜色标识规则应保持一致。由电力部门管理的工程项目是否执行本颜色规定需协商确定。

（9）图集中有关符号来源，如 GB/T 4728.2—2005　S01401，其中，GB/T 4728.2—2005 为国家标准文件号，而 S01401 为图形符号在国家标准图形符号数据库中符号标识号。

技能 36　掌握电气参考代号的内容

（1）定义。用以标识在设计、工艺、建造、运营、维修和拆除过程中的实体项目（系统、设备、装置及器件）的标识符号即参照代号，旧标准称检索代号，更早的标准称项目代号。它将不同种类的文件中的项目以信息和构成系统的产品关联起来。可将参照代号或其部分标注在相应项目实际部分上方或近旁，以适应制造、安装和维修的需要。

参考代号按从下向上的结构树层次分为单层参照代号、多层参照代号、参照代号集、参照代号群。成套的参考代号作为一个整体唯一地标识所关注的项目，而其中无任何一个代号能唯一地标识该项目。

（2）作用。

1）唯一地标识所研究系统内关注的项目。

2）便于了解系统、装置、设备的总体功能和结构层次，充分识别文件内的项目。

3）便于查找、区分、联系各种图形符号所示的元器件、装置和设备。

4）标注在相关电气技术文件的图形符号旁，将图形符号和实物、实体建立起明确的对应关系。

（3）代号。电气技术文件的各种电气图中的电气设备、元件、部件、功能单元、系统等，不论其大小，均用各自对应的图形符号表示，称为项目。而提供项目的层次关系、实际位置，用以识别图、表图、表格中和设备上项目种类的代码旧称项目代码，现称电气技术文件的参考代号。

技能 37　掌握电气参考代号的应用

（1）使用要求。

1）高层代号。常标注在系统图、框图、围框或图形近旁的左上角。层次较低的电气图必须标注时，标注在标题栏上方或技术要求栏内。

2）位置代号。多用于接线图中，高层电缆接线图中与高层代码组合，标在围框旁。其他图如需要与高层代码组合标注，标注在标题栏上方。

3）种类代号。大部分的电路图都使用，常标注在项目图形或框边。

4）端子代号。只用于接线图中，标注在端子符号旁边或靠近端子所属项目的图形符号。

5）多代号的组合。标注时必须标注出前缀，多层次的同一代号可复合、简化。单代码段前缀除端子代号规定不标注外，其余可注可不注。

（2）图示举例。拉丁字母、阿拉伯数字、特定的前缀符号按一定规律构成代号段，四个代号段组成完整的项目代号，如图 3-51（a）所示。

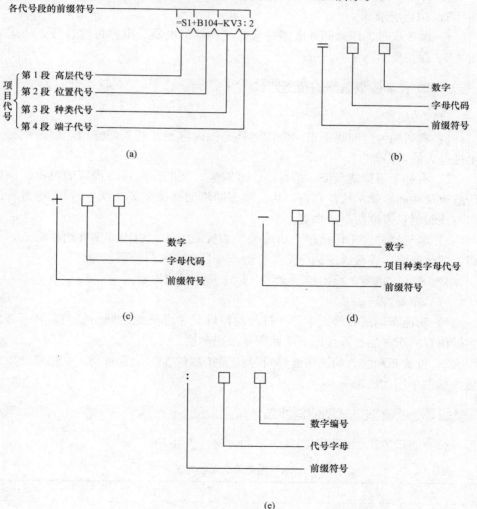

图 3-51　完整的项目代码示例

（a）完整的项目代码示例；（b）高层代号；（c）位置代号；（d）种类代号；（e）端子代号

1）高层代号。系统或设备中较高层的表示隶属关系的项目代号，格式如图 3-51（b）所示。字母代码标准中未统一规定的，可任选字符、数字，如"＝S"或"＝1"。图 3-51（a）中以 S1 来代表电力系统的 1 系统。

2）位置代号。表示项目在组件、设备、系统或建筑物中实际位置的代号，格式如图 3-51（c）所示。一般用自选定字符、数字来表示，如图 3-51（a）中"＋B104"表示项目在 B 分部 104 柜位置。

3）种类代号。用于识别项目种类的代号，是整个项目代号的核心，格式如图 3-51（d）所示。

4）端子代号。用来同外电路进行电气连接的电器导电器件的代号，格式如图 3-51（e）所示。

技能 38　掌握电气图的布局方式

（1）布局要求。

1）排列均匀，间隔适当，为计划补充的内容预留必要的空白，要避免图面出现过大的空白。

2）有利于识别能量流、信息流、逻辑流、功能流四种物理流的流向，保证信息流及功能流通常从左到右、从上到下的流向（反馈流相反），而非电过程流向与控制信息流流向一般垂直。

3）电气器件按工作顺序或功能关系布置。引入、引出线多在边框附近，导线、信号通路、连接线应减少交叉、折弯，且在交叉时不得折弯。

4）紧凑、均衡，留出插写文字、标注和注释的位置。

（2）布局方法。

1）功能布局法。简图中器件符号的位置只考虑彼此之间功能关系，不考虑实际位置的布局法。系统图、电路图常采用此法。

2）位置布局法。简图中器件符号位置按器件实际位置布局。平面图、安装接线图常采用此法。

技能 39　掌握电气图的器件表示

（1）表示方法。电气图器件表示的方法见表 3-10。

表 3-10　　　　　　　　　　　　电气图器件表示的方法

项　目	内　　容
集中表示法	所有器件集中在一起，各部件间用虚线表示机械连接的整体表示方法。此法直观、整体性好，适用于简单图形

项　目	内　　容
分开表示法	把各电气部分按作用、功能分开布置，用项目代号表示它们之间的关系，即展开表示的方法。此法清晰、易读，适用于复杂图形

（2）简化方式。

1）并联支路、并列器件合并在一起，如图 3-52（a）所示。

2）相同独立支路，只详细画出一路，用文字或数字标注，如图 3-52（b）所示。

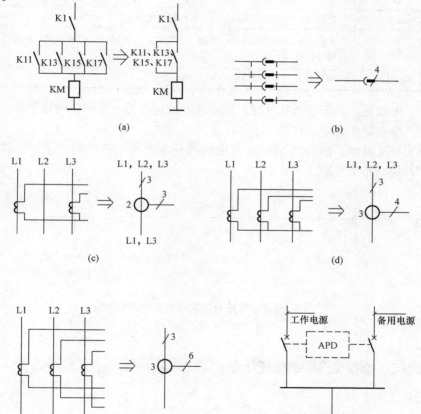

图 3-52　图形简化示例

（a）K11、K13、K15、K17 并联控制中间继电器 KM；（b）四级插头/座组；（c）两支电流互感器装在 L1、L2、L3 线上，引出三根线；（d）三支电流互感器装在 L1、L2、L3 线上，共引出四根线；（e）三支电流互感器装在 L1、L2、L3 线上，共引出六根线；（f）备用电源自投入装置用 APD 框图表示

3）外部电路、公共电路合并简化，如图 3-52（c）～（e）所示。

4）层次高的功能单元，其内部电路用一个图形符号框图代替，如图 3-52（f）所示。

技能 40　掌握电气图的线路绘制

（1）绘制方法。电气图线路绘制的方法见表 3-11。

表 3-11　　　　　　　　　　　电气图线路绘制的方法

项　目	内　　　容
多线表示	器件间连线按导线实际走向，每根都画出
单线表示	走向一致的器件间连线，合用一条线表示，走向变化时再分开，有时还要标出导线根数
组合表示	中途汇入、汇出时用斜线表示去向

（2）中断处理。连线需穿过图形稠密区，或连到另一张图样时可中断。中断点对应连接点要作对应的标注。

（3）交叉处理。图 3-53 所示为常用的两种方式表示跨越与连接，二者不可混用，否则会产生混淆。

图 3-53　交叉线跨越与连接的两种常用表示法

(a) 方法一；(b) 方法二

技能 41　掌握电气图的围框处理

（1）适用范围。

1）确定功能的功能单元。

2）完整的结构单元。

3）相互联系、关联的项目组。

4）相同电路简化后的详略两部分。

（2）做法要求。

1）除端子及端子插座外，不可与元器件图形相交，线可重叠。

2）框多为规则矩形，必要时也可为不规则矩形，必须有利于读图。

3）围框内不属此单元的器件，以双点画线框出并注明。

技能 42　熟悉电气图的标注标记

（1）特定导线的标记。

（2）与相应导线相连的接线端子的标记。

（3）绝缘导线的标记。

（4）电力设备、器件的标注。

技能 43　掌握 CAD 设计软件基本功能的介绍

· （1）CAD 简介。CAD（Computer Aided Design）是指计算机辅助设计，这是计算机技术继科学计算、数据处理、信息加工及自动化控制四大应用外的又一个重大应用。本质意义是将计算机硬件、软件合理组合，以辅助设计人员实施设计的整个体系。CAD 大大减轻了设计人员的劳动，缩短设计周期和提高设计质量。

（2）通用 CAD。AutoCAD 是由美国 Autodesk 公司于 20 世纪 80 年代初开发的绘图程序软件包，经过不断的完善，现已成为国际上广为流行的绘图工具。同传统的手工绘图相比，使用 AutoCAD 绘图速度更快、精度更高。

（3）主要特点。

1）AutoCAD 具有良好的工作界面和多文档设计环境，让非计算机专业人员也能很快掌握，具有极强的通用性和易用性。

2）AutoCAD 具有完善的图形绘制功能。

3）AutoCAD 具有强大的图形编辑功能。

4）通过 AutoCAD 的交互菜单或命令行方式可以方便、快捷地进行各种操作。

5）AutoCAD 具有广泛的适应性，它可以在各种操作系统支持的微型计算机和工作站上运行，并支持分辨率由 320×200 到 2048×1024 的各种图形显示设备，以及数字仪、绘图仪和打印机等设备。

6）AutoCAD 可以进行多种图形格式的转换，具有较强的数据交换能力。

（4）基本功能。

1）平面绘图。能以多种方式创建直线、圆、椭圆、多边形、样条曲线等基本图形对象。

2）绘图辅助。提供了正交、对象捕捉、极轴追踪、捕捉追踪等绘图辅助工具。正交功能用户可以很方便地绘制水平、竖直直线，对象捕捉可帮助拾取几何对象上的特殊点，而追踪功能使画斜线和沿不同方向定位点变得更加容易。

3）编辑图形。具有强大的编辑功能，可以移动、复制、旋转、阵列、拉伸、延长、修剪、缩放对象等。

4）标注尺寸。可以创建多种类型尺寸，标注外观可以自行设定。

5）书写文字。能轻易地在图形的任何位置、任何方向书写文字，可设定文字字体、倾斜角度及宽度缩放比例等属性。

6）图层管理。图形对象都位于某一图层上，可设定图层颜色、线型、线宽等特性。

7）三维绘图。可创建 3D 实体及表面模型，能对实体本身进行编辑。

8）网络功能。可将图形在网络上发布，或是通过网络访问 AutoCAD 资源。

9）数据交换。AutoCAD 提供了多种图形图像数据交换格式及相应命令。

10）二次开发。AutoCAD 允许用户定制菜单和工具栏，并能利用内嵌语言 Autolisp、Visual Lisp、VBA、ADS、ARX 等进行二次开发。

技能 44　掌握 AutoCAD 设计软件应用

（1）创建。

1）若土建专业提供条件盘，则以下述方式简化整理借用。

a. 各层逐层打开，保留底层至顶层的各层做强、弱电平面布置，基础层做接地，屋面层做防雷布置，其余抹去不用。

b. 所用各层简化整理，删去无关内容（土建专用的符号、文字、图形、标准），关闭无用图层。

c. 将简化整理好的各层分别重命名为相应"×层"，并存为块，以便备用。

2）若土建专业未提供条件盘，则以下述程序自作条件使用：新建→底层柱网尺寸层→以点画线绘水平、垂直各一条正交直线（水平线在左或右端；垂直线在上或下端）。绘轴线图是"偏移"命令绘出其余各轴线→标注尺寸及轴线标号。绘出墙体和门窗是用细实线以"多线命令"绘墙线→"偏移命令"绘其余墙线→"多线编辑"修剪墙角→"剪切"开门、窗洞缺口→"块插入"门、窗、梯、栏各内容。

（2）绘图。

1）强、弱电系统概略图。以纸稿或腹稿方式构思好系统方案→调系统图各元件图块（注意尺寸比例）→各元件合为一个图块者还需"打散"→"栅格"定位下放置核心单元→用"偏移"、"旋转"、"镜像"、"矩阵"形成方案所属的元件放置→以"粗实线"连接→标注必要的文字、数字和字母符号→存为"文件"。

2）配电箱接线图。多线段"正交"、"偏移"、"平行线"，"矩形"框"复制"。制成底表→采用相似上面方式调用图库中"图块"，放置在表中图形部分适当位置→仿上述方法连线为图（也可充分利用"多重复制"）→通过计算、选定元器件型号、规格及必要的参数值→逐一填入下方表格及上方图的适当位置→存为"文件"。

（3）布置。

1）强弱电平面。

a. 调出底层至顶层的相应层面条件→分别新开不同颜色之图层，分别表示强电（又分照明或插座）和弱电（又分闭路、电话、消控、安保等），也可仅分电气、智能化两个图层。

b. 将核心元件（从图库中调出）放置在方便调用的位置→用"复制"、"移动"、"镜像"、"编辑"方法使元件放在各个需要布置的位置→连导线（注意：照明线与开关对应的线根数，弱电线中部断开以备标志性质字符）→标注：灯具，线缆及箱的编号、型号、规格及数量等（注意：上、下楼层引入引出位置、数量、线性质的对应及符合规范，以方便施工为原则）。

2）配电室布置图。建筑专业提交的配电室"土建条件"→"矩框"画出一个标准屏、箱或柜（注意：此图不同于上述图，需严格按比例尺寸），放置在预定的准确位置→"阵列"排布→核实尺寸、距离是否符合规范操作，运行及线进出方向→"虚线"布置沟、槽、架、洞→"尺寸标注"标出相应尺寸→"填充"必要剖面图形→存文件。

（4）说明。

1）设计、施工说明。用 WORD 编"说明"→"OLE"插入→调整比例、大小放置图中恰当位置（也可将图例、图样目录一并考虑）。

2）材料表。类似配电箱接线图方法制成"底表"（注意：估计好表格的行列数与表达内容的多少吻合）→填入图库中图形符号（必须与所用符号一致）→将文字、字母、数字填入表格（充分运用"复制"、"粘贴"可大大减少工作量）。

3）图框。根据图形繁简及大小，合理选择图幅（要考虑计算机打印条件，不复杂的图可用加长处理）→做成块或文件→将上述各图的文件"装入"图框中（注意：放置位置要留有适当空档）。

（5）出图。

1）组合存盘。将上述各图分别编写图号→逐个调出，整齐排列（先将一张图打开，放在适当位置，"缩小"后其余图"插入"在其左、右、上、下，再"平移"排列成矩阵）→将此各图集中总命名为一个"文件"→"压缩"、"存盘"供使用。

2）打印成图。"打印设置"要考虑尺寸、比例等→一般出黑白的图，将各彩色笔统一换成"7"号（黑笔）且注意线型的选定→窗口"框选"图形→打印出图。

3）扩充图库。

a. 将此图新建的图形符号"插入"到标准图库中，以备今后方便使用。

b. 如某套图为典型图纸，易于扩充变化，就可作为样板图存入。此后作其他工程时，从此样板图更改开始，更为快捷。

技能 45 熟悉电气专业 CAD 设计软件的功能

（1）共有功能。

1）图形系统即通用绘图软件包，是整个系统的支撑平台。

2）数据库分为几何数据库和非几何数据库两部分。前者为电气图形库，采用建筑电气设计中各种电气图形符号及文字标注符号。后者用于存放各种计算表、参数表及文字信息。

3）应用程序库，由设计计算程序和绘图程序组成。

4）人机接口，人与软件包联系的纽带，即菜单。

（2）基本内容。

1）系统图生成高、低压主接线，高、低压柜订货图，动力、照明及弱电系统图，配电箱接线图等。

2）原理图生成一次、二次及控制、监测各种电气原理图。

3）平面图在建筑平面条件图的基础上完成各层面动力、照明及供电（含综合布线）平面布置及走线图、屋顶防雷及基础接地平面图。

4）变、配电站图在建筑条件基础上完成变、配电站平剖面布置，屏、箱、柜布局，变压器、设备布置及缆沟、桥架、孔洞细部图。

5）设计计算完成设计过程负荷及短路，线缆选择校验，设备参数及选型等计算工作。

6）图样外框用以在无完整建筑条件时，形成标准图框及标题、会签、图幅分区等内容。

（3）专业优势。专业软件相对于通用软件更具有操作优势，条件许可时尽量用专业软件，具体体现在以下方面。

1）简便、快速专业软件是在通用软件基础上发展起来的，主要着眼于方便设计、简化过程，自然大大提高了设计速度。

2）表格功能强，所带的表格，填写方便，且具有自统计功能，往往自动生成一些所需的数据或其他表格。

3）更为可靠，计算自动进行的同时，自作校验。关键参数来得快、准确及可靠。

4）标准、美观图形尺寸、大小得当，往往不必再缩小或放大。圆弧能过度地处理，更为标准，整个图样更为美观。

技能 46　掌握电气工程图识图顺序

识图顺序，见表 3-12。

表 3-12　　　　　　　　　　　　识图顺序

项　目	内　容
标题栏及图样目录	了解工程名称、项目内容及设计日期等
设计及施工说明	了解工程总体概况、设计依据及图样未能清楚表达的事项
系统图	了解系统基本组成、主要设备器件的连接关系及其规格、型号、参数等，掌握系统的基本概况及主要特征。通过对照平面布置图对系统构成形成概念
电路图和接线图	了解系统各设备的电气工作原理，用以指导设备安装及系统调试。一般依功能按从上到下、从左到右、从一次到二次回路的顺序逐一阅读。注意区别一次与二次、交流与直流及不同电源的供电，同时配合阅读接线图和端子图
平面布置图	电气工程的重要图样之一，用来表示设备的安装位置、线路敷设部位和方法，以及导线型号、规格、数量和管径大小。也是施工、工程概预算的主要依据
安装大样图	按机械、建筑制图方法绘制的详细表示设备安装的详图。用来指导施工和编制工程材料计划，多参照通用电气标准图
设备材料表	提供工程所用设备、材料的型号、规格、数量及其他具体内容，是编制相关主要设备及材料计划的重要依据

技能 47　熟悉电气工程图识图技巧

（1）了解线路所采用的标准。

（2）熟悉图形符号、文字符号、项目代号标准与所用的表示方法。

（3）结合土建工程、其他相关工程图样及建设方要求，为了使阅读更全面，还需了解建筑制图的基本知识及常用建筑图形符号。

（4）不同的读图目的有不同的要求。有时还需要配合阅读有关施工及校验规范、质量检验评定标准及电气通用标准图。

（5）电气工程图不像建筑图那样分散，因此不能单独看一张图，应结合各图一起看。从平面图找位置，从系统图找联系，从电路图分析原理，从安装接线图整理走线。系统图与平面图这两种图在电气工程中最关键，关系最密切应对照起来看。

技能 48　熟悉工程设计质量的提高

工程实际质量的高低极大程度上取决于自审、审核和审定这三级校审。其中至关重要的是设计者本人的自审，在于设计者本人的自我把关，以及对别人校审意见的认真处理、重视和对待，所以提高设计质量的关键在于设计者本人。

往往在施工图设计阶段，周期紧、图样量大、互提资料不及时以及其他客观因素使得在加班赶图时常出现下述共性问题。

（1）设计深度不够。

1）不同阶段设计的深度要求，在标准中有明确规定，但仍然出现不少漏缺及深度达不到要求的现象。如变、配电站缺必要的剖面图，变电站至配电柜母线少标高和吊杆，配电柜下电缆夹层又往往少安装尺寸。

2）配电系统图，又称干线系统图，有的工程以简单为由省略此图，实际工作中则难以理顺柜、箱之间关系。而有的系统图中又未标明 N 及 PE 线，开关柜各断路器参数表达不全，如漏电保护未标动作电流，进线断路器未标分断能力、整定电流。

3）电缆桥架及密集式母线往往标注不够注意，如标高及转换、支撑及配件、穿墙过户的处理等。

4）强、弱电竖井本身是层楼间缆线纵向联系的关键部位，往往缺排列图、剖面图，支撑安装未表示，防火措施未到位。

5）保护、控制、联锁有时既不标明所选标准图的二次图号，又不画非标的二次原理图，个别甚至连自锁、联动及互锁的要求也未表明。

（2）规范、标准执行不认真。

1）虽然规范条文众多，但针对每一项工程涉及的方面并不多，且有规律可循。进行每类工程设计之前，应首先熟悉所涉及的规范条文及要求。

2）变配电室维护，运行通道的尺寸大小，电缆沟的布置要求，门的开向及通风、散热、防小动物进入、防积水、防雨溅等措施及要求常被忽略。

3）系统构成有时未充分考虑互相备用切换的不间断时间要求，干线系统构成的安全性及彼此免干扰性、大电动机启动的冲击性、备用发电机配套的指标要求。

4）应急、疏导、安全电压照明设置及布局的合理性，电梯照明的特殊要求，生活居住建筑的公共照明节能措施往往漏此缺彼。

5）弱电布置中往往忽视紧急广播在建筑边沿布置时的电平高低，消防检测布局要考虑的灵敏度问题，以及宽带传输距离对信号衰减的限制。

6）防雷网络尺寸要求及防雷接地散流布局应远离人员交通出入口，防止雷电波从架空的强、弱电线路以侵入雷的方式造成破坏，这类要求也常被忽视。

（3）计算取值常见错误。

1）出现问题最多的是不注意单相负荷应尽量均匀地分配在三相线路中，以及单相负荷等效为三相负荷时的计算错误。层层积累造成总负荷计算不准，直接影响导线截面及开关元件规格的选取偏小，危及安全。

2）功率因数及需要系数直接关系到相应计算电流的计算，但取值常不合理。大量使用气体放电类光源，又未采取任何补偿措施，元件型号上也未选定特殊产品，功率因数却选取得很大。需要系数选取也显随意性，连末端照明支路也盲目选取比 1 小许多的值，致使计算不合理。

（4）选型常不合理。

1）电动机降压启动随便采用，频繁采用软启动器，铜电缆首选、铝电缆弃之不用，大量采用塑壳开关，熔断器弃之不用，中性线、保护线偏大，漏电断路器过量使用。

2）比较突出的是断路器未区分负荷的"照明特性"还是"电动机特性"，经常出现以电动机使用为主的插座回路选取照明特性，无法避开电动机启动冲击。

3）导线及断路器规格选取上有"大比小好"的错误趋向，致使断路器保护不了相应回路导线。上、下级断路器参数设定未考虑"选择性动作"原则。楼层出线断路器与每户进线同规格，前者负误差，后者正误差时，过负荷先动作的不是户内而是楼层配电箱。

（5）未充分考虑施工。

1）要考虑施工的可能与方便，更要考虑是否影响其他专业。比如是否多管多叠时影响到板、墙、柱、梁的强度，强弱电管线是否与热力、化工管线毗邻，彼此尺寸是否矛盾，同时是否影响材料老化、绝缘等问题。

2）要充分考虑必要的保护措施。强、弱电线缆引入建筑物时多已考虑穿管保护，但对穿管长度、埋地深度往往忽略要求；过道路的架空线要考虑垂直安全要求距离；埋地线要考虑承受一定压力及拉力；导线过伸缩缝，要考虑防止各部位沉降不同的伸缩装置。这些常被忽视。

3）电气连接既包括防雷接地这种大电流高电压的冲击负荷，又包括宽带、多媒体之类高速、细微、数字信号的传递。要充分考虑施工中针对不同情况的连接要求：可靠，绝缘，屏蔽，抗干扰，防腐，抗破坏。

"电"是自工业革命以来，世界各地区、全球各行业最基本的能源。这足以说明"电"应用的广泛性。当今是信息时代，而楼宇却是信息高速通道的驿站。"信息"最终是以"电"的形式传递的。这些足以表明"电"的新颖性。因此从事电气工程设计的人员必须不断提高知识的综合性、实践性及更新性，从而不断提高设计水平。

（1）综合性。

1）工业、民用、公共工程三大类彼此是渗透的。工业工程中往往有宿舍、食堂，或者还有办公楼、综合楼，甚至个别还有招待所、多用厅。民用小区中难免会有变配电及供排水系统。高层楼宇智能化后必然会有类似工业中控室的消防、安保及 BAS（Building Automation System）监控中心。

2）电气、智能化是电专业两大分工。电气又可分为电力及变配电、动力及照明；智能化也又可再分为通信、声像及智能综合布线。但实际执行中往往彼此交融，特别是从专业负责人的角度，必须一专多能。

3）实际工程中往往把水与电专业联系在一起，一并作为水电专业来考虑子项工作。

4）计算机无处不用的今天，做好专业设计的同时，还必须熟练 CAD 使用技巧。

5）电气工程概预算的知识、技术经济分析的能力也是一名优秀电气设计师需掌握的。

（2）实践性。

1）掌握施工现状施工一线是设计文件的实施者，通过使用，对图样反馈意见最具权威。

2）熟悉安装、调试施工工作中的困难或许就是设计人员造成的。

3）了解制造加工制造企业的新产品，下次设计此类产品时可以考虑替代。

（3）更新性。

1）通过专业杂志了解国内外同行动态及水平，如《建筑电气》、《建筑电气设计通讯》、《电工技术杂志》、《电工技术》、《电气工程应用》、《工程设计》及《工厂建设与设计》、《供用电》、《智能建筑》、《智能建筑与电气 CAD》、《邮电设计技术》等，还有很多有电气工程专业的大学学报能适合不同读者的需要。

2）参加学术交流能交流信息，相互取长补短。电气专业在工程设计领域易被忽视，但实际上其技术含量高，知识更新快的专业。故应主动积极参加适合自己的交流团体，如以建筑设计为主体的全国、省、市建筑电气情报网；遍布电气电工各领域、多分会的高层学术团体的中国电工技术学会；既有建筑电气也包括工业电气工程范围的土木建筑学会电气分会；给广大普通电气设计人员提供了电气工程技术的讨论园地的国际铜业协会（中国）。

3）自我提高的方法。

a. 工程总结：应逐工程总结归纳自己经历过的工程的长处、不足、优点、缺点及感想，既可作为自己最好教材，也可作为写文章的素材。

b. 资料积累：所有的收资、调研及平时的学术交流、参观，资料的收集、筛选、分类、整理，必要时是最为得心应手的工具性资料手册。

第四章

建筑电气工程设计的实施

技能 50　　了解承接任务阶段的任务

1. 与委托单位的洽谈

通常情况下，设计的委托方就是建设单位。对于电气工程设计，也有在工程设计方总承包签订下来后再与电气专业合作的。尤其是以建筑电气为多，特别是装修工程的建筑电气、智能化工程。

与委托方洽谈中要充分明了设计任务的具体内容、要求、进度和双方责、权、利，相当于解决 5W1H 中的 Why（必要性）、What（目的性）、Where（界限性）、When（时间性）四方面问题。双方分别作出是否委托设计与是否承接设计的决定。

2. 设计委任书的接受

此委任书是由具有批准项目建议书权限的主管部门及相应独立法人作出的。承接大的设计项目时，在当前设计市场竞争的条件下，还须清醒意识到，在设计执行及款项交付有争议时，委任书（或称委托书）是具法律效力的文件，必须在设计委托书上写清楚设计内容。有时建设单位经办人对电气专业不太熟悉时，特别容易表达不确切。有时工程为多子项、与多单位合作，又易造成漏项、彼此脱节。

另一个易被忽视的问题是，按相应规章、规范需设置的，建设方无异议的不必一一写明。若是按规程、规范需设置的，因种种原因，建设方不委托设计的，必须写明。同时还得写明原由，并有其主管部门批复正式文件方可。

3. 项目负责人的任命

设计单位普遍实行项目责任制。项目负责人是这一设计任务执行和实施的独立负责人，直接决定整个项目的进展、质量和效益，故至关重要。

4. 新设计班子的建立

根据任务的内容配齐相应的专业人员，根据任务各子项的轻重，慎选关键专业的专业负责人。确定各专业负责人、参与此项设计工作各专业人员，就组成了设计班子。项目负责人的任命、新设计班子的建立这两项解决了 5W1H 中的 Who（责任人）的问题。

5. 设计班子内的协调

由项目负责人主持以专业负责人为首的全体专业人员即整个设计班子，举行会议，协商分工，协调配合的时间和内容，开展的步骤，即落实了设计进展，也就解决了 5W1H 中的 How（实施措施）的问题。

6. 涉外设计的合同签订

随着改革开放，世界涌入中国，中国迈向世界，于是涉外设计日渐频繁地出现在设计领域。因此，有必要了解和把握电气工程的涉外设计，同时也可把它作为国内设计的借鉴。合作设计是涉外设计常采用的设计形式。其分工、范围、内容、程序及进度都以合同加以确定，合同分为正本和附件。

（1）合同正本。

1）合同主题。

2）价格。

3）支付与支付条件。

4）设计分工与联络。

5）图样与技术文件的交付。

6）设备的交货与交货条件。

7）标准与检验。

8）安装、试车及验收。

9）保证、索赔及罚款。

10）保险。

11）保密。

12）不可抗力。

13）税务。

14）仲裁。

15）合同的生效与终止。

16）其他。

（2）合同附件。它是对正本有关条款的扩展、说明和详细论述。

1）界区。

2）设计标准与设计基础。

3）工艺说明。

4）卖方的供货清单（包括详细规格和单价）。

5）买方的供货范围。

6）设计及图样技术元件。

7）技术性能保证、考核及罚款。

8）考察及人员培训。

9）技术服务。

10）合同工厂（车间）的进度表。

11）双方银行出具的不可撤销的保函（信用证）的格式。

（3）注意事项。

1）原则，即"以我为主，为我所用，积极慎重，量力而行，择优选择"。

2）目的，即提高我国的科技设计水平，而不是削弱、抑制自己能力，注意防止盲目、重复引进。

3）选择引进和合作对象，即从国家立场协助建设单元，当好技术参谋，使建设项目先进、经济、实用、可靠。

以上内容针对技术引进类涉外设计而言。至于另一类涉外设计——援外设计，总的精神是：代表国家，代表中华民族，是对发展中国家的一种技术援助。虽然是一项技术工作或商业行为，但更应当认识到它是一项光荣的政治任务。

技能 51　了解设计前期阶段的任务

1. 收集资料

收集资料，有些资料还必须向有关部门索取，如当地的气象资料、规划资料。

2. 调查研究

（1）细化委托方对工程建设的具体要求及了解过去的条件、当地同类的水准。

（2）向提供外围配套服务的部门协商，甚至办理相关合同手续。

3. 工程选址

工程地址即厂址或楼址待定的需选址，尤其是某些行业的厂址选定极为复杂，综合因素多，涉及面广，关系重大。

技能 52　掌握专业间的所需条件

1. 其他专业对应电气专业

（1）工艺专业。

1）初步设计阶段：①车间设备及电机一览表；②各工种布置平、剖面图；③工艺性设计资料；④照明提资表；⑤特殊照明提资表；⑥弱电信号资料。

2）施工图设计阶段：①设备及电机一览表，要区别出长期运转及短期、断续运行及备用设备；②各种设备布置图，标明供电位置及坐标，并考虑相关因素；③工艺及特征；④照明提资表（要注明电源、照度、开关及配合动作的特殊要求）；⑤防潮、防爆、防尘；⑥设备联锁。

（2）土建专业。

1）初步设计阶段：①建筑平、立、剖、屋面图；②全厂建、构筑物一览表；③有关提资说明。

2）施工图设计阶段：①所有建筑物平面、立面、剖面和屋面图；②全厂建、构筑物一览表；③各层模板图（及厚度）、梁柱的位置（不必太细）；④平面结构布置；⑤基础。

（3）总图规划专业。

1）初步设计阶段：①位置图；②厂区总平面及竖向布置图（1∶1000）；③生活区平面及竖向布置图（1∶1000）；④厂区各场地、道路等的照明要求。

2）施工图设计阶段同初步设计阶段，只是比例改为1∶500。

（4）热力专业。

1）初步设计阶段类似工艺专业。

2）施工图设计阶段：①锅炉房平面布置；②热力系统图；③控制、信号、报警、联锁要求；④用电设备；⑤弱电设备。

（5）暖通、制冷专业。

1）初步设计阶段类似工艺专业。

2）施工图设计阶段：①各房间的名称、设备及布置图；②采暖通风，空调提资表；③设备电热容量及分组方式的明暗方式，其余同热力专业；④设备表，散热量及冬、夏运行台数。

（6）给排水专业。

1）初步设计阶段类似工艺专业。

2）施工图设计阶段：①各级各类泵房资料（各种泵的位置、型号、功率，泵与水塔、水池、净水构筑物间的自控及联络要求）；②各类辅助建筑（用电负荷、位置、特殊要求、防雷报警及自控）；③各类构筑物（池、塔、箱）的水位控制要求（其余同暖通、制冷专业）；④取水及深井布置（同暖通、制冷专业）；⑤主要给水排水设施及控制。

（7）设备、机修专业。

1）初步设计阶段：①机修平面的各种电动机布置；②工种分配；③特殊照明要求及位置。

2）施工图设计阶段：①用电设备（含预留位置）；②弱电设备；③局部和特

殊照明；④插座要求、电器环境。

（8）自控、仪修、化验专业。

1）初步设计阶段：①工种布置；②特殊照明；③用电量、电压等级。

2）施工图设计阶段：①用电设备；②仪表室照度；③局部照明、事故照明、特殊照明、插座提资；④电加热设备。

2. 电气专业对应其他专业

（1）工艺专业。

1）初步设计阶段，总用电负荷。

2）施工图设计阶段：①工艺厂房内附变/配电站平面尺寸大小及高度要求；②动力配电室平面位置布局。

（2）土建专业。

1）初步设计阶段，变/配电平面要求。

2）施工图设计阶段：①车间或工段布置图，房间要求，楼面上的直径大于300mm、墙面上的直径大于400mm（单边）以上开孔，设备位置标高、重量、吊车吨位、地沟；②总降压，变电站平剖面；③高配、低配、电修、电话、广播室平面布置；④发电机小室、走廊、中央控制室、室外升压电气装置平剖面图；⑤对本专业构筑物的设防要求（防火、防腐、防水、防雨雪、防小动物等）；⑥对本专业构筑物的尺寸要求（面积、层高、标高、门窗、孔洞、沟井、基础等）；⑦变压器、电容器、开关柜等对本专业设备荷重、通风要求；⑧预留孔、预埋件；⑨建筑物、设备机泵特征；⑩防雷接地及设备荷载的要求。

（3）给水排水专业。

1）初步设计阶段：①各工种布置；②消防要求。

2）施工图设计阶段：①自备电站、变/配电站、电修用水及排水资料；②消防要求。

（4）自控仪表专业。

1）初步设计阶段，电气/自控共盘布置说明。

2）施工图设计阶段：①共盘布置说明（开关、按钮、仪表等的型号、规格、生产厂家）；②信号、检修、报警相关要求。

（5）概算（预算）专业。

1）车间电气设备及电动机一览表。

2）设备安装工程概算表。

3）材料表。

（6）技术经济分析专业。初步设计阶段，定员表。

（7）暖通空调专业各发电站、变/配电站、电修对通风、空调要求。

1. 事先指导

（1）作用。

1）充分发挥各级的指导作用，防患于未然，预防为主，主动进行质量控制。

2）在设计各阶段开始之初、构思之际，对控制设计成品最为有力。

3）贯彻执行国家有关方针、政策、法规，执行国家各部委规程、规范、标准及地方、单位的规定要求。

（2）内容。事先指导的内容控制见表 4-1。

表 4-1　　　　　　　　　　　　　　事先指导的内容控制

项　目	内　容
必要性（Why）	（1）上级机关审批文件。 （2）设计依据。 （3）方针、政策和各项规定
目的性（What）	（1）设计内容及深度。 （2）应达到的技术水平，经济、社会及环境效益。 （3）主导专业具体要求。 （4）攻关、创优、科研、节能等相关课题。 （5）建设、施工、安装单位的要求
界限性（Where）	（1）设计界限及分工。 （2）联系及配合的要求。 （3）会签要求
时间性（When）	（1）开工工期，设计总工时。 （2）中间审查时间。 （3）互提资料时间。 （4）完工时间
责任人（Who）	（1）确定设计的项目负责人。 （2）确定设计的专业负责人。 （3）确定设计的主要设计人员、校审人员及工地代表
实施措施（How）	（1）最佳技术方案。 （2）专业间统一的技术规定。 （3）出图张数。 （4）设备、材料、行业方面的情报。 （5）常见毛病、多发毛病及有关质量等信息

（3）要点。

1）设计前期工作可分为编制项目建议书、可行性研究报告、设计任务书及厂址选择。指导内容为建设规模、产品方案、生产方式的预测，投资费用及经济效益的预算，厂址选择及设计方案的筛选。

2）初步设计阶段指导内容主要是针对项目特点的具体设计思想，各专业方案的配合和衔接，项目整体的先进性和实用性，以及三废治理和节能降耗的技术措施。

3）施工图设计阶段总体设计方案的指导在于初级审批文件的贯彻落实，专业设计方案的指导在于实施方案的技术标准统一，常见和多发毛病的纠正。

2. 过程检查

（1）作用。

1）承上启下，检查"事先指导"的落实，规范下一步工作的开展。

2）对设计过程新出现问题进行补充指导。

3）根据项目层次的不同，执行具体的检查方案。

4）电气专业的中间检查一般安排在向其他专业提供或返回条件时，以专业负责人员及相关人员讨论方式进行。

（2）内容。

1）"事先指导"的执行情况。

2）方案的可行性、经济性及先进性。

3）规程、规范及相关安全、环保、节能等规定的符合情况。

4）综合配合、布置选型，以及是否存在遗留问题。

3. 成品校审

必须按逐级校审原则进行，小型项目按二级校审，大、中型项目一般按三级校审进行。

（1）分级。

1）三级校审。大、中型项目：①组——校核、审核；②室（项目）——审查；③院——审定、批准。

2）两级校审。小型项目：①组——校核、审核；②室——审查、审定。

3）所有项目发送建设单位前，需经院技术主管部门进行规格化审查，并由院负责，以院的名义和署名向外发送。

（2）资格。

1）校核——专业负责人或组长指定人担任。

2）审核——组长、专业室主任指定人担任。

3）审查——专业主任工程师、项目工程师担任，负责本专业技术原则和整个项目的协调统一。

4）审定——总工、副总（大项目）、室主任、主任工程师（小项目）。

5）批准——院长（大项目）、室主任（小项目）。

注：设计人则不得兼校审，各级校审不得兼审。

（3）范围。大、中型项目设计文件电气专业校审签署范围见表4-2。

表4-2　　　　　　　大、中型项目设计文件电气专业校审签署范围

设计内容		设计	校核	审核	审查	审定	批准
初步设计阶段	全厂高压供电系统图	△	△	△	△	△	
	总变/配电站设备布置图	△	△	△	△	△	
	各车间变/配电站供电系统图	△	△	△	△		
施工图设计阶段	全厂高压供电系统图	△	△	△	△	△	
	总变/配电站设备布置图	△	△	△	△	△	
	各车间变/配电站供电系统图	△	△	△	△		
	自控信号联锁原理图	△	△	△	△	△	
	大型复杂控制布置图	△	△	△	△		

（4）程序及职责。

1）设计。自校、签名、附上原始资料及调查报告、设计文件及计算书。

2）校核。图形符号、投影尺寸、文字、数据、计量单位、计算方法以及规范校核。

a. 是否违背国家、有关部门的相关规程、规范。

b. 校核设备位置尺寸是否正确、与建筑结构是否一致，安装设备处是否进行了结构处理，轴线位置与设备之间尺寸是否有差错。

c. 管线布置及管径是否与地面、楼面垫层厚度相符。管线距地面保护层厚度是否符合设计规范要求，管线走向和交叉是否影响结构强度及超越垫层厚度。

d. 线缆位置和箱柜间距是否合理。配管走向和引上、引下及分支、交接、管径大小标注是否清楚。系统图与平面图之间的管、线是否一致。

e. 负荷计算是否准确，容量统计有否漏项，计算系数是否正确，线缆、设备规格选型是否合理，运行、维护是否方便。

f. 设计说明是否详尽，标准图、复用图选用是否合理，原理图、系统图是否正确，技术数据是否完整。

g. 横向各专业间有无错、漏、碰、缺。

3）审核。对"设计原则意见"及"项目设计技术统一规定"符合性、完整

性和专业技术相互协调性以及主任工程师未审的范围的技术经济合理性负责。

a. 校对中的问题是否解决。

b. 贯彻执行国家有关方针、政策、法规情况。

c. 复查全套设计文件及入库存档材料的完整性。

d. 检查整个设计是否达到应有深度，是否满足施工需要。

e. 推广应用新技术、新设备根据是否充分。

4）审查。是否符合"设计原则意见"及"事先指导意见"，复核"审核意见"及"修改情况"处理校核、审核中出现的分歧意见。重点审查各专业协调统一，组织会签。

5）审定。终审是否符合"项目建议书"、"设计任务书"、"初设审批意见"、"事先指导意见"、"项目中审查意见"。审定人根据各级校审意见和质量评定等级，进行最终质量评定。其校审程序如图 4-1 所示。

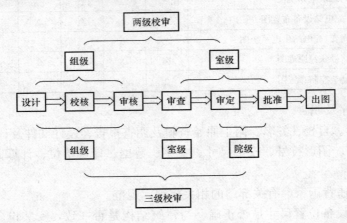

图 4-1 设计文件分级校审程序

技能 54 了解技术交底的工作要点

1. 时间

施工图设计完成后，开始施工前，且各相关人员已认真阅读施工图后。

2. 对象

施工、制造及安装、加工队伍及监理单位的行政及技术负责人。往往此时建设方也把消防、环保、规划及上级主管部门邀请来共同审计图样，故有时也把此称为会审。

3. 内容

（1）介绍设计指导思想，充分说明设计主要意图。

（2）设备选型、布置、安装的技术要求。

（3）结构标准件选用及说明。

（4）制造材料性能要求及质量要求。

（5）施工、制造、安装的相应关键质量点。

（6）步骤、方法的建议，强调施工中应注意的事项。

（7）局部构造，薄弱环节的细部构造。

（8）新工艺、新材料、新技术的相应要求。

（9）补充修改设计文件中的遗漏和错误，并解答施工单位提出的技术疑问。

（10）作出会审记录，并归档。

4. 做法

设计人员就施工及监理单位对施工图的一些问题作出解答，设计需修改、变动的应及时写成纪要，由设计人员出具变更通知，甚至画出变更图样，根据进度及需要可分段多次进行。通常是由建设单位主持，按下列步骤进行。

（1）设计方各专业人员介绍。

（2）各到场单位质疑，并提问及讨论。

（3）设计方分专业解答，研讨所提内容。

（4）对未能解决而遗留的问题归于会审纪要，安排逐项解决。会审纪要需归入技术档案。

技能 55　了解工地代表的工作要点 ///////////////

1. 代表要求

设计方工地代表是设计单位根据工程项目的施工、安装、试生产及与设计衔接的需要，派驻现场代表设计单位全权处理设计问题，并在工程施工、安装、试生产期间进行技术服务工作的人员。工地代表应派专业知识面广，具有设计及现场经验，参加过本工程某专业设计的技术人员担当。

2. 工作要点

（1）施工过程中负责解释设计内容、意图和要求，解答疑难点，参加联合调度会及有关解决施工、安装问题的会议。

（2）扼要记录现场各种技术会议内容、技术决定、质量状况、设计修改始末，以及重要建（构）筑物的隐蔽工程施工情况，以备归档。

（3）因设计方原因修改设计时，需填发修改通知单，正式通知建设单位。其文字、附图必须清晰，竣工后需要归档。

（4）现场发现施工、安装不符合原设计或相关规范要求时，应及时提出意见，要求纠正，重要问题要书面记录。

（5）建设、施工方涉及变更原设计要求的决定，若有不同意见，应向对方说明理由，要求更正。若意见不被接受，保留意见时，要向项目工程师报告并做好记录。

（6）施工、安装方为条件限制等原因要求修改设计时，如影响质量、费用、其他专业施工进度时，不应接受修改要求。若确有必要修改，则应请示项目工程师按设计程序处理。

（7）参加主要建筑、重要设备和管线安装的质检时，发现问题应通知有关方处理，并做好记录及汇报。

（8）注意隐蔽工程的施工情况，参加施工前后的检查及记录工作。若修改，应现场做修改图，并归档。

（9）供应原因改变重要结构、设备时，要与有关方单位协商，必要时请示项目工程师，并由各方代表签署更改通知、归档。

（10）难以处理的重大疑难问题，应立即请示项目负责人派人员解决。

（11）负有设计质量信息反馈职责，按本单位程序，如实、及时地反馈给技术管理部门。

（12）应定期向技术管理部门、项目工程师汇报现场工作。

3. 修改通知

凡是改动均应以书面形式发出"修改通知"。修改人可以是原设计人，也可以不是，但原设计人要签字，专业负责人及项目负责人均要签字。"修改通知"中必须写明修改原因，修改内容要简单、明确，必要时要配合出修改图，此时还应指明替代作废的原图图号。

技能 56　了解竣工验收的内容

1. 准备工作

（1）整理施工、安装中重大技术问题及隐蔽工程修改资料。

（2）核对工程相对"计划任务"（含补充文件）的变更内容，并说明其原因。实事求是地合理解决有争议问题。

（3）核查建设方试生产指标及产品情况与原设计是否有差异，并阐明原因。

（4）"三废"（废气、废水、固体废弃物）排放是否达标。

（5）工程决算情况。

（6）凡设计有改变且不宜在原图上修改、补充者，应重新绘制改变后的竣工图。由设计原因造成的，由设计方绘制；由其他原因造成的，施工方绘制。

2. 隐蔽工程验收

（1）检查施工及安装是否达到设计（含设计修改）的全部要求。电气设备、材料选型是否满足设计要求。

（2）查阅各种施工记录及工地现场，判别施工安装是否分别达到各专业、国家或相关部门的现行验收标准。

（3）查阅隐蔽工程的施工、安装记录及竣工图样，查看隐蔽部分、更改部分是否达到相关规定。

（4）检查电气安全措施、指标是否达到要求。必要时甚至要复测（如对地绝缘电阻、接地电阻）、送"检"（个别有重大安全隐患嫌疑之元器件或设备送质检部门）以及"挖"（掘开土层，看隐蔽工程）、"剖"（剖开设备、拆检关键元器件）。

（5）特殊工程还需检查调试记录、试运行（试车）报告，以及有关技术指标，以了解各系统运行是否正常。

（6）检查结果逐项写入验收报告，提出需完善、改进和修改的意见。在主管部门主持下，工程设计人员应在验收报告上签字表示同意验收（如有重大不符设计及验收规范问题，设计人员可不同意验收，拒绝签字）。

（7）全面鉴定设计、施工质量，恰如其分地作出工程质量评价。讨论后由建设方主笔，设计方协助编写"竣工验收报告"。其中要对工程未了、设计遗留事项提出解决方法。

技能 57　熟悉技术文件归档范围

设计文件在设计完成、经技术管理部门质量工程师检查、办理入库归档手续后，方算完成设计。其归档范围如下。

（1）有关来往的公文函件、设计依据性文件、任务书、批文、合同、会议纪要、谈判记录、设计委托、审查意见等。

（2）设计基础资料为，包括方案研究、咨询报价、收资选址勘测报告、气象、水文、交通、热电、给水排水、规划、环境评价报告、新设备及引进产品的产品样本手册、说明书等。

（3）初步设计图样、概算，有关的设计证书、方案对比及技术总结。

（4）施工图、预算及有关设计计算书。

（5）施工交底、现场代表、质量检查、技术总结等施工技术资料。

（6）竣工验收、试生产、投产后回访的报告。

（7）优秀工程、创优评选、获奖资料。

（8）合作设计时其他合作方的项目资料。

技能 58　了解项目试生产的注意事项

（1）大、中型项目的试生产由技术管理部门指派项目负责人组织有关专业设计负责人，组成试生产小组参加。小型、零星项目需要时，应临时派员参加。

（2）试生产前，协同建设、施工方进行工程质量全面检查，参加制订"空运转"和"投料试生产"计划，协助拟订操作规程，确定工序的技术参数，确定测试、投料程序，明确试生产前必须解决的问题。

（3）协同建设、施工及制造、安装单位解决"空运转"及"试生产"中的问题，记录相应资料。

（4）一般工业工程试生产为连续 3 个 24h 即 72h，并做"试生产测试记录及总结报告"，存入技术档案。

技能 59 了解最后收尾工作的内容

1. 实践回访

回访是设计单位从实践中检查设计及服务质量取得外部质量信息、提高设计水平的重要手段之一。回访时，要深入实际，广泛地向建设、施工、制造及安装方，尤其是具体操作人员征询意见，收集整理成"回访报告"归档。

2. 信息整理

凡收集的"设计质量信息"需经过鉴别，剔除无价值、重复的内容，整理归档，以待新项目承接时供查找、使用。

3. 设计总结

（1）工程及设计概况。

（2）各专业设计特点。

（3）投产建成后的实际效果。

（4）设计工作的优缺点和体会。

4. 质量评定

根据下述内容对设计质量作出综合评定，定出等级。

（1）符合规范和技术规定，采用技术先进，注意节能、环保。

（2）供配电安全、可靠，动力、照明配电设备布置合理，计算书齐全、正确，满足使用要求。

（3）线路布局经济合理，便于施工、管理和维修。

（4）设备选型合理、选材恰当，各种仪表装置齐备。

（5）图样符号正确、设计达到深度、图面清晰，表达正确，校审认真，坚持会签，减少错、漏、碰、缺。

第五章

变配电工程设计

技能 60　了解变配电设计要求

（1）设计说明。施工图设计说明主要介绍系统组成概况、图样中难以表示的内容。图样能表示但较繁琐的而用文字不易于说明的共性问题，以及无需图样表示只需文字描述的内容。变电站的施工图设计说明主要包括变电站的位置和形式、电源进线及线路敷设情况（进线回路数、进线线路规格及敷设情况）、变电站主接线、高低压主开关与母联断路器之间的联锁和切换方式、变压器的台数和型号、高低压开关柜的形式、无功功率补偿方式及补偿电容器柜、计量方式、系统接地等。

（2）供电系统。

1）画单线图，在其右侧（按看图方向）近旁，标明继电保护、电工仪表、电压等级、母线和设备器件的型号规格。

2）系统标注栏从上至下依次应为开关柜编号、回路编号、设备容量（kW）、计算电流（A）、导线型号及规格、用户名称（或二次接线方案编号）。

（3）设备布置。

1）按比例画出变压器、开关柜、控制屏、电容器柜、母线、穿墙套管、支架等平剖面布置、安装尺寸。

2）进出线的敷设、安装方法，标出进出线编号、方向、位置、线路型号和规格。

3）变电站选用标准图时，应注明选用标准图编号和页次，不需绘制断面图。

（4）继电保护。绘制高低压系统继电保护二次接线展开图、平面布置图、接线图和外部接线图。

（5）照明接地。

1）接地极和接地线的平面布置、材料规格、埋设深度、接地电阻值等。

2）引用标准安装图编号、页次。

变配电工程设计的内容见表 5-1。

表 5-1　　　　　　　　　　　变配电工程设计的内容

项　目		内　容
高低压供电系统图	供电电源	在负荷分级与负荷计算的基础上，由一、二级负荷及其容量确定电源电压、电源路数、备用电源或应急电源的种类与容量，确定供电系统结构形式
	电气设备选择	根据计算电流初步确定电气设备的规格（额定电流），初步选择开关柜的型号和方案编号；根据初定的系统图进行短路计算，以校验电气设备的动热稳定性和开关的分断能力，最终确定设备型号规格。导线规格还应满足与保护装置配合的要求
	电容器柜选择	根据电容补偿计算结果，确定电容器的容量及数量，选择电容器柜及控制方式
	变压器台数与容量选择	根据系统方案（系统图）和运行方式（备用及电源切换方式），并由计算容量确定变压器的台数与容量
设备布置图		根据高低压供电系统图进行设备的平面布置，画出主要断面图以便明确设备之间的布置和连接关系及主要安装尺寸
保护二次电路图		包括继电保护的保护配置与整定计算、低压断路器和熔断器的保护计算、保护的上下级配合、备用电源的投入或切换方式
照明与接地平面图		（1）接地平面图。包括接地装置选择（利用自然接地体或采用人工接地体）、接地电阻计算、接地极的数量与规格。 （2）照明平面图与系统图

（1）在确定供电电源时，应结合考虑建筑物的负荷级别、用电容量、用电单位的电源情况和电力系统的供电情况等因素，保证满足供电可靠性和经济合理性的要求。

（2）根据有关规范规定，一级负荷应由两个电源供电，且当其中一个电源发生故障时另一电源应不致受到损坏。在一级负荷容量较大或有高压用电设备时应采用两路高压电源，如一级负荷容量不大时，应优先采用从电力系统或临近单位取得第二低压电源，也可采用应急发电机组。当一级负荷仅为照明或电话站负荷时，宜采用蓄电池组作备用电源。

（3）一级负荷中特别重要的负荷，除由两个电源供电外，还应增设应急电源，严禁将其他负荷接入应急供电系统。应急电源可以是独立于正常电源的发电机组、供电网络中有效地独立于正常电源的专门馈电线路或蓄电池。

（4）二级负荷的供电系统应做到当发生电力变压器故障或线路常见故障时，不致中断供电或中断后能迅速恢复供电。有条件时宜由两回线路供电；在负荷较小或地区供电条件困难时，可用一回 6kV 及以上专用架空线路供电；当采用电缆线路时应由两根电缆组成电缆段，且每段电缆应能承受 100% 的二级负荷，并互为热备用。

（5）对于需要两回电源线路供电的用户，宜采用同级电压，以提高设备的利用率。根据各级负荷的不同需要及地区供电条件，如能满足一、二级负荷的用电要求，也可采用不同等级的电压供电。

（6）用电单位的供电电压应根据用电容量、用电设备特性、供电距离、供电线路的回路数、当地公共电网现状及其发展规划等因素，通过技术经济比较后确定。

（7）用户的用电设备容量在 100kW 及以下或变压器容量在 50kV·A 及以下的，则可采用 220/380V 的低压供电系统。

（8）当采用高压供电时，一般供电电压为 10kV。如果用电负荷很大（如特大型高层建筑、超高层建筑、大型企业等），在通过技术经济比较后，可采用 35kV 及以上的供电电压，并与当地供电部门协商。常用的供电方案见表 5-2。

表 5-2　　　　　　　　　　　　　常用的供电方案

项　　目	内　　容
220/380V 低压电源供电	多用于用户电力负荷较小、可靠性要求稍低，可以从邻近变电站取得足够的低压供电回路的情况
一路 10（6）kV 高压电源供电	主要用于三级负荷的用户，仅有照明或电话站等少量的一级负荷采用蓄电池组作为备用电源的情况
一路 10（6）kV 高压电源、一路 220/380V 低压电源供电	用于取得第二高压电源较困难或不经济，且可以从邻近处取得低压电源作为备用电源的情况
两路 10（6）kV 电源供电	用于负荷容量较大、供电可靠性要求较高的，有较多一、二级负荷的用户，是最常用的供电方式之一
两路 10（6）kV 电源供电、自备发电机组备用	用于负荷容量大、供电可靠性要求高，有大量一级负荷的用户，如星级宾馆、GB 50045—1995《高层民用建筑设计防火规范（2005版）》中规定的一类高层建筑等，也是最常用的供电方式
两路 35kV 电源供电、自备发电机组备用	用于对负荷容量特别大的用户，如大型企业、超高层建筑或高层建筑群等

（1）一路电源进线的单母线接线如图 5-1 所示，适用于负荷不大、可靠性要求稍低的场合。当没有其他备用电源时，一般只用于三级负荷的供电；当进线电源为专用架空线或满足二级负荷供电条件的电缆线路时，可用于二级负荷的供电。

（2）两路电源进线的单母线接线如图 5-2 所示，两路 10kV 电源一用一备，也可用于二级负荷的供电。

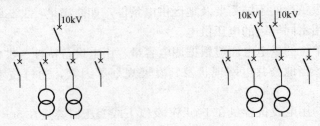

图 5-1　一路电源进线的单母线接线　　图 5-2　两路电源进线的单母线接线

（3）无联络的分段单母线接线如图 5-3 所示，两路 10kV 电源进线，两段高压母线无联络，一般采用互为备用的工作方式，多用于负荷不太大的二级负荷的场合。

（4）母线联络的分段单母线接线如图 5-4 所示，是最常用的高压主接线形式，两路电源同时供电、互为备用，通常母联断路器可手动切换，也可自动切换，适用于一、二级负荷的供电。

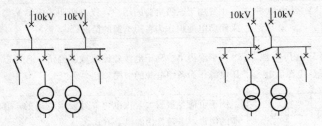

图 5-3　无联络的分段单母线接线　　图 5-4　母线联络的分段单母线接线

10kV 变、配电站的低压电气主接线一般采用单母线接线和分段单母线接线两种方式。对于分段单母线接线，两段母线互为备用，母联断路器手动或自动切换。

根据变压器台数和电力负荷的分组情况，对于两台及以上的变压器，几种常见的低压电气主接线形式见表 5-3。

表 5-3　　　　　　　　　　　　常见的低压电气主接线形式

项　目	内　容
电力和照明负荷共用变压器供电	如图 5-5 所示，为对电力和照明负荷分别计量，应将电力电价负荷和照明电价负荷分别集中，设分计量表
空调制冷负荷专用变压器供电	如图 5-6 所示，空调制冷负荷由专用变压器供电，当在非空调季节空调设备停运时，可将专用变压器停运，从而达到经济运行的目的
电力和照明负荷分别由变压器供电	如图 5-6 所示，将"制冷和空调"改为"电力"，"照明和一般电力"改为"照明"，则电力负荷和照明负荷分别由变压器供电

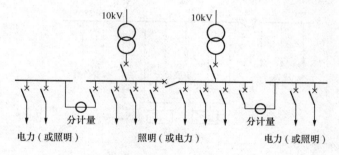

图 5-5　电力和照明负荷共用变压器供电的低压电气主接线

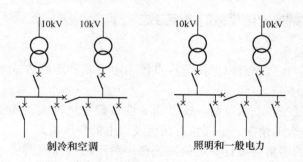

图 5-6　空调制冷负荷专用变压器供电的低压电气主接线

为满足消防负荷供电的可靠性要求，在采用备用电源时，变电站的低压电气主接线如图 5-7、图 5-8 所示。

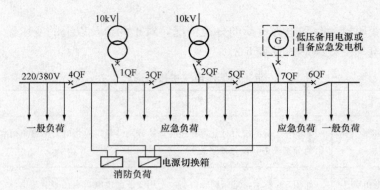

图 5-7　两台变压器加一路备用电源的低压电气主接线

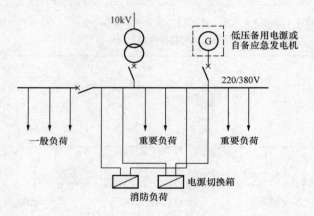

图 5-8　一台变压器加一路备用电源的低压电气主接线

（1）变压器。

1）变压器的台数一般根据负荷特点、用电容量和运行方式等条件综合考虑确定。

2）当有大量一、二级负荷，或者季节性负荷变化较大（如空调制冷负荷），或者集中负荷较大的情况，一般宜有两台及以上的变压器。

3）变压器的容量应按计算负荷来选择。对于两台变压器供电的低压单母线系统，当两台变压器采用一用一备的工作方式时，每台变压器的容量按低压母线上的全部计算负荷来确定；当两台变压器采用互为备用的工作方式，正常时每台变压器负担总负荷的一半左右，一台变压器出现故障时，另一台变压器应承担全部负荷中的一、二级负荷，以保证对一、二级负荷供电可靠性的要求。

4）低压为 0.4kV 的配电变压器单台容量一般不宜大于 1250kV·A；当技术经济合理时，也可选用 1600kV·A 变压器。

5）对于多层或高层主体建筑内的变电站，以及防火要求高的车间内的变电站，宜选用不燃或难燃型变压器。常用的有环氧树脂浇注干式变压器，也可以选 SF_6 变压器、硅油变压器和空气绝缘干式变压器。

（2）高压配电设备。

1）对于多层或高层主体建筑内的变电站，以及防火要求高的车间内的变电站，为了满足防火要求，高压开关设备一般选用真空断路器、SF_6 断路器、负荷开关加高压熔断器。当高压配电室不在地下室时，如果布局能达到防火要求，也可选用优良性能的少油断路器。高压成套配电装置一般选用手车式。

2）选择电器设备时应符合正常运行、检修、短路和过电压等情况的要求。对于高层建筑中的变电站，出于安全考虑，断路器的遮断能力宜提高一挡。

（3）低压配电设备的选择。低压配电设备的选择应满足工作电压、电流、频率、准确等级和使用环境的要求，应尽量满足短路条件下的动热稳定性，对断开短路电流的电器应校验其短路条件下的通断能力。

技能 66　熟悉供电系统设计常用数据

（1）电力线路。电力线路合理输送功率和距离见表 5-4。

表 5-4　电力线路合理输送功率和距离

标称电压（kV）	线路结构	输送功率（kW）	送电距离（km）
0.22	架空线	50 以下	0.5 以下
0.22	电缆线	100 以下	0 以下
0.38	架空线	100 以下	0.5 以下
0.38	电缆线	175 以下	0.5 以下
6	架空线	2000 以下	10～5
6	电缆线	3000 以下	8 以下
10	架空线	3000 以下	15～8
10	电缆线	5000 以下	10 以下
35	架空线	2000～10 000	50～20
110	架空线	10 000～50 000	150～50
220	架空线	10 000～150 000	300～200

（2）10kV 线路。10kV 线路经济供电半径见表 5-5。

表 5-5   **10kV 线路经济供电半径**

负荷密度/（kW/m²）	经济供电半径（km）
5 以下	20
5～10	20～16
10～20	16～12
20～30	12～10
30～40	10～8
40 以上	小于 8

（3）10kV 聚乙烯绝缘电力电缆。10kV 聚乙烯绝缘电力电缆的供电距离见表 5-6。

表 5-6   **10kV 聚乙烯绝缘电力电缆的供电距离**

截面（mm²）		允许负荷		电压损失[%/（MW·km）]$\cos\varphi$＝0.9	允许负荷下的供电距离（km）		
		S（MVA）	P（MW）		允许电压损失（%）		
					3	5	7
铝	35	2.165	1.949	1.074	1.433	2.389	3.344
	50	2.511	2.260	0.756	1.735	2.892	4.049
	70	3.188	2.806	0.559	1.913	3.188	4.463
	95	3.724	3.352	0.423	2.116	3.526	4.937
	120	4.244	3.802	0.343	2.300	3.840	5.368
	150	4.763	4.287	0.283	2.473	4.121	5.770
	185	5.369	4.832	0.236	2.631	4.385	6.138
	240	6.235	5.612	0.190	2.814	4.689	6.565
铜	35	2.771	2.494	0.667	1.777	2.961	4.146
	50	3.291	2.962	0.487	2.080	3.466	4.853
	70	3.894	3.586	0.359	2.330	3.884	5.437
	95	4.763	4.287	0.276	2.535	4.226	5.916
	120	5.369	4.832	0.227	2.735	4.558	6.382
	150	6.602	5.456	0.190	2.984	4.823	6.753
	185	6.842	6.158	0.162	3.007	5.012	7.017
	240	7.881	7.093	0.133	3.810	5.300	7.420

注 1. 电缆线路为埋地敷设，T＝25℃、线芯工作温度 θ＝90℃、土层电阻率 ρ＝1.2℃·m/W。

    2. 10kV 用户补偿后的功率因数为 0.9。

    3. 允许负荷下的供电距离系按线路末端集中负荷计算，当实际工程为分布负荷时，供电距离降大于表中的数据。

（4）电压偏差。

1）一般用电设备的电压偏差允许值范围见表5-7。

表 5-7　　　　　　　　一般用电设备的电压偏差范围允许值　　　　　　　（％）

用电设备	一般电动机	电梯电动机	无特殊要求的用电设备	一般照明	在视觉要求较高的室内	应急照明、道路照明、警卫照明	医用X光机
电压偏差允许值	±5	±7	±5	±5	+5，−2.5	+5，−10	±10

2）甲等剧场照明、电力允许电压偏移范围见表5-8。

表 5-8　　　　　　　甲等剧场照明、电力允许电压偏移范围

项　　目	允许电压偏移范围（％）
甲等剧场照明	+5，−2.5
甲等剧场电力	±5

（5）电能参数。各级计算机性能允许的电能参数变动范围见表5-9。

表 5-9　　　　　　　各级计算机性能允许的电能参数变动范围

项　目　　　　　要求　　分级	A 级	B 级	C 级
稳态电压偏移范围（％）	±2	±5	+7 −13
稳态频率偏移范围（Hz）	±0.2	±0.5	±1
电压波形畸变率（％）	3～5	5～8	8～10
允许断电持续时间（ms）	0～4	4～200	200～1500

（6）电压限值。电网谐波电压限制值见表5-10。

表 5-10　　　　　　　　　　电网谐波电压限制值

电网标称电压（kV）	电压总谐波畸变率（％）	各次谐波含有率（％）	
		奇次	偶次
0.38	5.0	4.0	2.0
6/10	4.0	3.2	1.6
35/66	3.0	2.4	1.2
110	2.0	1.6	0.8

（7）电流允许值。注入公共连接点的谐波电流允许值见表5-11。

表 5-11 注入公共连接点的谐波电流允许值

标称电压 (kV)	基准短路容量 (MVA)	谐波次数及谐波电流允许值（A）																							
		2	3	4	5	6	7	8	9	10	11	12	13	14	15	16	17	18	19	20	21	22	23	24	25
0.38	10	78	62	39	62	26	44	19	21	16	28	13	24	11	12	9.7	18	8.6	16	7.8	8.9	7.1	14	6.5	12
6	100	43	34	21	34	14	24	11	11	8.5	16	7.1	13	6.1	6.8	5.3	10	4.7	9.0	4.3	4.9	3.9	7.4	3.6	6.8
10	100	26	20	13	20	8.5	15	6.4	6.8	5.1	9.3	4.3	7.9	3.7	4.1	3.2	6.0	2.8	5.4	2.6	2.9	2.3	4.5	2.1	4.1
35	250	15	12	7.7	12	5.1	8.8	3.8	4.1	3.1	5.6	2.6	4.7	2.2	2.5	1.9	3.6	1.7	3.2	1.5	1.8	1.4	2.7	1.3	2.5
66	500	16	13	8.1	13	5.4	9.3	4.1	4.3	3.3	5.9	2.7	5.0	2.3	2.6	2.0	3.8	1.8	3.4	1.6	1.9	1.5	2.8	1.4	2.6
110	750	12	9.6	6.0	9.6	4.0	6.8	3.0	3.2	2.4	4.3	2.0	3.7	1.7	1.9	1.5	2.8	1.3	2.5	1.2	1.4	1.1	2.1	1.0	1.9

注 当电网短路容量与本表中的基准短路容量不同时，谐波电流允许值与电网的短路容量成正比。

（8）照明负荷的需要系数。民用建筑照明负荷需要系数见表 5-12。

表 5-12 民用建筑照明负荷需要系数

建筑物名称	需要系数 k_x	备 注
住宅楼	0.30～0.50	单元式住宅，每户两室 6～8 组插座
单身宿舍楼	0.60～0.70	标准单间内 1～2 盏灯，2～3 组插座
办公楼	0.70～0.80	标准开间内 2 盏灯，2～3 个插座
科研楼	0.80～0.90	一开间内 2 盏灯，2～3 个插座
教学楼	0.80～0.90	标准教室内 6～10 盏灯，1～2 组插座
图书馆	0.60～0.70	—
幼儿园、托儿所	0.80～0.90	—
小型商业、服务业用房	0.85～0.90	—
综合商业、服务楼	0.75～0.85	—
食堂、餐厅	0.80～0.90	—
高级餐厅	0.70～0.80	—
一般旅馆、招待所	0.70～0.80	标准客房内 1～2 盏灯，2～3 个插座
旅游宾馆	0.35～0.45	标准单间客房 8～10 盏灯，5～6 插座
电影院、文化馆	0.70～0.80	—
剧场	0.60～0.70	—
礼堂	0.50～0.70	—
体育馆	0.65～0.75	—
体育练习馆	0.70～0.80	—
展览厅	0.50～0.70	—
门诊楼	0.60～0.70	—
病房楼	0.50～0.60	—
博展馆	0.80～0.90	—

（9）用电设备的需要系数及功率因数。旅游宾馆主要用电设备的需要系数及功率因数见表 5-13。

表 5-13　　　　　　　旅游宾馆主要用电设备的需要系数及功率因数

项　目	需要系数 k_x	功率因数 $\cos\varphi$
全馆总负荷	0.45～0.50	0.80
全馆总电力	0.50～0.60	0.80
全馆总照明	0.35～0.45	0.85
冷冻机房	0.65～0.75	0.80
锅炉房	0.65～0.75	0.75
水泵房	0.60～0.70	0.80
通风机	0.60～0.70	0.80
厨房	0.35～0.45	0.70
洗衣机房	0.30～0.40	0.70
窗式空调器	0.35～0.45	0.80
客房	0.40	—
餐厅	0.70	—
会议室	0.70	—
办公室	0.80	—
车库	1	—
生活水泵、污水泵	0.50	—

（10）住宅用电负荷需要系数。住宅用电负荷需要系数见表 5-14。

表 5-14　　　　　　　　　住宅用电负荷需要系数

户数	3	6	10	14	18	22	25	101	200
需要系数 k_x	1	0.73	0.58	0.47	0.44	0.42	0.4	0.33	0.26

（11）各类建筑物的用电指标。各类建筑物的用电指标见表 5-15。

表 5-15　　　　　　　　　各类建筑物的用电指标

建筑类别	用电指标（W/m²）	建筑类别	用电指标（w/m²）
公寓	30～50	医院	40～70
旅馆	40～70	高等学校	20～40
办公	30～70	中小学	12～20
商业	一般：40～80 大中型：60～120	展览馆	50～80
体育	40～70	演播室	250～500
剧场	50～80	汽车库	8～15

注　当空调冷水机组采用直燃机时，用电指标一般比采用电动压缩机制冷时的用电指标降低 25～
　　35VA/m²。表中所列用电指标的上限值是按空调采用电动压缩机制冷时的数值。

（12）无功功率补偿率。无功功率补偿率见表 5-16。

表 5-16　　　　　　　　　　　　无功功率补偿率　　　　　　　　　　（kvar/kW）

需补容量（kvar）　　补偿前（cosφ）　　补偿后（cosφ）	0.7	0.72	0.75	0.78	0.80	0.81	0.82	0.83	0.84	0.85	0.86	0.87	0.88
0.9	0.54	0.48	0.4	0.32	0.27	0.24	0.21	0.19	0.16	0.14	0.12	0.09	0.06
0.85	0.4	0.34	0.26	0.18	0.13	0.1	0.08	0.05					

技能 67　　了解变电站布置的要求

（1）变电站的位置要求。

1）接近负荷中心。

2）进出线方便。

3）接近电源侧。

4）设备运输方便。

5）不应设在有剧烈振动或高温的场所。

6）不应设在多尘或有腐蚀性气体的场所，当无法远离时，不应设在污染源盛行风向的下风侧。

7）不应设在卫生间、浴室或其他经常积水的场所的正下方，且不宜与之相邻。

8）不应设在有爆炸危险环境的（相邻层）正上方或正下方，且不宜设在有火灾危险环境的（相邻层）正上方或正下方。当与有爆炸或火灾危险环境的建筑物相邻时，应按爆炸和火灾危险环境的有关规定执行。

9）不应设在地势低洼和可能积水的场所。

（2）变电站的形式要求。

1）负荷较大的车间和站房，宜设附设变电站或半露天变电站。

2）负荷较大的多跨厂房，负荷中心在厂房的中部且环境许可时，宜设车间内变电站或组合式成套变电站。

3）高层或大型民用建筑内，宜设室内变电站或组合式成套变电站。

4）负荷小且分散的工业企业和大中城市的居民区，宜设独立变电站，有条件时也可设附设变电站或户外箱式变电站。

5）环境允许的中小城镇居民区和工厂的生活区，当变压器容量在 315kV·A 及以下时，宜设杆上式或高台式变电站。

（3）变电站的布置要求。

1）适当安排建筑物内各房间的相对位置，使配电室的位置便于进出线。低压配电室应靠近变压器室，电容器室宜与低压配电室相毗连，控制室、值班室和辅助房间的位置应便于运行人员工作和管理。

2）带可燃性油的高压配电装置，宜装设在单独的高压配电室内。当高压开关柜的数量为 6 台及以下时，可与低压配电柜设置在同一房间内。不带可燃性油的高、低压配电装置和非油浸的电力变压器，可设置在同一房间内。

3）尽量利用自然采光、通风。变压器室和电容器室尽量避免日晒，控制室尽量朝南。

4）10kV 变电站宜单层布置，当采用双层布置时，变压器室应设在底层，设于二层的配电室应留有吊运设备的吊装孔或吊装平台。

5）高低压配电室内宜留有适当数量配电装置的备用位置。

6）由同一配电站供给一级负荷用电时，母线分段处应设防火隔板或有门洞的隔墙。供给一级负荷用电的两路电缆不应通过同一电缆沟。当无法分开时，该电缆沟内的两路电缆应采用阻燃性电缆，且应分别敷设在电缆沟两侧的支架上。

技能 68　了解变电站布置的常用数据

（1）高压配电室内配电装置的安全距离，应不小于表 5-17 所列数值。

表 5-17　高压配电室内配电装置的安全距离　（mm）

项　　目 \ 额定电压（kV）	3	6	10
不同相间或带电部分至接地部分（A）	75	100	125
带电部分至栅栏（B_1），或交叉的不同时停电检修和无遮栏带电部分之间	825	850	875
带电部分至本身的防护网状遮栏（B_2）	175	200	225
无遮栏裸导体至地（楼）面（C）	2500	2500	2500
不同时停电检修的无遮栏裸导体之间的水平净距（D）	1875	1900	1925
架空线出线套管至室外通道的路面（E）	4000	4000	4000

注　海拔高度超过1000m时，本表所列 A 值应按每升高 100m 增大 1％ 进行修正，B、C、D 值应分别增加 A 值的修正差值，当为板状遮栏时，B_2 值可取 $A+30$mm。

（2）高压配电室内配电装置各种通道的宽度，不小于表 5-18 所列数值。

表 5-18 **高压配电室内配电装置各种通道的宽度** (mm)

通道分类	柜后维护通道	柜前操作通道	
		固定柜	手车柜
单列布置	800	1500	单车长＋1200
双列面对面布置	800	2000	双车长＋900
双列背对背布置	1000	1500	单车长＋1200

注 1. 固定式开关柜为靠墙布置时，柜后与墙净距应大于 50mm，侧面与墙净距应大于 200mm。

2. 通道宽度在建筑物的墙面遇有柱类局部凸出时，凸出部位的通道宽度可减少 20mm。

（3）低压配电室低压柜前后的通道宽度，不小于表 5-19 所列数值。

表 5-19　　　　**低压配电室低压柜前后的通道宽度** (mm)

布置方式	柜前操作通道	柜后操作通道	柜后维护通道
固定柜单排布置	1500 (1300)	1200	1000 (800)
固定柜双排面对面布置	2000	1200	1000 (800)
固定柜双排背对背布置	1500 (1300)	1500	1500
单面抽屉柜单排布置	1800 (1600)	—	1000 (800)
单面抽屉柜双排面对面布置	2300 (2000)	—	1000 (800)
单面抽屉柜双排背对背布置	1800	—	1500

注 1. 柜后操作通道指装有断路器需要柜后操作时。

2. 括号内数字为当柜后墙有局部凸出时，通道的最小宽度。

（4）低压配电室通道上方裸露带电体距地面的高度，不低于表 5-20 数值。

表 5-20　　　　**低压配电室通道上方裸露带电体距地面的高度** (m)

项　目	柜前通道内		柜后通道内	
	母线不加防护网	母线加防护网后	母线不加防护网	母线加防护网后
裸露带电体距地面的最小高度	2.5	2.2	2.3	1.9

（5）干式变压器（有防护外罩）与墙壁和门的最小距离见表 5-21。

表 5-21　　　　**干式变压器（有防护外罩）与墙壁和门的最小距离**

变压器容量（kV·A） 　　　净距（m） 项　目	100～1000	1250～1600	2000～2500
干式变压器带有 IP2X 及以上防护等级金属外壳距后壁、侧壁净距	0.6	0.8	1.0

变压器容量（kV·A） 净距（m） 项　目	100～1000	1250～1600	2000～2500
干式变压器有金属网状遮栏距后壁、侧壁净距	0.6	0.8	1.0
干式变压器带有 IP2X 及以上防护等级金属外壳与门净距	0.8	1.0	1.2
干式变压器有金属网状遮栏与门的净距	0.8	1.0	1.2

（6）变压器防护外罩间的最小距离见表 5-22。

表 5-22　　　　　　　变压器防护外罩间的最小距离　　　　　　　（m）

变压器容量（kV·A） 净距（m） 项　目		100～1000	1250～1600	2000～2500
变压器具有 IP2X 防护等级及以上的金属外壳	A	0.6	0.8	1.0
变压器具有 IP4X 防护等级，及以上的金属外壳	A	可以贴邻布置		
考虑变压器外壳之间有一台变压器拉出护护外壳	B	b+0.6	b+0.6	b+0.8
不考虑变压器外壳之间有一台变压器拉出防护外壳	B	1.0	1.2	1.4

注　变压器外壳门可以拆卸时，$B=b+0.6$。当变压器外壳门为不可拆卸时，其 B 值应是门扇宽度 C 加变压器宽度 b 再加 0.3m，即 $B=C+b+0.3$。

（7）可燃油油浸变压器外轮廓与变压器室墙壁和门的最小尺寸见表 5-23。

表 5-23　　　　可燃油油浸变压器外轮廓与变压器室墙壁和门的最小尺寸

变压器容量（kV·A）	100～1000	1250～1600 及以上
变压器与后墙及侧墙净距（m）	0.6	0.8
变压器与门的净距（m）	0.8	1.0

（8）变压器允许过负荷的倍数和时间见表 5-24。

表 5-24　　　　　　　变压器允许过负荷的倍数和时间

油浸变压器	过负荷倍数	1.30	1.45	1.60	1.75	2.00
	允许持续时间（min）	120	80	45	20	10
干式变压器	过负荷倍数	1.20	1.30	1.40	1.50	1.60
	允许持续时间（min）	60	45	32	18	5

(9) 干式变压器（带外壳）外形尺寸见表5-25。

表5-25 干式变压器（带外壳）外形尺寸

型号	U_k %	a	b	c	c_1	c_2	d	d_1	e	f	g	h	i	k	D	封母端子
SC9-250/10	4	1500	1200	1600	100	1694	550	1130	1500	1200	380	377	350	100	18	(a)
SC9-315/10		1600	1250	1600	100	1694	660	1180	1549	1230	380	389	350	100	18	(b)
SC9-400/10		1600	1250	1800	100	1894	660	1180	1689	1360	380	391	350	100	18	(b)
SCB9-500/10		1600	1350	2000	100	2094	660	1180	1800	1475	420	399	350	100	18	(c)
SCB9-630/10		1800	1350	2000	100	2094	660	1180	1800	1515	420	409	350	100	18	(c)
SCB9-630/10		1800	1350	2000	100	2094	660	1180	1800	1475	420	398	350	100	18	(c)
SCB9-800/10	6	1900	1350	2200	100	2294	820	1280	1990	1685	448	408	350	100	24	(d)
SCB9-1000/10		1900	1350	2200	100	2294	820	1280	2010	1685	478	418	350	100	24	(d)
SCB9-1250/10		2100	1450	2200	125	2294	820	1380	2080	1750	484	433	350	100	24	(e)
SCB9-1600/10		2200	1450	2200	125	2294	820	1380	2130	1810	470	446	350	150	24	(f)，δ6
SCB9-2000/10		2300	1450	2300	125	2394	820	1380	2240	1860	470	495	350	150	24	(f)，δ8
SCB9-2500/10		2400	1500	2300	125	2394	820	1430	2240	1860	495	499	350	150	24	(f)，δ10

尺寸（mm）

(10) 干式变压器外形尺寸见表 5-26。

表 5-26   干式变压器外形尺寸

型号	P_o W	P_k (75℃) W	U_k %	I_o %	L_p dB(A)	C_T kg	尺寸 (mm) a	b	c	d	e	f	g	h	i	k_1	k_2	低压端子
SC9-30/10	200	560	4	2.8	48	315	960	600	745	0	670	660	196	336	210	150	—	(a)
SC9-50/10	260	860	4	2.4	48	520	990	600	840	0	745	745	232	349	210	150	—	(a)
SC9-80/10	340	1140	4	2	48	550	1030	600	955	0	860	860	234	351	250	150	—	(a)
SC9-100/10	360	1440	4	2	50	590	1030	740	1100	550	1005	1005	238	355	250	150	—	(a)
SC9-125/10	420	1580	4	1.6	50	740	1110	740	1120	550	1025	1025	244	361	250	150	—	(a)
SC9-160/10	500	1980	4	1.6	50	880	1150	740	1155	550	1060	1060	264	366	350	150	—	(b)
SC9-200/10	560	2240	4	1.6	50	1000	1150	740	1275	550	1180	1180	265	373	350	150	—	(b)
SC9-250/10	650	2410	4	1.6	52	1175	1200	740	1335	550	1364	1220	270	377	350	200	—	(c)
SC9-315/10	820	3100	4	1.4	52	1580	1240	850	1365	660	1394	1250	282	389	350	200	—	(c)
SC9-400/10	900	3600	4	1.4	52	1580	1240	850	1495	660	1522	1380	284	391	350	200	—	(c)
SCB9-500/10	1100	4300	6	1.4	52	1920	1330	850	1640	660	1640	1525	301	399	350	425	150	(d)
SCB9-630/10	1200	5400	6	1.2	52	2210	1390	850	1680	660	1680	1565	317	409	350	445	150	(d)
SCB9-630/10	1100	5600	6	1.2	52	2270	1480	850	1640	660	1640	1525	306	398	350	475	150	(d)
SCB9-800/10	1350	6600	6	1.2	53	2710	1510	1070	1840	820	1850	1725	318	408	350	485	160	(e)
SCB9-1000/10	1550	7600	6	1.0	53	3275	1600	1070	1860	820	1870	1745	328	418	350	515	160	(e)
SCB9-1250/10	2000	9100	6	1.0	53	3950	1770	1070	1900	820	1920	1785	356	433	350	570	180	(f)
SCB9-1600/10	2300	11000	6	1.0	53	4785	1860	1070	1970	820	1905	1835	375	446	350	600	180	(g) δ10
SCB9-2000/10	2700	13300	6	0.8	54	5765	2010	1070	2020	820	2035	1885	400	495	350	650	200	(g) δ12
SCB9-2500/10	3200	15800	6	0.8	54	6490	2040	1070	2020	820	2050	1885	410	499	350	660	200	(h)

低压线绕（SC9 系列）　低压箔绕（SCB9 系列）

(11) 干式变压器（标准横排侧出母线）外形尺寸见表5-27。

表5-27　干式变压器（标准横排侧出母线）外形尺寸

型号	U_k %	尺寸（mm）												低压端子
		a	b	c	c_1	c_2	d	d_1	f	h	i	k	D	
SC9-250/10	4	1500	1200	2200	100	2257	550	1130	1200	377	350	100	18	(a)
SC9-315/10		1600	1250	2200	100	2294	660	1180	1230	389	350	100	18	(a)
SC9-400/10		1600	1250	2200	100	2294	660	1180	1360	391	350	100	18	(a)
SC9-500/10		1600	1250	2200	100	2294	660	1180	1505	399	350	100	18	(b)
SCB9-630/10		1800	1350	2200	100	2294	660	1280	1545	409	350	100	18	(b)
SCB9-630/10		1800	1350	2200	100	2294	660	1280	1505	398	350	100	18	(b)
SCB9-800/10		1900	1350	2200	100	2294	820	1280	1665	408	350	100	24	(c)
SCB9-1000/10	6	1900	1350	2200	100	2294	820	1280	1685	418	350	100	24	(d)
SCB9-1250/10		2100	1450	2200	125	2294	820	1380	1750	433	350	100	24	(e)，δ10
SCB9-1600/10		2200	1450	2200	125	2294	820	1380	1810	446	350	100	24	(e)，δ12
SCB9-2000/10		2300	1450	2300	125	2394	820	1380	1860	495	350	120	24	双并 (e)，δ10
SCB9-2500/10		2400	1500	2300	125	2394	820	1430	1860	499	350	120	24	双并 (e)，δ12

(12) 干式变压器（标准立排侧出母线）外形尺寸见表 5-28。

表 5-28　　干式变压器（标准立排侧出母线）外形尺寸

型号	U_k %	尺寸 (mm)														低压端子
		a	b	c	c_1	c_2	d	d_1	f	h	i	k	u	v	D	
SC9-250/10	4	1600	1250	2200	100	2257	550	1130	1200	377	350	220	712.5	120	18	(a)
SC9-315/10		1800	1350	2200	100	2294	660	1180	1230	389	350	220	712.5	120	18	(a)
SC9-400/10		1800	1350	2200	100	2294	660	1180	1360	391	350	220	712.5	120	18	(a)
SC9-500/10		1800	1350	2200	100	2294	660	1180	1505	399	350	225	712.5	160	18	(b)
SC9-630/10		1900	1350	2200	100	2294	660	1280	1545	409	350	225	712.5	160	18	(b)
SCB9-630/10		1900	1350	2200	100	2294	660	1280	1505	398	350	225	712.5	160	18	(b)
SCB9-800/10		2100	1450	2200	100	2294	820	1280	1665	408	350	231.5	1512.5	180	24	(c)
SCB9-1000/10		2100	1450	2200	125	2294	820	1380	1682	418	350	240	1512.5	180	24	(d)
SCB9-1250/10	6	2200	1450	2200	125	2294	820	1380	1750	433	350	275	1512.5	200	24	(e), δ10
SCB9-1600/10		2400	1500	2200	125	2294	820	1380	1810	446	350	275	1512.5	200	24	(e), δ12
SCB9-2000/10		2400	1500	2200	125	2294	820	1380	1860	495	350	275	1512.5	280	24	双并 (e), δ10
SCB9-2500/10		2400	1500	2200	125	2294	820	1480	1860	499	350	275	1512.5	280	24	双并 (e), δ12

（13）干式变压器室通风窗有效面积见表5-29。

表 5-29 　　　　　　　　　　干式变压器室通风窗有效面积

变压器容量（kV·A）	进出风窗中心高差（m）	进出风窗面积之比 F_j：F_c	进风温度 $t_j=30℃$		进风温度 $t_j=35℃$	
			进风窗面积 F_j（m²）	出风窗面积 F_c（m²）	进风窗面积 F_j（m²）	出风窗面积 F_c（m²）
630	2.0	1：1	1.45	1.45	4.09	4.09
		1：1.5	1.16	1.73	3.27	4.90
	2.5	1：1	1.29	1.29	3.65	3.65
		1：1.5	1.03	1.55	2.92	4.38
	3.0	1：1	1.18	1.18	3.34	3.34
		1：1.5	0.94	1.41	2.67	4.00
	3.5	1：1	1.09	1.09	3.09	3.09
		1：1.5	0.87	1.31	2.47	3.71
800	2.0	1：1	1.69	1.69	4.78	4.78
		1：1.5	1.35	2.03	3.82	5.73
	2.5	1：1	1.51	1.51	4.37	4.37
		1：1.5	1.21	1.81	3.50	5.24
	3.0	1：1	1.38	1.38	3.90	3.90
		1：1.5	1.10	1.65	3.12	4.68
	3.5	1：1	1.28	1.28	3.61	3.61
		1：1.5	1.02	1.53	2.89	4.33
1000	2.0	1：1	1.95	1.95	5.50	5.50
		1：1.5	1.56	2.33	4.40	6.60
	2.5	1：1	1.74	1.74	4.92	4.92
		1：1.5	1.39	2.08	3.93	5.9
	3.0	1：1	1.59	1.59	4.49	4.49
		1：1.5	1.27	1.90	3.59	5.38
	3.5	1：1	1.47	1.47	4.16	4.16
		1：1.5	1.18	1.76	3.33	4.99

安装 SC9（SCB9）型变压器

变压器容量 （kV·A）	进出风窗 中心高差 （m）	进出风窗 面积之比 $F_j : F_c$	进风温度 $t_j = 30℃$		进风温度 $t_j = 35℃$	
			进风窗面积 F_j（m²）	出风窗面积 F_c（m²）	进风窗面积 F_j（m²）	出风窗面积 F_c（m²）
1250	2.0	1：1	2.36	2.36	6.67	6.67
		1：1.5	1.89	2.83	5.34	8.00
	2.5	1：1	2.11	2.11	5.96	5.96
		1：1.5	1.69	2.53	4.77	7.15
	3.0	1：1	1.93	1.93	5.44	5.44
		1：1.5	1.54	2.31	4.36	6.53
	3.5	1：1	1.78	1.78	5.05	5.05
		1：1.5	1.43	2.14	4.04	6.05
	4.0	1：1	1.67	1.67	4.72	7.72
		1：1.5	1.34	2.00	3.77	5.66
1600	2.0	1：1	2.83	2.83	7.99	7.99
		1：1.5	2.26	3.39	6.39	9.59
	2.5	1：1	2.53	2.53	7.15	7.15
		1：1.5	2.02	3.03	5.72	8.57
	3.0	1：1	2.31	2.31	6.52	6.52
		1：1.5	1.85	2.77	5.22	7.82
	3.5	1：1	2.14	2.14	6.05	6.05
		1：1.5	1.71	2.56	4.84	7.25
	4.0	1：1	2.00	2.00	5.65	5.65
		1：1.5	1.60	2.40	4.52	6.78
2000	2.0	1：1	3.40	3.40	9.62	9.62
		1：1.5	2.72	4.08	7.69	11.53
	2.5	1：1	3.04	3.04	8.60	8.60
		1：1.5	2.43	3.65	6.88	10.31
	3.0	1：1	2.77	2.77	7.85	7.85
		1：1.5	2.22	3.33	6.28	9.41
	3.5	1：1	2.57	2.57	7.28	7.28
		1：1.5	2.06	3.08	5.82	8.73
	4.0	1：1	2.41	2.41	6.8	6.8
		1：1.5	1.93	2.89	5.44	8.16

安装 SC9（SCB9）型变压器

变压器容量 (kV·A)	进出风窗中心高差 (m)	进出风窗面积之比 F_j：F_c	进风温度 t_j＝30℃		进风温度 t_j＝35℃	
			进风窗面积 F_j（m²）	出风窗面积 F_c（m²）	进风窗面积 F_j（m²）	出风窗面积 F_c（m²）
2500	2.0	1：1	4.04	4.04	11.42	11.42
		1：1.5	3.23	4.84	9.13	13.69
	2.5	1：1	3.61	3.61	10.21	10.21
		1：1.5	2.89	4.33	8.17	12.24
	3.0	1：1	3.30	3.30	9.32	9.32
		1：1.5	2.64	3.95	7.46	11.18
	3.5	1：1	3.05	3.05	8.64	8.64
		1：1.5	2.44	3.66	6.91	10.36
	4.0	1：1	2.86	2.86	8.08	8.08
		1：1.5	2.29	3.43	6.46	9.69

（14）干式变压器的安装维修最小距离见表 5-30 的规定。

表 5-30　　　　　　　　干式变压器的安装维修最小距离

部位	周围条件	最小距离（mm）	部位	周围条件	最小距离（mm）
b_1	有导轨	2600	b_3	距墙	1100
	无导轨	2000	b_4	距墙	600
b_2	有导轨	2200			
	无导轨	1200			

（15）调压切换装置吊出检查调整时，暴露在空气中的时间，应符合表 5-31 的规定。

表 5-31　　　　　　　调压切换装置暴露在空气中的时间

环境温度（℃）	＞0	＞0	＞0	＜0
空气相对湿度（％）	65 以下	65～75	75～85	不控制
持续时间（h）	≤24	≤16	≤10	≤8

（16）低压配电室内成排布置的配电屏，其屏前、屏后的通道最小宽度，应符合表 5-32 的规定。

表 5-32　　　　低后配电室内成排布置的配电屏前、屏后的通道最小宽度

形　式	布置方式	屏前通道	屏后通道
固定式	单排布置	1500	1000
	双排面对面布置	2000	1000
	双排背对背布置	1500	1500
抽屉式	单排布置	1800	1000
	双排面对面布置	2300	1000
	双排背对背布置	1800	1500

注　当建筑物墙面遇有柱类局部凸出时，凸出部位的通道宽度可减少200mm。

（17）基础型钢安装的允许偏差见表 5-33。

表 5-33　　　　　　　　　　基础型钢安装的允许偏差

项　　目	允许偏差	
	mm/m	mm/全长
不直度	<1	<5
水平度	<1	<5
位置误差及不平行度	—	<5

注　环形布置按设计要求。

（18）盘、柜安装的允许偏差见表 5-34。

表 5-34　　　　　　　　　　盘、柜安装的允许偏差

项　　目		允许偏差（mm）
垂直度（m）		<1.5
水平偏差	相邻两盘顶部	<2
	成列盘顶部	<5
盘面偏差	相邻两盘边	<1
	成列盘面	<5
盘间接缝		<2

（19）柜、盘上的模拟母线的宽度宜为 6～12mm，母线的标志颜色应符合表5-35 的规定。

表 5-35　　　　　　　　　　母线的标志颜色

电压（kV）	颜色	电压（kV）	颜色
交流 0.23	深灰	交流 6.0	深蓝
交流 0.40	黄褐	交流 10.0	绛红
交流 3.0	深绿	—	—

（20）配电箱（盘）上电具、仪表应牢固、平正、整洁、间距均匀、铜端子无松动、启闭灵活，零部件齐全。其排列间距应符合表5-36的要求。

表5-36　　　　　　　　　　　　电具、仪表排列间距要求

间　　距	最小尺寸（mm）		
仪表侧面之间或侧面与盘边	60以上		
仪表顶面或出线孔与盘边	50以上		
闸具侧面之间或侧面与盘边	30以上		
上下出线孔之间	40以上（隔有卡片框） 20以上（未隔卡片框）		
插入式熔断器顶面或底面与出线孔	插入式熔断器规格（A）	10～15	20以上
		20～30	30以上
		60	50以上
仪表、胶盖闸顶面或底面与出线孔	导线截面（mm²）	10及以下	80
		16～25	100

（21）电机振动的双倍振幅值不应大于表5-37的规定。

表5-37　　　　　　　　　　　　电机振动的双倍振幅值

同步转速（r/min）	3000	1500	1000	750及以下
双倍振幅值（mm）	0.05	0.085	0.10	0.12

（22）低压电器交接试验见表5-38。

表5-38　　　　　　　　　　　　低压电器交接试验

序号	试验内容	试验标准或条件
1	绝缘电阻	用500V绝缘电阻表检测，绝缘电阻值大于等于1MΩ；潮湿场所，绝缘电阻值大于等于0.5MΩ
2	低压电器动作情况	除产品另有规定外，电压、液压或气压在额定值的85％～110％范围内能可靠动作
3	脱扣器的整定值	整定值误差不得超过产品技术条件的规定
4	电阻器和变阻器的直流电阻差值	符合产品技术条件规定

技能69　了解操作电源与站用电源的要求

（1）变配电站的操作电源应根据断路器操动机构的形式、供电负荷等级、继电保护要求、出线回路数等因素考虑。

（2）断路器的操动机构主要有电磁操动机构和弹簧储能操动机构两种。电磁操动机构采用直流操作。弹簧储能操动机构既可直流操作又可交流操作，所需合闸功率小，且在无电源时还可手动储能。但弹簧储能操动机构结构较复杂、零件多、维护调试的技术要求高，价格上比电磁操动机构高。

（3）交流操作具有投资少、建设快、二次接线简单、运行维护方便等优点。但在采用交流操作保护装置时，电压互感器二次负荷会增加，有时不能满足要求。

（4）对于用电负荷较多、一级负荷容量较大、继电保护要求严格的变电站，为满足可靠性和继电保护等要求，一般采用直流操作电源。

（5）变配电站的站用电源应根据变配电站的规模、电压等级、供电负荷等级、操作电源种类等因素来确定。

（6）35kV变电站一般装设两台容量相同、可互为备用的变压器，直流母线采用分段单母线接线，并装设有备用电源自动投入装置，蓄电池应能切换至任一母线。

（7）10kV变电站，当负荷级别较高时，一般宜装设备用变压器；当负荷级别稍低、采用交流操作时，供给操作、控制、保护、信号等的站用电源，可引自低压互感器。

技能 70　掌握继电保护配置的要求

（1）继电保护的一般原则。

1）继电保护和自动装置应满足可靠性、选择性、灵敏性和速动性的要求。电力设备和线路短路故障的保护应有主保护和后备保护，必要时还应增设辅助保护。

2）继电保护装置应根据所在地供电部门的要求，采用定时限或反时限特性的继电器。

3）正常电源与应急发电机电源间应有电气闭锁或双投开关。

（2）10kV线路的继电保护配置。10kV线路的继电保护配置见表5-39。

表 5-39　　　　　　　　　　　10kV 线路的继电保护配置

被保护线路	保护装置名称				备　注
	无时限电流速断保护	带时限电流速断保护	过电流保护	单相接地保护	
单侧电源放射式单回线路	自重要配电站引出的线路装设	当无时限电流速断保护不能满足选择性动作时装设	装设	中性点经小电阻接地的系统应装设，并应动作于跳闸	当过电流保护的动作时限不大于 0.5～0.7s，且无保护配合上的要求时，可不装设电流速断保护

（3）变压器的继电保护配置。变压器的继电保护配置见表 5-40。

表 5-40 变压器的继电保护配置

变压器容量（kV·A）	保护装置名称							备注
	带时限过电流保护[①]	电流速断保护	纵联差动保护	单相低压侧接地保护[②]	过负荷保护	气体保护[④]	温度保护	
<400	—	—	—	—	—	≥315kV·A的车间内油浸变压器	—	一般用高压熔断器保护
400～630	高压侧采用断路器时装设	高压侧采用断路器且过电流保护时限大于0.5s时装设	—	装设	并列运行或单独运行并作为其他负荷的备用电源时，应根据可能过负荷的情况装设[③]	车间内变压器装设	—	一般采用GL型继电器兼作过电流及电流速断保护
800			—				—	
1000～1600		过电流保护时限大于0.5s时装设	—					
>1600	装设		当电流速断保护不能满足灵敏性要求时装设	—		装设	装设	—

① 当带时限过电流保护不能满足灵敏性要求时，应采用欠电压闭锁的带时限过电流保护。

② 对于 400kV·A 及以上的 Yyn0 联结的低压中性点直接接地的变压器，可利用高压侧三相式过电流保护兼作，也可用接于低压中性线上的零序电流保护，或用接于低压侧的三相电流保护；对于一次电压为 10kV 及以下、容量为 400kV·A 及以上的 Dyn11 联结的低压中性点直接接地的变压器，当灵敏性符合要求时，可利用高压侧三相式过电流保护兼作。单相低压侧接地保护装置带时限动作于跳闸。

③ 低压电压为 230/400V 的变压器，当低压侧出线断路器带有过负荷保护时，可不装设专用的过负荷保护。过负荷保护采用单相式，一般带时限作用于信号，在经常无值班人员的变电站可动作于跳闸或断开部分负荷。

④ 重瓦斯动作于跳闸（当电源侧无断路器或短路开关时可作用于信号），轻瓦斯作用于信号。

（4）10kV 母线分段断路器的继电保护配置。10kV 母线分段断路器的继电保护配置见表 5-41。

表 5-41	10kV 母线分段断路器的继电保护装置		
被保护设备	保护装置名称		备 注
	电流速断保护	过电流保护	
不并列运行的分段母线	仅在分段断路器合闸瞬间起作用，合闸后自动解除	装设	采用反时限过电流保护时，继电器瞬动部分应解除 对出线不多的二、三级负荷供电的配电站母线分段断路器可不设保护装置

技能 71　掌握断路器控制及信号回路的要求

（1）一般分为控制保护回路、合闸回路、事故信号回路、预告信号回路、隔离开关与断路器闭锁回路等。

（2）控制、信号回路电源取决于操动机构的形式和控制电源的种类。断路器一般采用弹簧或电磁操动机构，弹簧操动机构的控制电源可用直流或交流，电磁操动机构用直流。

（3）接线可采用灯光监视方式或音响监视方式。

（4）接线要求。

1）应能监视电源保护装置（熔断器或低压断路器）及跳、合闸回路的完整性（在合闸线圈及合闸接触器线圈上不允许并接电阻）。

2）应能指示断路器合闸与跳闸的位置状态，自动合闸或跳闸时应有明显信号。

3）有防止断路器跳跃的闭锁装置。

4）合闸或跳闸完成后应使命令脉冲自动解除。

5）接线应简单可靠，使用电缆芯最少。

（5）当断路器控制电源采用硅整流器带电容储能的直流系统时，控制回路正电源的监视应改用重要回路合闸位置继电器监视，指示灯等常接负荷的电源正极改为信号小母线或灯光小母线。

（6）事故跳闸的信号回路应采用不对应原理接线。

（7）事故信号、预告信号能使中央信号装置发出音响及灯光信号，并用信号继电器直接指示故障性质。

技能 72　掌握测量与计量仪表的装设要求

10kV 变电站测量与计量仪表的装设，见表 5-42。

表 5-42 **10kV 变电站测量与计量仪表的装设**

线路名称	装设的表计数量				
	电流表	电压表	有功功率表	有功电能表	无功电能表
10kV 进线	1	—	—	1①	1①
10kV 母线（每段）	—	4②	—	—	—
10kV 联络线	1	—	1	2③	—
10kV 出线	1	—	—	1	1④
变压器高压侧	1	—	—	1	1④
变压器低压侧	3	—	—	1⑤	—
低压母线（每段）	—	1	—	—	—
出线（＞100A）	1⑥	—	—	1④	—

① 在树干式线路供电或由电力系统供电的变电站装设。

② 一只测线电压，其余三只作母线绝缘监视（在母线配出回路较少时可不装）。

③ 电能表只装在线路的一端，并有逆止器。

④ 不送往经济独立核算单位的可不装设。

⑤ 在高压侧未装电能表时装设。

⑥ 三相不平衡线路应装三只电流表。

技能 73　熟悉变配电站中央信号装置的设置要求

（1）变配电站在控制室或值班室内一般设中央信号装置，由事故信号和预告信号组成。

（2）中央事故信号装置应保证在任何断路器事故跳闸时，能及时发出音响信号，在控制屏或配电装置上应有相应的灯光或其他指示信号。

（3）中央预告信号装置应保证在任何回路发生故障时，能及时发出音响信号，并有显示故障性质和地点的指示信号（灯光或信号继电器）。

（4）一般事故音响信号用电笛，预告音响信号用电铃。

（5）中央信号装置在发出音响信号后，应能手动或自动恢复原状态，而灯光或指示信号仍应保持，直至故障消除后为止。

（6）中央信号装置一般采用重复动作的信号装置。若变电站接线简单，中央事故信号可不重复动作。

第六章

配 电 线 路 设 计

技能 74　熟悉电线和电缆形式的选择要求

（1）导体材料。

1）导体材料的选择应考虑工程状况及使用场合的需要，并考虑经济因素。

2）室外线路的电线、电缆一般采用铝导线，架空线路采用裸铝绞线。当架空线路的档距较长，杆位高差较大时，采用钢芯铝绞线。

3）对于有盐雾或其他化学侵蚀气体的地区，采有防腐铝绞线或铜绞线。

4）电缆线路一般采用铝芯电缆。在振动剧烈和有特殊要求的场所，宜采用铜芯电缆。室内线路可采用塑料绝缘导体，并尽量采用新型阻燃聚烯烃电线。

5）配电线路在下述场合，由于耐用和安全的需要，应采用铜芯导线：①特等建筑，如具有重大纪念、历史性或国际意义的各类建筑；②重要的公共建筑和居住建筑；③重要的资料室（如档案室、书房等）、重要的库房（如银行金库等）；④影剧院、体育馆、车站、商场等人员密集的场所；⑤移动用或敷设在有剧烈振动的场所；⑥特别潮湿和对铝材质有严重腐蚀性的场所；⑦易燃、易爆的场所；⑧有其他特殊要求的场所。

（2）常用电线、电缆。常用电线、电缆的形式见表 6-1。

表 6-1　　　　　　　　　　　常用电线、电缆的形式

形　式		内　容
常用的电线形式	BLV、BV	塑料绝缘铝芯、铜芯导线
	BLVV、BVV	塑料绝缘塑料护套铝芯、铜芯电缆（单芯及多芯）
	BLXF、BXF、BLXY、BXY	橡皮绝缘、氯丁橡胶护套或聚乙烯护套铝芯、铜芯电线

形 式		内 容
常用的电缆形式	VLV、VV	聚氯乙烯绝缘、聚氯乙烯护套铝芯、铜芯电力电缆，又称全塑电缆
	YJLV、YJV	交联聚乙烯绝缘、聚乙烯绝缘护套铝芯、铜芯电力电缆
	XLV、XV	橡皮绝缘聚氯乙烯护套铝芯、铜芯电缆
	ZLQ、ZQ	油浸纸绝缘铅包铝芯、铜芯电力电缆

（3）电线、电缆型号。常用导线型号及敷设方法按环境条件、使用场所的不同，可有多种选择，见表 6-2。

表 6-2　　　　　　　　　　常用导线的型号及用途

型 号	名 称	主 要 用 途
BV	铜芯聚氯乙烯绝缘导线	用于交流 500V、直流 1000V 及以下的线路中，供穿钢管或 PVC 管明敷或暗敷用
BLV	铝芯聚氯乙烯绝缘导线	
BVV	铜芯聚氯乙烯绝缘聚氯乙烯绝缘护套导线	用于交流 500V、直流 1000V 及以下的线路中，供沿墙、沿平顶卡钉明敷用
BLVV	铝芯聚氯乙烯绝缘聚氯乙烯绝缘护套导线	
BVR	铜芯聚氯乙烯软线	与 BV 同，安装要求柔软时使用
RV	铜芯聚氯乙烯绝缘软线	用于交流 250V 及以下各种移动电气接线用，大部分用于电话、广播、火灾报警等，前二者常用 RVS 绞线
RVS	铜芯聚氯乙烯绝缘绞形软线	
BXF	铜芯氯丁橡皮绝缘导线	具有良好的耐老化性和不延燃性，并具有一定的耐油、耐腐蚀性能，适用于户外敷设
BLXF	铝芯氯丁橡皮绝缘导线	
BV-105	铜芯耐 105°聚氯乙烯绝缘导线	供交流 500V、直流 1000V 及以下电力、照明、电工仪表、电信电子设备等温度较高的场所使用
BLV-105	铝芯耐 105°聚氯乙烯绝缘导线	
RV-105	铜芯耐 105°聚氯乙烯绝缘软线	供交流 250V 及以下各种移动式电气设备及温度较高的场所使用

技能 75　熟悉导线、电缆截面的选择要求

（1）按载流量选择。

1）按导线的允许温升选择。在最大允许连续负荷电流通过的情况下，导线发热不超过线芯所允许的温度，导线不会因过热而引起绝缘损坏或加速老化。选

用时导线的允许载流量必须大于或等于线路中的计算电流值。

2）导线的允许载流量是通过实验得到的数据。不同规格的导线（绝缘导线及裸导线）、载流量和不同环境温度、不同敷设方式、不同负荷特性的校正系数等可查阅相关设计手册。

（2）按电压损失选择。

1）导线上的电压损失应低于最大允许值，以保证供电质量。电力线路，电压损失一般不能超过额定电压的 5%～7%，照明线路一般不能超过 5%。

2）电压损失是指线路的始端电压与终端电压有效值的差值，即 $\Delta U = U_1 - U_2$。由于电气设备的端电压偏移有一定的允许范围，所以对线路的电压损失的要求也有一定的允许值。为了保证供配电线路的电压损失在允许值范围内，可通过增大导线或电缆的截面来满足要求。

（3）按与线路保护设备相配合选择。沿导线流过的电流过大时，由于导线温升过高，会使其绝缘、接头、端子或导体周围的物质造成损害。温升过高或线路短路时，还可能引起火灾。因此电气线路必须设置过载和短路保护。为了在线路短路或过负荷时，保护设备能对导线起保护作用，两者之间必须有适当的配合。

（4）热稳定校验。

1）由于电缆结构紧凑、散热条件差，为使其在短路电流通过时不至由于导线温升超过允许值而损坏，还需校验其热稳定性。

2）选择的导线、电缆截面必须同时满足上述各项要求，通常按允许载流量选择，再按其他条件校验，若不能满足要求，则应加大截面积。

（5）低压中性点接地系统中的 N（PEN）线截面积的选择。

1）负荷接近平衡的供电线路，N（PEN）线的截面积应不小于相线截面积的 1/2。

2）当负荷大部分为单相负荷时，如照明供电回路 N（PEN）线的截面积应与相线截面积相同。

3）采用晶闸管调光的配电回路，或大面积采用电子整流器的荧光灯供电线路，由于三次谐波大量增加，则 N 线的截面积应为相线截面积的 2 倍，否则中性线会过热，引起供电回路的故障增多。

（6）PE 线截面的选择。

1）在 TN 系统中 PE 线是通过短路电流的，为使保护装置有足够的灵敏度，应减小 PE 线阻抗，PE 线截面不宜过小。在一般情况下，其支、干线的截面应与相应的 N 线截面相等。

2）若采用单芯导线作固定装置的 PE 干线时，其截面为铜芯时应不小于 $10mm^2$，铝芯时应不小于 $16mm^2$；当用多股芯线电缆作 PE 线时，则其最小截面积可为 $4mm^2$。

3）PE 线所用的材质与相线相同时，按热稳定要求，截面不应小于表 6-3 的规定。

表 6-3   PE 线的最小截面积   （mm²）

装置的相线截面 S	PE 线的最小截面积
S≤16	S
16＜S≤35	16
S＞35	S/2

技能 76　熟悉电力线路设计常用数据

（1）电线、电缆线芯允许长期工作温度见表 6-4。

表 6-4   电线、电缆线芯允许长期工作温度

电线、电缆种类		线芯允许长期工作温度（℃）
塑料绝缘电线	500V	70
交联聚氯乙烯绝缘电力电缆	1～10kV	90
	0.6～1kV	90
聚氯乙烯绝缘电力电缆	1～10kV	70
	0.6～1kV	70
矿物绝缘电力电缆		金属护套 70
		金属护套 105

（2）常用电力电缆最高允许温度见表 6-5。

表 6-5   常用电力电缆最高允许温度

电缆类型	电压（kV）	最高允许温度（℃）	
		额定负荷时	短 路 时
黏性浸渍纸绝缘	1～3	80	250
	6	65	
	10	60	
	35	50	175
不滴流纸绝缘	1～6	80	250
	10	65	
	35	65	175
交联聚乙烯绝缘	≤10	90	250
	＞10	80	
聚氯乙烯绝缘		70	160
自容式充油	63～500	75	160

注　1. 对发电厂、变电站以及大型联合企业等重要回路铝芯电缆，短路最高允许温度为 200℃。

    2. 含有锡焊中间接头的电缆，短路最高允许温度为 160℃。

（3）电缆持续允许载流量的环境温度见表 6-6。

表 6-6　　　　　　　　　　电缆持续允许载流量的环境温度

电缆敷设场所	有无机械通风	选取的环境温度
土中直埋	—	埋深处的最热月平均地温
水下	—	最热月的日最高水温平均值
户外空气中、电缆沟	—	最热月的日最高温度平均值
有热源设备的厂房	有	通风设计温度
	无	最热月的日最高温度平均值另加 5℃
一般性厂房、室内	有	通风设计温度
	无	最热月的日最高温度平均值
户内电缆沟	无	最热月的日最高温度平均值另加 5℃
隧道		
隧道	有	通风设计温度

（4）10kV 三芯电力电缆允许载流量见表 6-7。

表 6-7　　　　　　　　　　10kV 三芯电力电缆允许载流量

绝缘类型	电缆允许持续载流量（A）							
	黏性油浸纸		不滴流纸		交联聚乙烯			
钢铠护套					无		有	
缆芯最高工作温度（℃）	60		65		90			
敷设方式	空气中	直埋	空气中	直埋	空气中	直埋	空气中	直埋
16	42	55	47	59				
25	56	75	63	79	100	90	100	90
35	68	90	77	95	123	110	123	105
50	81	107	92	111	146	125	141	120
70	106	133	118	138	178	152	173	152
95	126	160	143	169	219	182	214	182
120	146	182	168	196	251	205	246	205
150	171	206	189	220	283	223	278	219
185	195	233	218	246	324	252	320	247
240	232	272	261	290	378	292	373	292
300	260	308	295	325	433	332	428	328
400					506	378	501	374
500					579	428	574	424
环境温度（℃）	40	25	40	25	40	25	40	25
土的热阻系数（℃·m/W）		1.2		1.2		2.0		2.0

缆芯截面（mm²）对应上表中 16~500 各行。

注　1. 表中系铝芯电缆数值；铜芯电缆的允许持续载流量值可乘以 1.29。
　　2. 缆芯工作温度大于 70℃时，允许载流量的确定还应遵守以下要求：①数量较多的该类电缆敷设于未装机械通风的隧道、竖井时，应计入对环境温升的影响；②电缆直埋敷设在干燥或潮湿土中，除实施换土处理等能避免水分迁移的情况外，土的热阻系数宜选取不小于 2.0℃·m/W。

（5）BV 绝缘电线穿管敷设时的持续载流量见表 6-8。

表 6-8　　　　　　　　　　BV 绝缘电线穿管敷设时的持续载流量

型　号	BV															
额定电压（kV）	0.45/0.75															
导体工作温度（℃）	70															
环境温度（℃）	30	35	40	30				35				40			
导线排列	○-s-○-s-○															
导线根数				2~4	5~8	9~12	12以上	2~4	5~8	9~12	12以上	2~4	5~8	9~12	12以上
标称截面（mm²）	明敷载流量（A）			导线穿管敷设载流量（A）											
1.5	23	22	20	13	9	8	7	12	9	7	6	11	8	7	6
2.5	31	29	27	17	13	11	10	16	12	10	9	15	11	9	8
4	41	39	36	24	18	15	13	22	17	14	12	21	15	13	11
6	53	50	46	31	23	19	17	29	21	18	16	20	20	16	15
10	74	69	64	44	33	28	25	41	31	26	23	38	29	24	21
16	99	93	86	60	45	38	34	57	42	35	32	52	39	32	29
25	132	124	115	83	62	52	47	77	57	48	43	70	53	44	39
35	161	151	140	103	77	64	58	96	72	60	54	88	66	55	49
50	201	189	175	127	95	79	71	117	88	73	66	108	81	67	60
70	259	243	225	165	123	103	92	152	114	95	85	140	105	87	78
95	316	297	275	207	155	129	116	192	144	120	108	176	132	110	99
120	374	351	325	245	184	153	138	226	170	141	127	208	156	130	117
150	426	400	370	288	216	180	162	265	199	166	149	244	183	152	137
185	496	464	430	335	251	209	188	309	232	193	174	284	213	177	159
240	592	556	515	396	297	247	222	366	275	229	206	336	252	210	189

（6）常用的 BV 型绝缘电线的绝缘层厚度不小于表 6-9 的规定。

表 6-9　　　　　　　　　　常用的 BV 型绝缘电线的绝缘层厚度

电线芯线标称截面积（mm²）	1.5	2.5	4	6	10	16	25	35	50	70	95	120	150	185	240	300	400
绝缘层厚度规定值（mm）	0.7	0.8	0.8	0.8	1.0	1.0	1.2	1.2	1.4	1.4	1.6	1.6	1.8	2.0	2.2	2.4	2.6

（7）BVV、BVVB 绝缘电线明敷时的持续载流量见表 6-10。

表 6-10　　　　　　　　　BVV、BVVB 绝缘电线明敷时的持续载流量

型　号	BVV、BVVB														
额定电压（kV）	0.30/0.50														
芯数	一芯			二芯			三芯			四芯			五芯		
导体工作温度（℃）	70														
环境温度（℃）	30	35	40	30	35	40	30	35	40	30	35	40	30	35	40
标称截面（mm²）	明　敷														
1.0	20	18	17	—	—	—	13	12	11	—	—	—	—	—	—
1.5	25	24	22	21	19	18	18	17	16	16	15	14	15	14	13
2.5	35	32	30	29	27	25	24	23	21	23	22	20	21	19	18
4	45	42	39	38	36	33	32	30	28	30	28	26	28	26	24
6	58	54	50	49	46	43	41	39	36	38	36	33	36	33	31
10	79	75	69	68	64	59	59	55	51	53	50	46	49	46	43
16	—	—	—	91	85	79	78	73	68	70	66	61	66	62	57
25	—	—	—	121	113	105	105	98	91	94	89	82	89	83	77
35	—	—	—	144	135	125	127	119	110	115	108	100	109	103	95

（8）BVV、BVVB 绝缘电线穿管暗敷时的持续载流量见表 6-11。

表 6-11　　　　　　　BVV、BVVB 绝缘电线穿管暗敷时的持续载流量

型　号	BVV、BVVB											
额定电压（kV）	0.30/0.50											
芯　数	单、双芯											
导体工作温度（℃）	70											
环境温度（℃）	30				35				40			
导线根数	2～4	5～8	9～12	12以上	2～4	5～8	9～12	12以上	2～4	5～8	9～12	12以上
标称截面（mm²）	穿　管　敷　设											
1.5	17	13	11	9	16	12	10	9	14	11	9	8
2.5	23	17	15	13	22	16	14	12	20	15	13	11
4	30	23	19	17	29	22	18	16	26	20	17	15
6	39	29	25	22	37	28	23	21	34	26	22	19
10	54	41	34	31	51	38	32	29	47	35	30	27
16	73	55	46	41	68	51	43	38	63	47	40	36
25	97	73	61	54	90	68	57	51	84	63	53	47
35	115	86	72	65	108	81	67	61	100	75	63	56

（9）35kV 及以下电缆在不同环境温度时载流量校正系数参见表 6-12。

表 6-12　　　　35kV 及以下电缆在不同环境温度时载流量校正系数

环境温度（℃）		环境温度（℃）（空气中）									环境温度（°）（土壤中）					
		10	15	20	25	30	35	40	45	50	10	15	20	25	30	35
缆芯最高工作温度（℃）	50	1.70	1.62	1.52	1.42	1.32	1.22	1.00	0.75	—	1.26	1.18	1.10	1.00	0.89	0.77
	60	1.58	1.50	1.41	1.32	1.22	1.11	1.00	0.86	0.73	1.20	1.13	1.07	1.00	0.93	0.85
	65	1.48	1.41	1.34	1.26	1.18	1.09	1.00	0.89	0.77	1.17	1.12	1.06	1.00	0.94	0.87
	70	1.41	1.35	1.29	1.22	1.15	1.08	1.00	0.91	0.81	1.15	1.11	1.05	1.00	0.94	0.88
	80	1.32	1.27	1.22	1.17	1.11	1.06	1.00	0.93	0.86	1.13	1.09	1.04	1.00	0.95	0.90
	90	1.26	1.22	1.18	1.14	1.09	1.04	1.00	0.94	0.89	1.11	1.07	1.04	1.00	0.96	0.92

注　其他环境温度下载流量的校正系数 K 可按下式计算

$$K = \sqrt{\frac{\theta_m - \theta_2}{\theta_m - \theta_1}}$$

式中　θ_m ——缆芯最高工作温度，℃；

θ_1 ——对应于额定载流量的基准环境温度，℃；

θ_2 ——实际环境温度，℃。

（10）不同土的热阻系数时的载流量校正系数，可参考表 6-13。

表 6-13　　　　　　不同土的热阻系数时的载流量校正系数

土的热阻系数（℃·m/W）	分　类　特　征（土的特性和雨量）	校正系数
0.8	土很潮湿、经常下雨。如湿度大于 9% 的沙土；湿度大于 10% 的沙—泥土等	1.05
土的热阻系数（℃·m/W）	分　类　特　征（土的特性和雨量）	校正系数
1.2	土潮湿，规律性下雨。如湿度大于 7% 但小于 9% 的沙土；湿度为 12%~14% 的沙—泥土等	1.0
1.5	土较干燥，雨量不大。如湿度为 8%~12% 的沙、泥土等	0.93
2.0	土干燥，少雨。如湿度大于 4% 但小于 7% 的沙土；湿度为 4%~8% 的沙—泥土等	0.87
3.0	多石地层，非常干燥，如湿度小于 4% 的沙土等	0.75

注　1. 本表适用于缺乏实测土的热阻系数时的粗略分类，对 110kV 及以上电压电缆线路工程，宜以实测方式确定土的热阻系数。

2. 本表中校正系数适于 35kV 以下电缆中采取土的系数为 1.2℃·m/W 的情况，不适用于三相交流系统的高压单芯电缆。

（11）土中直埋多根并行敷设时电缆载流量的校正系数，可参考表 6-14。

表 6-14　　　　　土中直埋多根并行敷设时电缆载流量的校正系数

根　　数		1	2	3	4	5	6
电缆之间净距（mm）	100	1	0.9	0.85	0.80	0.78	0.75
	200	1	0.92	0.87	0.84	0.82	0.81
	300	1	0.93	0.90	0.87	0.86	0.85

注　本表不适用于三相交流系统单芯电缆。

（12）电缆在空气中并列敷设时载流量修正系数，可参考表 6-15。

表 6-15　　　　　　电缆在空气中并列敷设时载流量修正系数

根　　数	载流量修正系数				
	1	2	3	4	4
排列					
中心距离（S）					
$S=1d$		0.90	0.85	0.80	0.82
$S=2d$	1.00	1.00	0.98	0.90	0.95
$S=3d$		1.00	1.00	0.98	0.98

根　　数	载流量修正系数			
	6	8	9	12
排列				
中心距离（S）				
$S=1d$	0.80	—	—	—
$S=2d$	0.90	0.85	0.80	0.80
$S=3d$	0.98	0.90	0.85	0.85

注　1. S 为电缆中心间距离，d 为电缆外径。

　　2. 本表按全部电缆具有相同外径条件制订，当并列敷设的电缆外径不同时，d 值可近似地取电缆外径的平均值。

　　3. 本表不适用于交流系统中使用的单芯电力电缆。

（13）在电缆桥架上无间距配置多层并列电缆时持续载流量的校正系数，可参考表 6-16。

表 6-16   在电缆桥架上无间距配置多层并列电缆时持续载流量的校正系数

叠置电缆层数		一	二	三	四
桥架类别	梯架	0.8	0.65	0.55	0.5
	托盘	0.7	0.55	0.5	0.45

注　呈水平状并列电缆数不少于 7 根。

（14）1～6kV 电缆户外明敷无遮阳时载流量的校正系数，可参考表 6-17。

表 6-17   1～6kV 电缆户外明敷无遮阳时载流量的校正系数

截面（mm²）				35	50	70	95	120	150	185	240
电压（kV）	1	芯数	三				0.90	0.98	0.97	0.96	0.94
	6		三	0.96	0.95	0.94	0.93	0.92	0.91	0.9	0.88
			单				0.99	0.99	0.99	0.99	0.98

注　运用本表系数校正对应的载流量基础值，是采取户外环境温度的户内空气中电缆载流量。

（15）不同埋地深度时电缆载流量的修正系数，可参考表 6-18。

表 6-18   不同埋地深度时电缆载流量的修正系数

电　压（kV）	0.6/1～1.8/3	3.6/6～26/35
深度 L（mm）	修　正　系　数	
L＝700	1.00	1.00
700＜L≤1000	0.97	0.98
1000＜L≤1250	0.95	0.96
1250＜L≤1500	0.93	0.95

（16）管道组内同步负荷载流量修正系数，可参考表 6-19。

表 6-19   管道组内同步负荷载流量修正系数

管道间距离	组　数				
	1	2	3	4	5
相互接触	0.82	0.75	0.66	0.59	0.56
70～100mm	—	0.76	0.69	0.62	0.60
220～250mm		0.77	0.72	0.68	0.67

（17）电缆支架最上层及最下层至沟顶、楼板或沟底、地面的距离，当设计无规定时，不宜小于表 6-20 的数值。

表 6-20　　电缆支架最上层及最下层至沟顶、楼板或沟底、地面的距离　　（mm）

敷设方式	电缆隧道及夹层	电缆沟	吊架	桥架
最上层至沟顶或楼板	300～350	150～200	150～200	350～450
最下层至沟底或地面	100～150	50～100	—	100～150

（18）支、吊架和桥架安装必须考虑电缆敷设弯曲半径满足规范最小弯曲半径，见表 6-21。

表 6-21　　　　　　　　　　电缆最小允许弯曲半径

序号	电缆种类	最小允许弯曲半径
1	无铅包钢铠护套的橡皮绝缘电力电缆	10D
2	有钢铠护套的橡皮绝缘电力电缆	20D
3	聚氯乙烯绝缘电力电缆	10D
4	交联聚氯乙烯绝缘电力电缆	15D
5	多芯控制电缆	10D

（19）电缆之间，电缆与其他管道、道路、建筑物等之间平行和交叉时最小净距应符合表 6-22 的规定。

表 6-22　　电缆之间，电缆与管道、道路、建筑物之间平行、交叉时的最小净距　　（m）

项　目		最小净距	
		平　行	交　叉
电力电缆间及其与控制电缆间	10kV 及以下	0.10	0.50
	10kV 以上	0.25	0.50
控制电缆间		—	0.50
不同使用部门的电缆间		0.50	0.50
热管道（管沟）及热力设备		2.00	0.50
油管道（管沟）		1.00	0.50
可燃气体及易燃液体管道（沟）		1.00	0.50
其他管道（管沟）		0.50	0.50
铁路路轨		3.00	1.00
电气化铁路路轨	交流	3.00	1.00
	直流	10.0	1.00
公路		1.50	1.00
城市街道路面		1.00	0.70
杆基础（边线）		1.00	—
建筑物基础（边线）		0.60	—
排水沟		1.00	0.50

（20）电缆终端头的出线应保持电气要求必需的间距，其电缆头部带电部分之间及至接地部分的距离，应符合表 6-23 中的规定。电缆头引出线最小绝缘长度，应符合表 6-24 中的规定。

表 6-23 电缆头部带电部分之间及至接地部分的距离

电压（kV）		最小距离（mm）
户内	6	100
	10	125
户外	6～10	200

表 6-24 电缆头引出最小绝缘长度

电压（kV）	最小绝缘长度（mm）
6	270
10	315

（21）弯曲电缆芯线时，其芯线弯曲半径不得小于表 6-25 中所规定的电缆芯线最小允许弯曲半径。

表 6-25 电缆芯线的最小弯曲半径

电缆及其结构类别		最小允许弯曲半径
油浸纸绝缘电缆	圆形芯线	芯线外径的 10 倍
	扇形芯线	芯线扇形最大高度的 10 倍
	分相铅包	缆芯铅包直径的 12.5 倍
橡胶或塑料电缆		芯线外径的 3 倍

（22）电缆头接地铜绞线的允许最小截面，见表 6-26 的规定。

表 6-26 电缆头接地铜绞线的最小允许截面

铜芯电缆截面（mm^2）	铝芯电缆截面（mm^2）	接地线截面（mm^2）
35 及以下	50 及以下	10
50～120	70～150	16
150～240	185～300	25

（23）电缆桥架敷设在易燃易爆气体管道和热力管道的下方，当设计无要求时，与管道的最小净距，符合表 6-27 的规定。

表 6-27 与管道的最小净距 （mm）

管道类别		平行净距	交叉净距
一般工艺管道		0.4	0.3
易燃易爆气体管道		0.5	0.5
热力管道	有保温层	0.5	0.3
	无保温层	1.0	0.5

（24）电缆敷设排列整齐，水平敷设的电缆，首尾两端、转弯两侧及每隔 5～10m 处设固定点；敷设于垂直桥架内的电缆固定点间距，不大于表 6-28 的规定。

表 6-28 电缆固定点的间距 （mm）

电缆种类		固定点的间距
电力电缆	全塑型	1000
	除全塑型外的电缆	1500
控制电缆		1000

（25）电缆排列整齐，少交叉；当设计无要求时，电缆支持点间距，不大于表 6-29 的规定。

表 6-29 电缆支持点间距 （mm）

电缆种类		敷设方式	
		水 平	垂 直
电力电缆	全塑型	400	1000
	除全塑型外的电缆	800	1500

（26）铠装电力电缆头的接地线应采用铜绞线或镀锡铜编织线，截面积不应小于表 6-30 的规定。

表 6-30 电缆芯线和接地线截面积 （mm²）

电缆芯线截面积	接地线截面积
120 及以下	16
150 及以下	25

（27）母线平弯及立弯的弯曲半径不得小于表 6-31 的规定。

表 6-31 矩形母线最小弯曲半径 （R）值 （mm）

弯曲方式	母线断面尺寸 （mm×mm）	最小弯曲半径		
		铜	铅	钢
平弯	50×5	$2h$	$2h$	$2h$
	125×10	$2h$	$2.5h$	$2h$
立弯	50×5	$1b$	$1.5b$	$0.5b$
	125×10	$1.5b$	$2b$	$1b$

（28）架空线路导线间的最小间距见表 6-32。

表 6-32 架空线路导线间的最小间距 （m）

档距 电压	40 及以下	50	60	70	80	90	10
高压	0.60	0.65	0.70	0.75	0.85	0.90	1.00
低压	0.30	0.40	0.45	—	—	—	—

注 1. 表中所列数值适用于导线的各种排列方式。
2. 靠近电杆的两导线间的水平距离，对于低压线路不应小于 0.5m。

（29）架空线路与铁路、道路及各种架空线路交叉或接近时的基本要求，见表 6-33。

表6-33 架空线线路与铁路、道路及各种架空线路交叉或接近时的基本要求

项目	铁路 标准轨距	铁路 窄轨	铁路 电气化线路	道路 一、二级	道路 三级	电车道 有轨	电车道 无轨	弱电线路 一、二级	弱电线路 三、四级	电力线路 1以下(kV)	电力线路 6～10(kV)	特殊管道	一般管道	人行天桥
导线最小截面	铝绞线及铝合金线为35mm²，钢芯铝线为25mm²									铝绞线及铝合金线为16mm²，铜线为16mm²				
导线在跨越档内的接头	不应接头	—	—	不得接头	—	不得接头		不得接头		不得接头		不得接头	不得接头	—
导线支持方式	双固定	双固定	双固定	双固定	单固定	双固定		双固定	单固定	单固定	双固定	双固定	双固定	—
最小垂直距离(m) 项目	至轨顶		接触线或承力索	至路面		至路面	至承力索或接触线	至被跨越线		至导线		至管道任何部分 管道上人 / 管道不上人	管道上人 / 管道不上人	城镇内宜入地
线路电压 6～10(kV)	7.50	6.00	平原地区配电线路入地	7.00		9.00	3.00	2.00		2.00	2.00	3.00 / 3.00	3.00 / 3.00	3.00
线路电压 1以下(kV)	7.50	6.00	3.00	6.00		9.00	3.00	1.00		1.00	1.00	2.50 / 1.50	2.00 / 1.50	1.50
最小水平距离(m) 项目	电杆外缘至轨道中心			电杆中心至路面边缘		电杆中心至路面边缘至轨道中心		在最大风偏情况下边导线与边线间距		在最大风偏情况下边导线与边线间距		在最大风偏情况下导线边线至管道任何部分		导线边线至人行天桥边缘
线路电压 6～10(kV)	交叉：5.00 平行：杆高加3.00		平行：杆高加3.00	0.50		0.50	3.00	2.00		2.50	2.50	2.00	2.00	4.00
线路电压 1以下(kV)				0.50		0.50	3.00	1.00		2.50	2.50	1.50	1.50	2.00

注：
1. 电力线路与弱电电线路接近时，最小水平距离未考虑对弱电电线路的危险影响和干扰影响。如需考虑时应另行计算。
2. 特殊管道指架设在地面上输送易燃、易爆物的管道。各种管道上的附属设施均应视为管道的一部分。
3. 架空线线路与管道交叉时，交叉点不应选在管道的检查平台和阀门外，与管道交叉或平行接近时管道应接地。
4. 弱电电线路跨越等级、道路等级，参见相关行业标准。

（30）导线与山坡、峭壁、岩石最小净距见表 6-34。

表 6-34　　　　　　导线与山坡、峭壁、岩石最小净距　　　　　　（m）

线路通过地区	线 路 电 压	
	高　压	低　压
步行可达到的山坡	4.50	3.00
步行不能达到的山坡、峭壁、岩石	1.50	1.00

（31）导线与街道绿化树之间的最小距离见表 6-35。

表 6-35　　　　　　导线与街道绿化树之间的最小距离　　　　　　（m）

最大弧垂时的垂直距离		最大风偏时的水平距离	
高压	低压	高压	低压
1.50	1.00	2.00	1.00

（32）架空电缆与地面的最小净距见表 6-36。

表 6-36　　　　　　架空电缆与地面的最小净距　　　　　　（m）

线路通过地区	线 路 电 压	
	高　压	低　压
居民区	6.00	5.50
非居民区	5.00	4.50
交通困难地区	4.00	3.50

（33）直接埋地敷设的电缆之间及各种设施的最小净距见表 6-37。

表 6-37　　　　直接埋地敷设的电缆之间及各种设施的最小净距　　　　（m）

项　　目	敷 设 条 件	
	平行时	交叉时
建筑物、构筑物基础	0.50	
电杆	0.60	
乔木	1.50	
灌木丛	0.50	
1kV 以下电力电缆之间，以及与控制电缆和 1kV 以上电力电缆之间	0.10	0.50（0.25）
通信电缆	0.50（0.10）	0.50（0.25）
热力管沟	2.00	（0.50）
水管、压缩空气管	1.00（0.25）	0.50（0.25）

项　　目	敷　设　条　件	
	平 行 时	交 叉 时
可燃气体及易燃液体管道	1.00	0.50（0.25）
铁路（平行时与轨道、交叉时与轨底，电气化铁路除外）	3.00	1.00
道路（平行时与路边、交叉时与路面）	1.50	1.00
排水明沟（平行时与沟边、交叉时与沟底）	1.00	0.50

注 1. 表中所列净距，应自各种设施（包括防护外层）的外沿算起。

2. 路灯电缆与道路灌木丛平行距离不限。

3. 表中括号内数字是指局部地段电缆穿管，加隔板保护或加隔热层保护后允许的最小净距。

4. 电缆与水管、压缩空气管平行，电缆与管道标高差不大于 0.50m 时，平行净距可减少至 0.50m。

（34）直埋电缆与电缆或管道、道路、构筑物等相互间容许最小距离见表 6-38。

表 6-38　　直埋电缆与电缆或管道、道路、构筑物等相互间容许最小距离　　（m）

电缆直埋敷设时的配置情况		平行	交叉
控制电缆之间		—	0.5①
电力电缆之间或与控制电缆之间	10kV 及以下电力电缆	0.1	0.5①
	10kV 以上电力电缆	0.25②	0.5①
不同部门使用的电缆		0.5②	0.5①
电缆与地下管沟	热力管沟	2③	0.5①
	油管或易燃气管道	1	0.5①
	其他管道	0.5	0.5①
电缆与铁路	非直流电气化铁路路轨	3	1.0
	直流电气化铁路路轨	10	1.0
电缆与建筑物基础		0.6③	—
电缆与公路边		1.0③	
电缆与排水沟		1.0③	
电缆与树木的主干		0.7	
电缆与 1kV 以下架空线电杆		1.0③	
电缆与 1kV 以下架空线杆塔基础		4.0③	

①用隔板分隔或电缆穿管时可为 0.25m。

②用隔板分隔或电缆穿管时可为 0.1m。

③特殊情况可酌减，且最多减少一半。

（35）电缆桥架与各种管道的最小净距见表 6-39。

表 6-39　　　　电缆桥架与各种管道的最小净距　　　　（m）

管 道 类 别		平 行 净 距	交 叉 净 距
一般工艺管道		0.4	0.3
具有腐蚀性液体（或气体）管道		0.5	0.5
热力管道	有保温层	0.5	0.5
	无保温层	1.0	1.0

（36）电缆沟、隧道中通道净宽允许最小值见表 6-40。

表 6-40　　　　电缆沟、隧道中通道净宽允许最小值　　　　（mm）

电缆支架配置及其通道特征	电缆沟沟深			电缆隧道
	≤600	600～1000	≥1000	
两侧支架间净通道	300	500	700	1000
单列支架与壁间通道	300	450	600	900

注　在 110kV 及以上高压电缆接头中心两侧 300mm 局部范围，通道净宽不宜小于 1500mm。

（37）电缆支架间垂直距离的允许最小值，见表 6-41。

表 6-41　　　　电缆支架间垂直距离的允许最小值　　　　（mm）

电缆电压级和类型、敷设特征		普通支架、吊架	桥 架
控制电缆明敷		120	200
电力电缆明敷	10kV 及以下，但 6～10kV 交联聚乙烯电缆除外	150～200	250
	6～10kV 交联聚乙烯	200～250	300
	35kV 单芯	250	300
	110～220kV，每层 1 根		
	35kV 三芯	300	350
	110～220kV，每层 1 根以上		
电缆敷设在槽盒中		$h+80$	$h+100$

注　h 表示槽盒外壳高度。

（38）最下层电缆支架距地坪、沟道底部的允许最小净距见表 6-42。

表 6-42 **最下层电缆支架距地坪、沟道底部的允许最小净距** （mm）

电缆敷设场所及其特征		垂直净距
电缆沟		500～100
隧道		100～150
电缆夹层	除下项外的情况	200
	至少在一侧不小于800mm 宽通道处	1400
公共廊道中电缆支架未有围栏防护		1500～2000
厂房内		2000
厂房外	无车辆通过可能	2500
	有汽车通过时	4500

（39）不同相的母线最小电气间隙见表 6-43。

表 6-43 **不同相的母线最小电气间隙**

额定电压（V）	最小电气间隙（mm）	额定电压（V）	最小电气间隙（mm）
$U \leqslant 500$	10	$500 < U \leqslant 1200$	14

（40）工程管线的最小覆土深度见表 6-44。

表 6-44 **工程管线的最小覆土深度** （m）

序　号		1	2	3	4	5	6	7
管线名称		电力管线		电信管线		热力管线		燃气管线	给水管线	雨水排水管线	污水排水管线

管线名称		直埋	管沟	直埋	管沟	直埋	管沟	燃气管线	给水管线	雨水排水管线	污水排水管线
最小覆土深度	人行道下	0.50	0.40	0.70	0.40	0.50	0.20	0.60	0.60	0.60	0.60
	车行道下	0.70	0.50	0.80	0.70	0.70	0.20	0.80	0.70	0.70	0.70

注 10 kV 以上直埋电力电缆管线的覆土深度不应小于 1.0m。

（41）氧化镁矿物绝缘电缆的弯曲半径见表 6-45。

表 6-45 **氧化镁矿物绝缘电缆的弯曲半径** （mm）

电缆外径 D	$D < 7$	$7 \leqslant D < 12$	$12 \leqslant D < 15$	$D \geqslant 15$
电缆内侧最小弯曲半径 R	$2D$	$3D$	$4D$	$6D$

注 转角或分支线如为单回线，则分支线横担距主干线横担为 0.60m；如为双回线，则分支线横担距上排主干线横担取 0.45m；距下排主干线横担取 0.60m。

（42）配电线路与铁路、公路、河流交叉时最小垂直距离，在最大弛度时不应小于表 6-46 中所列数值。

表 6-46　　　　　配电线路与铁路、公路、河流交叉时最小垂直距离　　　　　（m）

线路电压 （kV）	铁路至轨顶	公路	电车道	通航河流①
10	7.5	7.0	9.0	5
1 以下	7.5	6.0	9.0	1.0

①通航河流的距离系指与最高航行水位的最高船桅顶的距离。

（43）配电线路与各种架空电力线路交叉跨越时的最小垂直距离，在最大弛度时不应小于表 6-47 所列数值，且欠电压的线路应架设在下方。

表 6-47　　　　配电线路与架空电力线路交叉跨越时的最小垂直距离　　　　（m）

配电线路电压 （kV）	电力线路				
	1 以下	1～10	35～110	220	330
10	2	2	3	4	5
1 以下	1	2	3	4	5

（44）过引线、引下线的导线间及导线对地间的最小安全距离应不小于表 6-48 中的规定。

表 6-48　　　　过引线、引下线的导线间及导线对地间的最小安全距离

线　别	电压等级（kV）	距离（mm）
每相过引线、引下线与邻相过引线、 引下线或导线之间	1～10	300
	1 以下	150
导线与拉线、电杆 或物架之间	1～10	200
	1 以下	50
1～10kV 引下线与 1kV 以下线路间		200

（45）分相架设的低压绝缘接户线的线间最小距离见表 6-49。

表 6-49　　　　　　分相架设的低压绝缘接户线的线间最小距离　　　　　（m）

架设方式		档　距	线间距离
自电杆上引下		25 及以下	0.15
沿墙敷设	水平排列	4 及以下	0.10
	垂直排列	6 及以下	0.15

（46）跨接地线规格见表 6-50。

表 6-50 跨接地线规格 （mm）

管径 DN	圆钢	扁钢	管径 DN	圆钢	扁钢
15～25	φ5	—	50～63	φ10	25×3
32～38	φ6	—	≥70	φ8×2	25×3×2

（47）电气配管在敷设中还应注意与其他管道之间的安全距离，见表 6-51。

表 6-51 电气线路与管道间安全距离 （mm）

管 道 名 称	配线方式		穿管配线	绝缘导线明配线	裸导线配线
蒸气管	平行	管道上	1000	1000	1500
		管道下	500	500	1500
	交叉		300	300	1500
暖气管、热水管	平行	管道上	300	300	1500
		管道下	200	200	1500
	交叉		100	100	1500
通风、给水排水及压缩空气管	平行		100	200	1500
	交叉		50	100	1500

技能 77　熟悉室外低压架空线路的敷设要求

1. 线路特点

室外架空线路和电缆线路相比，架空线路的投资少，材料容易解决，安装维护方便，便于发现和排除故障。缺点是占地面积大，影响环境的整齐和美化，易遭雷击、鸟害和机械碰伤。

2. 使用条件

（1）配电线路的路径有足够的宽度。

（2）周围的环境无严重污染和强腐蚀性气体。

（3）电气设备对防雷无特殊的要求，或采用防雷措施后符合规范要求。

（4）地下管网不复杂，不影响埋设电杆。

（5）在满足上述各条件时，应尽量使用架空线路，以便同时解决路灯的架设。

3. 基本要求

低压架空线路的路径要根据建筑总图布置和地形特点，并满足规范所规定的与各种设施间最小安全距离的要求。低压架空线路与各种设施间的最小距离，见表 6-52。

表 6-52　　　　　　　　低压架空线路与各种设施间的最小距离　　　　　　　（m）

序号	线路经过地区或架设条件	最小距离
1	线路跨越建筑物的垂直距离	2.5
2	线路边线与建筑物的水平距离	1.0
3	线路跨越道路、树木弧垂最大时的最小垂直距离	1.0
4	线路边线在最大风偏时与道路、树木的最小水平距离	1.0
5	低压接户线对地最小垂直距离	2.7
6	低压接户线在跨越道路时至通车路面中心最小垂直距离	6.0
7	低压接户线在跨越道路时至人行道路面中心的最小垂直距离	3.0
8	低压接户线与下方窗户间的垂直距离	0.3
9	低压接户线与上方窗户或阳台间的垂直距离	0.8
10	低压接户线与墙壁、构架之间距离	0.05
11	线路与街道绿化树木之间的最小距离（含垂直和水平距离）	1.0
12	线路与居民区地面最小距离	6.0

4. 组成部分

低压架空线路的组成部分见表 6-53。

表 6-53　　　　　　　　　　低压架空线路的组成部分

项　目	内　容
导线	导线是架空线路的主体，担负着输送电能的作用。由于导线承受自身的重量和各种外力（如风力、冰雪覆盖等）的作用，以及受到大气中各种腐蚀性气体和尘埃的侵蚀，因此要求导线不仅应具有良好的导电性，而且还要有一定的机械强度（如在铝绞线中加入钢芯成为钢芯铝绞线）和耐腐蚀性能，还要求质量轻、价格低。由于架空线路的导线是利用空气作为绝缘和散热的介质，所以导线一般采用裸铝绞线或钢芯铝绞线，只有接近民用建筑的接户线才选用绝缘导线
电杆	电杆是支撑导线的支柱，主要要求有足够的机械强度和高度。此外，还要求经久耐用、价格低、便于搬运和架设等。 电杆有木杆（已很少使用）、钢筋混凝土杆（也称水泥杆）和铁塔三种，环状截面的水泥杆又有等径杆的拔梢杆之分。在低压架空线路中一般采用预应力钢筋混凝土拔梢杆
横担	横担是电杆上部用来安装绝缘子以固定导线的部件。有木横担（已很少用）、铁横担和瓷横担。低压架空线路常用镀锌角钢横担。横担固定在电杆的顶部，距顶部一般为300mm。现已广泛采用瓷横担

项　目	内　容
绝缘子	绝缘子又称瓷绝缘子，被固定在横担上，用来使导线之间、导线与横担之间保持绝缘，同时也承受导线的垂直荷重和水平拉力。对于绝缘子，要求其具有足够的电气绝缘强度和机械强度，对化学腐蚀有足够的防护能力，不受温度急剧变化的影响和水分渗入等特性。低压架空线路的绝缘子有针式和蝶式两种，耐压试验电压均为 2kV
金具	线路金具是架空线路上所使用的各种金属部件的统称，是连接导线、组装绝缘子、安装横担和拉线等，主要起连接或紧固作用。常用的金具有固定横担的抱箍和螺钉，用来连接导线的接线管、固定导线的线夹以及作拉线用的金具等。为了防止锈蚀，金具一般都采用镀锌铁件或铝制零件

5. 敷设要求

低压架空线路敷设（即施工）的主要过程是电杆测位和挖坑→立杆→组装横担→导线架设→安装接户线。

（1）应根据设计图样和现场情况，确定线路走向。

（2）立杆并可靠固定，将横担和金具进行组装。

（3）进行导线的架设和接户线的安装。敷设架空线路应严格按照有关技术规程进行，确保安全和质量要求。

6. 截面选择

（1）架空线路的截面选择。架空线的截面先按载流量初选，经电压损失校验合格后的导线截面，一般都能满足热稳定最小截面的要求。因此，一般可只校验前者，还时应满足与过负荷保护装置整定电流的匹配，低压线路中 TN 系统还应检验线路末端单相接地短路保护的灵敏度，如不能满足要求，可加大导线截面。按上述条件选定的导线截面不应小于架空配电线路按机械强度要求的最小截面，见表 6-54。但 1kV 及以下线路与铁路交叉跨越档处，铝绞线的最小截面面积为 35mm²；有中性线的低压线路，其中性线最小截面面积，见表 6-55。

表 6-54　　　　架空配电线路按机械强度要求的最小截面面积　　　　（mm²）

导线种类	高压线路		低压线路
	居民区	非居民区	
铝绞线或铝合金绞线	35	25	16
钢芯铝绞线	25	16	16
铜绞线	16	16	10

表 6-55   低压架空线的中性线最小截面面积   （mm²）

导线种类	相线截面积	中性线截面积
铝绞线或铝合金绞线	≤50	与相线截面相同
	50～70	不小于相线截面的 1/2，但不小于 50
铜绞线	≤35	与相线截面相同
	≥50	不小于相线截面的 1/2，但不小于 35

（2）接户线及进户线截面的选择。

1）由高低压最末一根电杆引入建筑物的线路，称为接户线。高压接户线的距离不宜大于 40m，低压接户线的距离不宜大于 25m，当超过上述距离时应加接户电杆。低压接户线应采用绝缘导线。

2）一栋建筑物应设一组接户线。当建筑物较长、容量较大时，特别是住宅建筑可设几处或每个单元设一组接户线。纯照明负荷线路 30A 及以下的用单相接户线，超过 30A 的用三相接户线。接户线应按载流量选择，并应考虑未来发展的可能性，所选的导线截面不应小于机械强度要求的接户线最小截面，见表6-56。

表 6-56   接户线按机械强度要求的档距和最小截面面积

电压等级	档距（m）	最小截面面积（mm²）	
		绝缘铝线	绝缘铜线
1kV 以下低压接户线	≤10	4	2.5
	10～25	6	10
6～10kV 高压接户线	≤40	铝绞线	25
		铜绞线	16

技能 78   掌握电缆线路的敷设要求

1. 结构

电缆线路主要包括电缆线、支撑物和防护层。不同的敷设方法及环境，对于支撑物和防护方式的要求也不同。电缆线路包括电缆和电缆的中间接头以及终端头。电缆线路的主体是电缆。电力电缆可分为油浸纸绝缘电力电缆、橡皮绝缘电力电缆、聚氯乙烯绝缘电力电缆三类。

油浸纸绝缘铅包电力电缆的优点是使用寿命长、耐压强度高、热稳定性好，缺点是制造工艺复杂、浸渍剂容易流淌。因此，使用油浸纸绝缘铅包电力电缆时要把最高允许温升限得很低，把敷设的水平差限得很小，在大型民用建筑和高层民用建筑中不能采用。新研制的不滴流浸渍型电缆，不但解决了浸渍剂的流淌问题，允许工作温度提高，且抗老化和稳定性也相应地提高，适用于垂直敷设和热带地区使用。

聚氯乙烯绝缘电力电缆的特点是制造工艺简单，没有敷设落差的限制，允许工作温度较高，电缆的敷设、维护、接续比较简便，具有较好的抗腐蚀性和一定的机械强度。现已广泛应用在民用建筑的低压电力线路中。

橡皮绝缘聚氯乙烯护套电力电缆，多用于交流500V以下的线路，和全塑电力电缆相比，其允许工作温度低些，柔软性较好。

为了使电缆能承受一定的机械外力和较大的拉力，可在电缆保护层外面加上各种形式的金属铠装。

低压线路使用的电压为1kV和0.5kV的四芯电缆，用于中性点接地的三相系统中。由于电缆线本身结构上的特点，在使用中要求其弯曲半径较大，支撑点间的距离较小，防止受压、受拉等机械损伤，在敷设电缆线路时要特别注意。

2. 敷设

电缆线路的敷设宜选择最短路径，以减少线路功率损耗及沿线电压损失，提高供电质量；结合已有的和拟建的建筑物位置，尽量避开规划中建筑工程需要开掘的地方，以防电缆受到机械损伤和不必要的搬迁；并应尽量避开或减少穿越公路、铁路、通信电缆及地下各种管道（热力管道、上下水管道、煤气管道等）。

电缆敷设方式有直接埋地敷设、排管内敷设、沿电缆沟敷设、沿电缆隧道敷设及沿架空线路的电杆敷设等，具体应按电缆敷设处的环境条件、电缆的数量、线型及载流量大小的经济比较决定敷设方式。若规划已就绪，土方开挖的可能性很小，对已建或拟建的建筑物供电已有较为明确的规划，沿路有较开阔的敷设地段，没有特殊污染的场所，电缆数量又不多时，宜采用直接埋地敷设。另外，当因负载大而选用载流量较大的电缆线型，为防止电缆间相互影响而导致电缆载流量的降低时，也宜采用直接埋地敷设。但若电缆线路较多，而且按规划沿此路径的电缆线路时有增加时，为检修及施工方便，应采用电缆沟敷设。当电缆数量相当多，采用电缆沟安装不下时，可采用电缆隧道敷设，适用于中小城市的城区供电、新建的经济开发区，占地面积达几十公顷的生活小区供电；也可采用电缆在排管内敷设。适用于路径较窄不宜直接埋地敷设的地段。

不论直埋、电缆沟敷设、凡跨越铁路、道路路面，引入建筑物内部或引出地面时，电缆都应采用穿管保护，以防电缆受到机械损伤。

（1）直接埋地敷设方式。

1）电缆埋深不小于0.7m，寒带应在冻土层以下，电缆上下左右应有沙、土保护，并覆盖保护板。

2）电缆通过有振动和承受压力的地段，如道路、建筑物基础等，应穿管加

144

以保护。

3）电缆线路与各种地下设施平行、交叉时的净距，应符合有关规范的要求。

4）电缆的弯曲半径应符合有关规范。

（2）电缆沟敷设方式。当电缆数量在 8～18 根，且沿同一路径敷设时，应选用电缆沟敷设，以便于维修。

1）在条件许可时，电缆沟底宜高出地面 100mm，以减少地面排水进入沟内。若高出地面影响交通，则应采用有覆盖层（0.3m 厚的土覆盖层）的电缆沟，应有排水措施。

2）电缆沟在进入建筑物时应有防火隔墙。电缆在电缆沟内应敷设在电缆支架上，支架上固定点之间的距离应符合相关规定的要求。

（3）电缆在地沟中敷设。当同一路径敷设的电缆根数在 18 根及以下时，或者同一路径敷设的电缆，随建设发展的需要常有变更时，或者敷设的路径受使用面积限制时，则采用电缆沟敷设。

1）电缆沟的路径应尽量沿着规划道路或小区干道，并便于接入建筑物，使进出线方便。应以最短距离为佳，同时应减少与其他管网交叉或穿越马路。

2）室外电缆沟的盖板宜高出地面 100mm，以减少地面积水进入电缆沟。当影响交通或电缆沟穿越车辆及人行的地段时，盖板可以与地面齐平，或者采用钢盖板。

3）室外电缆沟允许进水，但不能长期浸泡，应有排水措施，电缆沟底部应有不小于 0.5% 坡度的坡向室外排水沟。

4）在电缆沟中的电缆，水平最小净距为 35mm，且不得小于电缆外径；电缆支架的层间最小净距为 150mm。但为了不影响电缆散热，电缆间水平净距应为 100mm，电缆支架的层间间距应为 250～300mm。

5）电缆沟室内外相通时，在进入建筑物处应设立防火墙，电缆穿过防火墙应采用钢套管，套管与电缆之间的空隙应用耐火丝状物堵严。防火墙可用钢筋混凝土墙或预留洞后用铁夹板加防火材料堵实。室内、外电缆沟不相通，仅是室外电缆引入室内，则用混凝土或砖墙上预埋钢套管，钢套的内径应大于电缆直径 1.5 倍，且不小于 100mm。应使套管与基础结合严密不渗水，电缆与套管之间在室外用黄麻沥青或其他止水物堵严，以防止水渗入室内。

（4）电缆在排管中敷设。当电缆数量不超过 12 根，并与各种管道及道路交叉较多，路径比较拥挤，又不宜采用直埋或电缆沟敷设时，可采用电缆在排管中敷设。在排管内敷设的电缆可用塑料外护套电缆或裸铠装电缆。

1）排管可采用石棉水泥管或混凝土管，排管应一次预留足够的备用管孔，当无法预计时，除考虑散热孔外，可预留 10% 备用孔，但不得少于 1 个孔。

2）排管孔的内径不应小于电缆外径的 1.5 倍，安装电力电缆的孔径不应小于 90mm。

3）当地面均匀负载超过 10t/m² 或排管通过铁路时，必须采取加固措施，以防排管受机械损伤。

4）电缆排管安装时，应将沟底垫平夯实，并敷设不小于 80mm 厚的混凝土底板，管顶距地面不小于 0.7m。排管应朝向入孔并具有 0.5% 的排水坡度，在入孔处设集水井，用钢管通向排水沟自然排水，或用水泵排至排水沟。

5）在线路的转角、起端、始端及分支端应设电缆人孔井，在直线段上，为便于拉引电缆，应每隔 150m 设一个井。人孔井的净高不宜小于 1.8m，人孔井上部的直径不应小于 0.7m，以便使人进入井内拉线安装。

技能 79　熟悉室内低压线路的敷设方式与要求

1. 敷设方式

（1）民用建筑室内配电线路的敷设方式有明敷和暗敷。

（2）室内布线有绝缘导线用瓷（塑料）线夹、鼓形绝缘子及针式绝缘子明敷线；有塑料护套线用卡钉明敷，或塑料护套线用线槽在吊顶内敷设；有绝缘导线穿钢管明敷或暗敷；有绝缘线穿硬塑料管及半硬塑料管暗敷；有电缆沿室内电缆沟及隧道用支架或电缆托架敷设；有电缆沿建筑物梁柱用电缆托架（梯架或托盘）敷设或沿墙用支架敷设；有密集母线布线。

（3）在变配电站内变压器低压出线，高低压柜母线的连接不用密集母线时，可用铜排或铝排等裸导体连接，在民用建筑中除变配电站外，不允许用裸导体布线。各种布线可在建筑物内沿地坪、沿墙、沿吊顶、沿柱、沿梁或沿高层建筑内的电气竖井敷设。

（4）布线位置及敷设方式应根据建筑物性质、要求和用电设备的分布及环境特征等因素确定。在线路敷设的路径中，尽可能避开热源，必须平行或跨越敷设时，应不小于规范要求的距离；尽量避开有机械振动或易受机械冲击的场所，如柴油发电机的下方、电梯修理坑的下方不宜布线；尽量避开有腐蚀或污染的场所，如尽量不穿越卫生间、热交换间、开水间、厨房等；线路经过建筑物的伸缩缝及沉降缝时，应按规范要求进行处理。

1）所谓明敷，是指导线直接或在管子、线槽等保护体内，敷设于墙壁、顶棚的表面及桁架、支架等处。

2）所谓暗敷，是指导线直接或在管子、线槽等保护体内，敷设于墙壁、顶棚、地坪及楼板等内部，或者在混凝土板孔内敷线等。

2. 敷设要求

（1）瓷（塑料）线夹、鼓形绝缘子及针式绝缘子敷线。

1）瓷（塑料）线夹、鼓形绝缘子及针式绝缘子敷线，要求绝缘导线离地面的最小距离为：水平敷设不小于 2.5m，垂直敷设不小于 1.8m。

2）在室内沿墙、沿顶棚敷设时，其支点间距、导线允许最小截面、线间距离及离墙距离，见表 6-57。

表 6-57　　　　　　　　　　　绝缘子敷线的各类安装间距

敷设方式	绝缘导线截面面积（mm²）	固定点最大间距（m）	导线最小间距（m）	导线距建筑物最小距离（m）
瓷（塑料）线夹明敷	1～4	0.6	—	—
	6～10	0.8	—	—
瓷柱明敷	1～4	1.5	50	50
	6～10	2.0	75	50
	16～25	3.0	100	50
针式绝缘子明敷	16～25	6 及以下	100	50
	35 及以上	10 及以下	150	50

3）当绝缘导线在有高温辐射或对绝缘导线有腐蚀的场所明敷，则线间间距及至导线建筑物表面的距离，应满足表 6-58 的要求。

表 6-58　　　高温或有腐蚀场所的线间间距及导线至建筑物表面的净距　　　　　（m）

导线固定点间距	≤2	2～4	4～6	6～10
最小净距	75	100	150	200

（2）直敷布线。

1）顶棚内严禁采用直敷布线，也不得将塑料绝缘导线直接埋入墙壁和顶棚的抹灰层内，以免绝缘老化、开裂造成导线漏电伤人的严重后果。

2）在照明支线集中敷设的场合，常用塑料绝缘护套线安装在带盖的金属线槽中，每个线槽中的载流导线不宜超过 30 根，导线包括外护层的总截面不宜超过线槽截面的 40%。可安装在建筑物的吊顶内，沿线槽路径部位的吊顶，应能自由开启，以便线路维护检修。自线槽中引出的护套线穿管敷设，引至第一套灯具后可改用绝缘线穿管敷设。

3）塑料绝缘护套线卡钉明敷，适用于装修要求不高的照明布线中。水平敷设离地不小于 2.5m；垂直敷设离地不小于 1.8m，低于 1.8m 时应穿管敷设。

4）塑料护套线与接地线及不发热的管道交叉时，应加绝缘管保护，敷设在易受机械损伤的场所应用钢管保护。

（3）绝缘导线穿金属、塑料管明敷或暗敷。

1）明敷于潮湿场所，或埋地敷设的穿管线路，宜采用焊接钢管；明敷在干燥场所可用电线钢管；有酸碱盐腐蚀的环境，应采用硬聚氯乙烯管，在建筑物吊顶内敷设时，应采用钢管；在多层建筑及住宅建筑中的照明、弱电线路可采用塑料绝缘线穿 PVC 管敷设；爆炸危险场所应采用镀锌钢管。

2）导线穿管的一般要求：①穿金属管布线时，同一回路的相线及中性线应穿入同一根管中；②同一回路的相线、中性线及无抗干扰要求的控制线可穿入同一根管中；③电压低于 50V 的线路，不同回路也可穿入同一根管中；④同类照明的几个回路，可以穿入同一根管中，导线的根数不应多于 8 根；⑤穿入管中的导线总截面（包括外护层）不应超过管子内截面的 40%，穿两极导线时，管内径不应小于两根导线总外径之和的 1.35 倍（立管可取 1.25 倍）。单芯橡皮、塑料绝缘导线穿管管径见表 6-59。

表 6-59　　　　　　　　单芯橡皮、塑料绝缘导线穿管管径

导线截面面积（mm²）	管内导线根数														
	2	3	4	5	6	2	3	4	5	6	2	3	4	5	6
	钢管管径（mm）					电线管管径（mm）					塑料管管径（mm）				
1	15	15	15	15	15	15	15	15	15	15	16	16	16	16	16
1.5	15	15	15	15	15	15	15	15	20	20	16	16	16	20	20
2.5	15	15	15	15	15	15	15	20	20	25	16	16	16	20	20
4	15	15	15	20	20	15	20	25	25	25	16	16	20	20	25
6	15	15	20	20	25	15	20	25	25	25	16	20	20	25	25
10	20	25	25	32	32	25	25	32	32	40	20	25	32	32	40
16	20	25	32	40	40	32	32	40	40	50	25	32	40	40	40
25	32	40	50	70	70	50	50	70	70	70	40	50	50	70	70
35	40	50	70	—	70	70	70	70	70	—	50	50	70	80	80
50	40	—	70	—	—	70	70	70	—	—	50	70	80	100	100
70	70	—	—	—	—	—	—	—	—	—	70	80	100	100	—
95	70	—	—	—	—	—	—	—	—	—	100	—	—	—	—
120	—	—	—	—	—	—	—	—	—	—	100	—	—	—	—

3）穿管线路明敷时，其固定点间距，不应大于表 6-60 中所列的数值。

表 6-60　　　　　　　　　　　　　明敷管线固定点最大间距

管　类	标称管径（mm）				
	15～20	25～32	40	50	63～100
水煤气钢管	1.5	2	2	2.5	3.5
电线管	1	1.5	2	2	—
塑料管	1	1.5	1.5	2	2

4）穿线管路与热水管、蒸气管同侧敷设时，应敷在热水管与蒸气管的下方。如有困难，可敷设在其上，相互间的净距应不小于下列数值：当管线敷设在蒸气管下方为 0.5m，上面为 1.0m；当管线敷设在热水管下方为 0.2m，上面为 0.3m；如不能满足要求时，应采取隔热措施。

5）穿管线路明敷或暗敷，线路较长或有弯头，应加装拉线盒，以便穿线及换线。拉线盒之间的距离应符合下列要求：直线管路，不超过 30m；有一个弯头时，不超过 20m；有两个弯头时，不超过 15m；有三个弯头时，不超过 8m。当设置拉线盒有困难时，也可适当加大管径。在选择路径时，尽可能减少弯头。在地坪内敷设时，拉线盒可设在墙边或柱边距地面 0.3m 处。

6）暗敷于地下的管线不应穿过设备基础，穿过建筑物基础时应加保护套管。穿管线路经过建筑物的伸缩缝及沉降缝时，应采取相应措施，防止管线损坏。

（4）线槽布线。

1）线槽布线的一般要求。

a. 同一回路的所有相线和中性线应敷设在同一线槽中；同一路径中无防干扰要求的线路，也可敷设于同一线槽中；强、弱电线路应分槽敷设。线槽中的线路总截面积（包括导线外护层）不应超过线槽内截面的 40%，载流导线不宜超过 30 根。凡是 3 根以上载流导线在同一线槽内敷设，其载流量应按电缆在托架上敷设时的校正系数进行校正。控制信号等线路在线槽中敷设时，根数不限，但所有线路的总截面（包括外护层），不得超过线槽内总截面的 20%。

b. 在线槽内不宜有电缆及电线的接头，但可在开槽检修维护时，允许线槽内设分接头。接头与电缆的总截面（包括导线外护层）不宜超过该点线槽内截面的 75%。从线槽中引出的线路可穿金属管或塑料管敷设，在线槽上除应有的敲落孔外，还应有相应的管卡，以便穿线管与线槽的固定，便于穿线。金属线槽的分支、转角、终端及其接头在设计中应相应配合选用。线槽的接头不得设在穿过楼板或穿过墙壁处。

c. 线槽垂直或倾斜敷设时，应将线束在 1.5～2.0m 的间距上用线卡及螺钉固定在线槽上，以防导线或电缆在线槽内移动或因自重而下垂。

d. 线槽敷设时，支点间距可根据线槽规格及具体条件而定。

2）地面内暗装金属线槽布线要求。

a. 同一回路的所有导线，及同一路径中无防干扰要求的线路，均可敷设在同一线槽内。槽内电线或电缆的总截面（包括外护层）不超过线槽内截面的40％。强、弱电线路应分槽敷设，线路交叉处应设置有屏蔽分线板的分线盒，以防相互干扰。

b. 在线槽中不得有接线头，接线头应设在分线盒或线槽出线盒内。线槽在交叉、转弯、分支处及直线长度超过 6m 时设置分线盒，分线盒可与各类电源插座及弱电终端插座结合。

c. 由配电箱、电话分线箱及接线端子箱等引至线槽的线路，应采用金属管穿管暗敷，再与地面的分线盒相连接，或在终端连接直接引至线槽。

d. 线槽出口及分线盒不得突出地面，线槽出口及分线盒应做好防水密封处理。

技能 80　熟悉室内电缆的布线方式

（1）室内明敷。

1）室内明敷可用 VV、YJV 型电缆，沿墙沿柱支架敷设。支架间距及电缆固定点的间距水平敷设时为 1.0m，垂直敷设时为 1.5m；控制电缆水平敷设时为0.8m，垂直敷设时为 1.0m。当承受较大拉力而用铠装电缆时，其支架间距及固定点间距可为 3.0m。无铠装的电缆在室内明敷，水平敷设时距地不小于 2.5m，垂直敷设时不小于 1.8m；达不到要求时，水平敷设的电缆应采用钢丝网保护，垂直敷设的在距地面 1.8m 及以下处穿钢管保护。在电缆室、配电室及电气竖井中不受此限制。

2）电缆通过墙壁、地板时应加钢套管保护。明敷电缆过建筑物伸缩缝及沉降缝时，两边设管卡。管卡中间的电缆应具有一定弛度，使其具有伸缩余量，以防建筑物变形时电缆受拉力。

3）不同电压等级的电缆，明敷时宜分开敷设。同一电压等级的电缆之间间距不应小于 35mm，且不应小于电缆外径。1kV 以下的电力电缆可与控制电缆在同一支架上敷设，水平净距不应小于 0.15m。

4）电缆明敷时与热力管道的净距不应小于 1.0m，并应敷设在热力管道的下部；否则应采取隔热措施。当热力管道有保温设施时，电缆可在其上部或下部敷设，间距为 0.5m。电缆与非热力管道的净距不应小于 0.5m，否则应在接近段两端伸长 0.5m 的距离，在此段线路少时加套管保护，线路多时加钢丝网保护，防止电缆受到机械损伤。

5）电缆明敷有困难时，可采用穿管暗敷。如电缆进户线引入第一台配电箱处，或者明敷电缆自支架或电缆托架上沿墙下引至用电设备处，在沿墙离地 1.8m 处至设备这段电缆采用穿管沿墙明敷及埋地暗敷，其长度不应超过 15m，否则应改为绝缘线穿管敷设。

（2）室内电缆沟敷设。

1）民用建筑中室内电缆沟大部分在变、配电站内，如配电柜下部及柜后的辅沟中，在辅沟中设电缆支架，配电屏出线电缆按引出的先后次序排列在辅沟的电缆支架上。沟宽、支架长度、维护通道宽度、支架的支点间距、上下支架间距都应与室外电缆沟相同。

2）对于高层建筑，由于其变、配电站大部分设在地下室、转换层及避难层，设置电缆沟会影响下一层布局，因此可采用设置电缆夹层的做法，即变、配电站的室内地坪比外面其他用途的房间地坪高 1.0～1.2m。在此夹层中设电缆沟，高层中电缆沟不存在排水问题，在地下室的电缆沟向地下排水沟应有 0.5%～1% 的倾斜，可防止地下室电缆沟积水。

3）多层及一般建筑的变、配电站大都设在一层，变、配电站的地坪高于其他房间 0.3m 左右。在配电室内开电缆沟，应采用严格防水措施，以防沟壁及沟底渗水，应设 0.5%～1% 的坡度，并在最低点设集水井。沟不长时，积水可用人工淘，或临时用泵抽；沟长时在集水井中设潜水泵，将积水排至室外下水道，潜水泵可设水位自动控制。

（3）电缆托架、托盘布线。

1）电缆托架、托盘布线，适用于电缆数量较多、比较集中的场所，如变配电站引向各电气竖井、水泵房、空调机房的线路。在托架、托盘中的电缆应具有不延燃的外护层，如聚氯乙烯护套电缆。在潮湿及有腐蚀性的场所应选用聚氯乙烯护套电缆。

2）电缆托架、托盘水平敷设时，离地面的距离不应小于 2.5m；垂直敷设时，离地面 1.8m 以下应用金属盖板加以保护。在配电室可用钢丝网保护，在电气竖井及电缆室中可以不加任何保护，水平敷设时支点间距为 1.5～3m；垂直敷设时，其固定点间距不应大于 2m。电缆在托架和托盘上应在下列部位与托架托盘相固定：垂直敷设时每隔 1.5～2m 固定一次；水平敷设时，在电缆首端、终端、转弯及直线段每隔 1.5～2m 处进行固定。

3）电缆托架、托盘双层敷设时，层间间距控制电缆应不小于 0.2m；电力电缆应不小于 0.3m；弱电与强电电缆之间不小于 0.5m，如有屏蔽盖板时可为 0.3m；托架上部距顶棚或其他障碍物不应小于 0.3m。

4）不同电压等级、用途的电缆，不宜在同一层托架敷设。当受条件限制必须在同一层托架敷设时,高低压之间,弱电和强电之间应用隔板隔开。上一级负荷供电的两路电源及应急照明的电缆应采用阻燃型或耐火电缆。弱电中不同类别的电缆,如通信、电视电缆、火灾报警、BAS 等的电线电缆用托盘敷设时,也应用有钢板相互隔开的托盘敷设。无抗干扰要求的控制电缆可以与低压电力电缆在同一托盘或托架上敷设。

5)电缆托架、托盘不宜敷设在腐蚀性气体管道及热力管道的上方,也不应敷设在腐蚀性液体的管道下方,否则应用石棉板或其他防腐板进行防腐隔热处理。电缆托架、托盘与各种管道平行及交叉时的最小净距应符合表 6-61 的要求。

表 6-61　　　　电缆托架、托盘与各种管道平行及交叉时的最小净距　　　　　(m)

管 道 类 别		平行净距	交叉净距
一般工艺管道		0.4	0.3
具有腐蚀性液体(气体)管道		0.5	0.5
热力管道	有保温层	0.5	0.5
	无保温层	1.0	1.0

(4)紧密母线布线。

1)民用建筑中紧密母线布线主要用在变压器低压侧出线与低压配电柜的连接,双面排列的低压配电屏之间的母线跨接,大容量用电设备如水冷机组的主机 200kW 以上的泵类、柴油发电机与低压配电屏的连接,电气竖井中照明、空调、电力集中供电线路等。

2)紧密母线水平敷设时,离地不应低于 2.2m;垂直敷设时,距地 1.8m 以下应采用钢丝网加以保护,以免受到机械损伤。变、配电站及竖井中可以不加保护;水平敷设时,其支点间距不宜大于 2.0m,在转角、分支、始端、末端应有支持点,端头无引出、引入线时应封闭;垂直敷设时,在通过楼板处应用支件固定。

3)紧密母线过防火隔墙及地板应做防火封堵。紧密母线跨过建筑物的伸缩缝及沉降缝时,应在其两边的紧密母线上加装伸缩接头,使其有 5~12mm 的伸缩余地,以防建筑物沉降错位。

(5)竖井布线。

1)竖井位置及数量选择。一般竖井要求自上而下都要畅通,以便敷线,也可以在经过转换层或避难层后换位置。同时,应将照明、电力支线的长度限定在一定范围内,即支线压降不超过允许值,防止低压线路倒送。因此,竖井位置常顺着变配电站供电方向,选在靠近电梯、消防梯、空调机房旁位置,但不能与电梯井、其他设备管道井共用一个竖井。一般一个防火分区设 1~2 个竖井,

$2000\sim3000m^2$设置一个带竖井的配电小间。

2）竖井的井壁应为耐火极限不低于 1 h 的非燃烧体。竖井必须带配电小间，配电小间的门应向公共走道开启，门的耐火等级不低于丙级。竖井楼层间的地板孔，应用防火封堵隔离，紧密母线、电缆垂直托架、金属线穿过楼板孔处用金属隔板及防火堵料，或用防火隔板及防火堵料堵严。电缆及绝缘穿管线路，在过楼板处预埋套管、电缆及管线穿过套管后，套管两端管门的空隙用防火堵料或石棉丝堵严。

3）配电小间的大小及布置。配电小间强、弱电应分开，若弱电线路不多时，可与强电合用一个配电小间及竖井；强、弱电分开设置配电小间时，若小间一侧安装配电箱，配电箱与另一侧墙面的操作间距不小于 0.8m，则小室的最小宽度可取 1.5m；若小间中设紧密母线，由密集母线插接箱供每层照明、空调、电开水器用电时，应另外按供电区域设置 $1\sim3$ 个照明箱，一个备用照明箱，这时配电小间的长度可取 $3\sim3.5m$；配电小间中的设备也可采用双面布置，长度可减小，宽度应加大，中间的操作走道不应小于 1.2m。

4）竖井应有能安装双层托架的宽度及厚度、可装下紧密母线及其插接箱。因此，常在配电小间的窄面端部开最小净宽为 1500mm×600mm 的地板孔，上下贯通作供电竖井。弱电竖井的井道考虑到各种弱电的垂直敷线，常设置具有隔板的金属线槽，使广播、电话、消防、BAS 的干线分别安装在线槽的分隔位置中，以防相互干扰。竖井的最小开孔尺寸可为 1000mm×600mm；配电小间中可安装各类分支、操作站的设备时，配电小间的最小尺寸为 2000mm×1500mm，可靠近强电竖井，也可在每个防火分区中设 $1\sim2$ 配电小间。

5）强、弱电竖井及小间合用时，则竖井应设在小间的一端。强、弱电干线应分别设在竖井的两侧。此时，弱电应采用密闭式分隔线槽，并带密封盖板，以防干扰；强弱电设备应分别安装在小间的两侧，中间的走道宽度不应小于 1m；在小间另一端设置通向公共走道的、向外开的门。

第七章

低压配电系统设计

1. 一般要求

民用建筑配电系统的设计应根据工程规模、设备布置、负荷性质及用电容量等条件确定。建筑内用电设备多为低压设备，低压配电系统是建筑内的主要配电方式，必须保障各用电设备的正常运行，具体的要求，见表 7-1。

表 7-1　　　　　　　　　　　　民用建筑低压配电系统的配电要求

项　目	内　容
满足供电可靠性要求	低压配电线路首先应当满足民用建筑所必须的供电可靠性要求。保证用电设备的正常运行，杜绝或减少因事故停电造成的政治上、经济上的损失。应根据不同的民用建筑对供电的可靠性要求和民用建筑的用电负荷等级，确定供电电源和供电方式。供电的可靠性是由供电电源、供电方式和供电线路共同决定的
满足用电质量要求	低压配电线路应当满足民用建筑用电质量的要求。用电质量主要是指电压、频率和波形质量，主要指标为电压偏移、电压波动和闪变、频率偏差、谐波等。电压偏移应符合额定电压的允许范围。不同的用电设备的配电线路的设计应合理，考虑线路的电压损失。一般情况下，低压供电半径不宜超过 250m。照明、动力线路的设计应考虑电力负荷所引起的电压波动不超过照明或其他用电设施对电压质量的要求
满足用电负荷发展要求	低压配电线路应能适应用电负荷发展的需要。由于近年各类用电设备的发展非常迅速，因此在设计时应进行调查研究，参照当地现行有关规定，适当考虑未来发展的要求。同时，配电设备（如低压配电屏或低压配电箱）应根据发展的需要留有适当的备用回路
其他要求	(1) 低压配电线路应接线简单，并具有一定的灵活性。 (2) 电压等级一般不宜超过两级。 (3) 配电操作安全，维修方便。 (4) 合理分配单相用电设备，达到三相负荷平衡。 (5) 节省有色金属的消耗，减少电能的损耗，降低运行的费用

2. 分类要求

（1）居住小区和住宅低压配电要求。

1）居住小区配电系统通常采用放射式和树干式，或两者相结合的方式。为提高小区配电系统的供电可靠性，也可采用环形配电网络。

2）居住小区内的多层建筑群宜采用树干式或环形配电系统，其照明与动力负荷可采用同一回路供电，但当动力负荷引起的电压波动超过照明等用电设备允许的波动范围时，其动力负荷应由专用回路供电。居住小区内的高层建筑则宜采用放射式配电，照明和动力负荷宜以不同回路、分别供电。

3）多层住宅的低压配电系统及计量方式应符合当地供电部门的要求，应以一户一表计量，可将分户计量表全部集中于首层（或中间某层）电表间内，配电支线以放射式配电至各户。公用走道、楼梯间照明及其他公用设备用电计量可采取：设公用电能表，分户均摊；设置功率均分器，分配至各户计量表等。

4）居住小区内路灯照明应与城市规划相协调，宜以专用变压器或专用回路供电。

（2）多层建筑低压配电要求。

1）多层建筑低压配电设计应满足计量、维护管理、供电安全和可靠性要求，应将照明与动力负荷分成不同配电系统。

2）一般多层民用建筑，对于较大的集中负荷或较重要的负荷应从配电室放射式配电；对于各层配电间或配电箱的配电，宜采用树干式和分区树干式。每个树干式回路的配电范围，应根据用电负荷的密度、性质、维护管理及防火分区等条件综合考虑确定。

3）由层配电间或层配电箱至各分配电箱的配电，宜采用放射式或与树干式相结合的方式，照明和动力负荷应分别设表计量。

（3）高层建筑低压配电要求。

1）高层建筑低压配电系统的确定，应满足计量、维护管理、供电安全及可靠性的要求，应将照明与动力负荷分成不同的配电系统，消防及其他防灾用电设施的配电应自成体系。

2）对于容量较大的集中负荷或重要负荷宜从配电室以放射式配电。各层配电间的配电宜采用：工作电源采用分区树干式，备用电源也采用分区树干式或由首层到顶层垂直干线的方式；工作电源和备用电源均采用由首层到顶层垂直干线的方式；工作电源采用分区树干式，备用电源取自应急照明等电源干线。

3）高层建筑内的应急照明、消防及其他防灾用电设施，以及其他重要用电负荷的工作电源与备用电源应在末端自动切换。

4）高层建筑的配电箱设置和配电回路划分，应根据负荷的性质和密度、防火分区、维护管理等条件综合确定。

5）各楼层配电箱至用电负荷的分支回路，对于旅馆、饭店、公寓等建筑物内的客房，宜采用每套房间设一只分配电箱的树干式配电，每套房间内根据负荷性质设若干支路；或者采用对房间按不同用电类别，分别设置配电的方式，但对贵宾间宜采取专用分支回路供电。

技能 82　熟悉低压配电系统的配电方式

1. 基本配电方式

民用建筑低压配电线路的基本配电方式（基本接线方式）有放射式、树干式和环形三种，见表 7-2。

表 7-2　　　　　　　　　　　　　　　基本配电方式

项 目	内 容	图示
放射式接线	优点是配电线相对独立，发生故障时影响停电的范围较小，供电可靠性较高；配电设备比较集中，便于维修。但采用的导线较多，有色金属消耗量较大，占用较多的低压配电盘回路，从而使配电盘投资增加。 具有下列情况时，低压配电系统宜采用放射式接线。 （1）容量大、负荷集中或重要的用电设备。 （2）每台设备的负荷不大，但位于变电站的不同方向。 （3）需要集中联锁启动或停止的设备。 （4）对于有腐蚀介质或有爆炸危险的场所，其配电及保护启动设备不宜放在现场，必须由与其相隔离的房间引出线路	
树干式接线	不需要在变电站低压侧设置配电盘，而是从变电站低压侧的引出线经过空气断路器或隔离开关直接引至室内，这种配电方式使变电站低压侧结构简单，减少了电气设备的用量，有色金属消耗小，系统灵活性较好	
环形接线	分为闭环和开环两种运行状态，从图中可以看出，此图是闭环状态。当任一段线路发生故障或停电检修时，都可以由另一侧线路继续供电，可见闭环运行供电可靠性较高，电能和电压损失也较小。但是闭环运行状态的保护整定复杂。若配合不当，容易发生保护误动作，使事故停电范围扩大。因此，在正常情况下，一般不用闭环运行，而选用开环运行。但开环运行发生故障时会中断供电，故环形配电线路一般只用于对二、三级负荷供电	

2. 其他配电方式

除上述三种基本接线方式外，还有链式和混合式。链式接线适用于距离配电盘较远而彼此相距又较近的不重要的小容量用电设备。链式接线所连接的设备一般不宜超过 4 台，电流不宜超过 200A。由于链式线路只设置一组总的保护，故供电可靠性较差，现已很少采用，但在住宅建筑照明线路中经常被采用。

技能 83　熟悉低压配电系统设计的内容

1. 设计原则

（1）低压配电系统设计应根据工程性质、规模、负荷容量及业主要求等综合考虑确定。

（2）自变压器二次侧至用电设备之间的低压配电级数不宜超过三级。

（3）各级低压配电屏或配电箱，应根据发展的可能性留有适当的备用回路。没有预留要求时，备用回路数宜为总回路数的 25%。

（4）由公用电网引入的低压电源线路，应在电源进线处设置电源隔离开关及保护电器。由本单位变、配电站引入的专用回路，可装设不带保护的隔离电器。

（5）由树干式系统供电的配电箱其进线开关宜选用带保护的开关；由放射式系统供电的配电箱，其进线开关可选用隔离开关。

（6）单相用电设备，宜均匀地分配到三相线路。

2. 设计要求

（1）供电可靠性和供电质量应满足规范要求。

（2）系统接线简单，并具有一定的灵活性。

（3）操作安全，检修方便。

（4）节省有色金属消耗，减少电能损耗。

（5）经济合理，推广先进技术。

3. 设计要点

（1）多层建筑。

1）配电系统应满足计量、维修、管理、安全、可靠的要求。电力照明应分成不同的配电系统。

2）电缆或架空进线，进线处应设有电源箱，或选用室外型电源箱，安装在室外。

3）多层住宅的楼梯灯电源、保安对讲电源及电视前端箱电源等公用电源，应单独装设计费电表。

4）多层住宅的垂直干线，宜采用单相供电系统。

5）住宅建筑的计费方式应满足供电管理部门的要求。

6）底层有商业设施的多层住宅，电源应分别引入，分别设置电源进线开关。商店的计费电表宜安装在各核算单位，或集中安装在电表箱内。

7）对除住宅建筑以外的其他多层建筑的配电系统，应按下列原则设计：①对于向各层配电小间或配电箱供电的系统，宜采用树干式或分区树干式系统；②每路干线的供电范围，应以容量、负荷密度、维护管理及防火分区等条件综合考虑；③由层配电间或层配电箱向本层各分配电箱的配电，应以放射式或与树干式相结合的方式设计。

8）学生单身宿舍配电线路应设保护设施；对公寓式单身宿舍及有计费要求的单身宿舍，宜设置计费电能表。

（2）高层建筑。

1）根据照明及动力负荷的分布状况，宜分别设置独立的配电系统。消防及其他的防灾用电设施宜自成配电系统。一级负荷应在末端一级配电箱处设置双电源自动切换。

2）对重要负荷（如消防电梯等），应从配电室以放射式系统直接供电。

3）向高层供电的垂直干线系统，视荷负大小及分布状况，可采用以下形式：①插接母线式系统，根据功能要求宜分段供电；②电缆干线式系统，线路宜采用预制分支电缆，供电范围视负荷分布情况决定；③应急照明可以采用分区树干式或树干式系统。

4）高层住宅楼层配电，宜采用单相配电方式，选用单相电能表；其走廊、楼梯间、电梯厅等公用场所，宜由电能表统一计费。

5）计费电能表后宜装设断路器，其电能表宜安装在各层配电间的电表箱内。

6）高层宾馆、饭店宜采用在每套客房内设置小型配电箱，由配电间配电箱引出回路以放射式或树干式向分配电箱供电，贵宾房应采用放射式供电。

（3）居住小区。

1）合理采用放射式、树干式，或是二者相结合的配电方式。为提高供电的可靠性也可以采用环形网络配电。

2）小区供电宜留有发展的备用回路。

3）一般住宅多层建筑群，宜采用树干式或环形供电。电源箱可放在一层或室外。

4）小区以外的多层其他建筑，或有较大的集中负荷及有重要的建筑宜由变电站设专线回路供电。

5）小区内高层建筑，18层及以下视用电负荷的具体情况，可采用放射式或树干式供电系统，电源箱放在一层或地下室内，电源箱至室外应留有不少于两回路的备用管，管径 $DN150$，照明及动力电源应分别引入。

6）一类高层（19层及以上）建筑，宜采用放射式系统由变电站设专线回路供电，且动力、照明及应急电源应分别引入。

7）小区路灯的电源，应与城市规划相协调，供电电源宜由专用变压器或专用回路供电。

（4）配电间。

1）配电间的基本要求如下：①宜设在负荷中心，进出线方便，上下贯通。②配电间的数量视楼层的面积大小和楼体体形及防火分区等综合考虑，一般以 $800m^2$ 左右，设一个配电间为宜。当末级配电箱或控制箱，集中设置在配电间时，其供电半径宜为 $30\sim50m$。③配电间的大小视电气设备的数量确定。需进人操作的，其操作通道宽度不小于 $0.8m$；不进人操作的，可只考虑管线及设备的安装，但配电间的深度不宜小于 $0.5m$。④配电间的门应向外开，不宜低于乙级防火门的标准。配电间的墙壁应是耐火极限不低于 $1h$ 的非燃烧体。⑤有条件时配电间与弱电间宜分开设置，或设置隔离措施。⑥高层的进人配电间，应设有照明等设施。

2）配电间内设备安装要求如下：①配电间电气设备安装完毕后，所有孔洞应封堵，电缆桥架、插接式母线等通过楼板处的孔洞应堵塞严密。②配电间内设备布置，电缆桥架与照明箱，或照明箱与插接母线之间净距不小于 $100mm$。③配电间内高压、低压或应急电源的电气线路，相互之间应大于等于 $300mm$，或采取隔离措施，且高压线路应设有明显标志。强电和弱电线路，宜分别设置在各自的配电间和弱电间内；如受条件限制必须合用房间时，强电与弱电线路应分别在配电间（弱电间）两侧敷设或采取隔离措施，以防止强电对弱电的干扰。

（5）电力配电箱、照明配电箱。

1）电力配电箱（控制箱）：①控制箱宜设置在被控设备的附近。②链式接线系统，动力箱台数不宜超过 5 台。③控制箱或动力箱电源进线，当采用链式进线方式时应设有隔离功能的保护电器，并选择性配合；当进线是专线回路供电时，可只设隔离电器。④控制回路电压等级除有特殊要求者外，宜选用交流 220V 或 380V。

2）照明配电箱：①照明配电箱的设置宜按防火分区布置并深入负荷中心。②照明配电箱的供电范围宜考虑：分支线供电半径宜为 $30\sim50m$；分支线截面不小于 $2.5mm^2$ 的铜导线。

技能 84　　了解低压配电系统设计常用数据

（1）熔断器与断路器选择性配合，见表 7-3。

表 7-3 熔断器与断路器选择性配合

上级 分断电流（kA） 下级		上级熔断器熔体额定电流（A）								
		20	25	32	50	63	80	100	125	160
断路器过电流 脱扣器整定电流 （A）	6	0.5	0.8	2.0	3.3	5.5	6.0	6.0	6.0	6.0
	10	0.4	0.7	1.5	0	3.5	5.0	6.0	6.0	6.0
	16			1.3	2.0	2.9	4.1	6.0	6.0	6.0
	20				1.8	2.6	3.5	5.0	6.0	6.0
	25				1.8	2.6	3.5	5.0	6.0	6.0
	32					2.2	3.0	4.0	6.0	6.0
	40						2.5	4.0	6.0	6.0
	50							3.5	5.0	6.0
	63							3.5	5.0	6.0

（2）微型断路器当以环境温度 30℃ 为基准整定时的温度修正值见表 7-4。

表 7-4 微型断路器当以环境温度 30℃ 为基准整定时的温度修正值

整定电流 （A）	在下列环境温度时，整定电流修正值								
	20℃	25℃	30℃	35℃	40℃	45℃	50℃	55℃	60℃
1	1.05	1.03	1.00	0.97	0.94	0.91	0.88	0.85	0.82
3	3.18	3.09	3.00	2.91	2.82	2.73	2.61	2.52	2.40
6	6.30	6.18	6.00	5.82	5.64	5.52	5.34	5.16	4.92
10	10.7	10.3	10.0	9.60	9.30	8.90	8.50	8.10	7.60
16	19.96	16.48	16.00	12.52	15.04	14.56	14.08	13.44	12.96
20	21.2	20.6	20.0	19.41	18.81	18.21	17.41	16.80	16.00
25	26.5	25.75	25.0	24.25	23.25	22.50	21.5	20.75	19.75
32	33.92	32.96	32.0	31.04	30.08	28.80	27.84	26.56	25.6
40	42.8	41.6	40.0	38.4	36.8	35.2	33.6	32.0	30.0
50	54.0	52.0	50.0	48.0	46.0	43.5	41.0	38.5	36.0
60	67.41	62.52	60.0	58.48	58.59	56.07	53.55	50.4	47.88

（3）断路器当以环境温度 40℃ 为基准整定时的温度修正值见表 7-5。

表 7-5　　　　　断路器当以环境温度 40℃ 为基准整定时的温度修正值

整定电流 (A)	在下列环境温度时，整定电流修正值								
	20℃	25℃	30℃	35℃	40℃	45℃	50℃	55℃	60℃
50	57.5	56.0	54.0	52.0	50.0	48.0	45.5	43.5	41.0
63	72.5	70.5	68.0	65.5	63.0	60.5	57.5	54.5	51.5
80	92.0	89.0	86.0	83.0	80.0	76.5	73.5	69.5	66.0
100	115.0	111.5	108.0	104.0	100.0	96.0	91.5	87.0	82.5

（4）配电用断路器过电流断路器的反时限断开动作特性见表 7-6。

表 7-6　　　　　配电用断路器过电流断路器的反时限断开动作特性

脱扣器种类	电流整定值 (A)	约定不脱扣电流 (A)	约定脱扣电流 (A)	约定时间 (h)	周围环境温度 (℃)
无温度补偿	$I_{zd} \geqslant 63$	$1.05I_r$	$1.35I_r$	1	20 或 40
	$I_{zd} > 63$	$1.05I_r$	$1.25I_r$	2	生产厂有规定者除外
有温度补偿	$I_{zd} \geqslant 63$	$1.05I_r$	$1.30I_r$	1	+20
		$1.05I_r$	$1.40I_r$	1	−5
		$1.05I_r$	$1.30I_r$	1	+40
	$I_{zd} > 63$	$1.05I_r$	$1.25I_r$	2	+20
		$1.05I_r$	$1.30I_r$	2	−5
		$1.05I_r$	$1.25I_r$	2	+40

（5）断路器长延时脱扣器动作特性见表 7-7。

表 7-7　　　　　断路器长延时脱扣器动作特性

试验电流脱扣器额定电流倍数	脱扣时间
1.0	不动作
1.3	<1h
2.0	<1min
3.0	可返回时间>3s、8s、15s

（6）常用舞台机械类别见表 7-8。

表 7-8　　　　　　　　　　　　常用舞台机械类别总表

序号	名　称		位　置	控　制	容量（kW）	备注
1	旋转舞台（驱动、循环）		舞台下	舞台右侧动力盘内	2×5.5，1×10	配电盘内就地控制
2	升降乐池		舞台下	舞台右侧动力盘内	5.5	配电盘内就地控制
3	电动吊杆		天桥	天桥控制台	2.2	
4	电动吊点		伸出舞台吊顶内	天桥控制台	2.2	或称吊钩
5	运景梯		剧场右侧台外面	舞台右侧动力盘内	5.5	配电盘内就地控制
6	灯光渡桥		顶光、天排光处	天桥控制台	5.5～10	
7	推拉幕		台口处	舞台右侧动力盘内	2.2	
8	大、二、三道幕护幕		台口处	舞台右侧动力盘内	1.1	放映室也可控制护幕
9	假台口		台口处	舞台右侧动力盘内	3.5	
10	升降台		台口处	舞台右侧动力盘内	3×11	放映室也可控制
11	变框		台口处	舞台右侧动力盘内	0.6	
12	灯光吊笼		顶光、天排光处	天桥控制台	8×11	
13	银幕架	提升	台口处	舞台右侧动力盘内	1.5	放映室也可控制
		左右照幅	台口处	舞台右侧动力盘内	0.4	
		上下照幅	台口处	舞台右侧动力盘内	1.0	

（7）不同类型剧场舞台尺寸和灯光回路见表 7-9。

表 7-9　　　　　　　　　　不同类型剧场舞台尺寸和灯光回路

剧场类型	舞台尺寸（m）			灯光回路（路）
	宽	深	高	
大型剧场	＞30	＞25	＞30	180～360
中型剧场	16～30	16～25	25～30	120～180
小型剧场	＜16	＜16	＜25	45～90

（8）舞台灯光的分类及性质见表7-10。

表 7-10　　　　　　　　　　舞台灯光的分类及性质

序号	名称	安装场所	照明目的	灯具名称	灯泡功率（W）	使用状态
1	顶光	舞台前部可升降的吊杆或吊桥上	对天幕、纱幕会议照明	泛光灯 聚光灯	1000～1250	可移动
2～6	顶光	舞台前顶部可升降的吊杆或吊桥上	对舞台均匀整体照明，是舞台主要照明灯光	无透镜聚光灯近程 轮廓聚光灯 泛光灯	300～1000	可移动
7	天排光	舞台后天幕上部的吊杆上	上空布景照明，表现自然现象，要求光色变换	泛光灯 投景幻灯	300～1000	固定
8	地排灯	舞台后部地板槽内	仰射天幕，表现地平线上的自然现象	地排灯 泛光灯	1000～1250	固定 移动
9	侧光	舞台两侧天桥上	作为面光的补充，演出者的辅助照明，并可加强布景层次的透视感	无透镜回光灯 聚光灯 柔光灯 透镜回光灯	500～1000	固定 移动
10	柱光	舞台大幕内两侧的活动台口或铁架上	投光照明，投光范围和角度可调节，照明表演区的中后部，弥补面光耳光之不足	近程轮廓聚光灯 中程无透镜回光灯	500～1000	固定 移动
11	流光灯	舞台两翼边幕处塔架上	追光照明，投光范围和角度可调节，加强表演区局部照明	舞台追光灯 低压追光灯	750～1000	固定
12	一道面光	观众厅的顶部	投射舞台前部表演区，投光范围和角度可调节	轮廓聚光灯 无透镜聚光灯 少数采用回光灯	750～1000	固定
13	二道面光					
14	中部聚光灯	观众厅后部	主要投射表演者	远程轮廓聚光灯	750～2000	固定

（9）舞台灯回路分配见表7-11。

表7-11 舞台灯回路分配

剧场类型	小型剧场（礼堂）		中型剧场（礼堂）			大型剧场（礼堂）			特大型剧场（礼堂）		
灯光回路 灯光名称	调光回路（路）	直通回路（路）	调光回路（路）	直通回路（路）	特技回路（路）	调光回路（路）	直通回路（路）	特技回路（路）	调光回路（路）	直通回路（路）	特技回路（路）
二楼前沿光	—	—	—	—	—	6	3	—	12	3	3
面光	10	2	18	3	1	26	3	3	42	6	3
指挥光						1			3		
耳光	10	2	18	3	2	30	4	6	46	6	6
一顶光	6	—	8	—	—	15	—	2	27	—	3
二顶光	—	—	4	—	—	9	—	3	12	—	3
三顶光	—	—	8	—	—	15	—	3	21	—	3
四顶光	—	—	7	—	—	6	—	1	12	—	1
五顶光	—	—	9	—	—	12	—	2	15	—	2
六顶光	—	—	—	—	—	6	—	1	11	—	3
乐池光	—	—	3	—	—	3	2	—	6	—	2
脚光	—	—	3	—	—	3	—	3	12	—	3
柱光	—	—	12	2	2	24	4	—	36	6	—
吊笼光	—	—	—	—	—	48	—	8	60	6	8
侧光	20	—	12	2	2	6	4	2	10	—	4
流动光	—	—	4	—	—	10	6	—	14	8	—
天幕光	14	3	14	2	2	20	6	3	30	6	3
合计	60	7	120	11	9	240	32	37	360	72	45

（10）不同建筑5min载客率指标见表7-12。

表7-12 不同建筑5min载客率指标

建筑类别		5min载客率	上行：下行（交通量）	平均等候时间（s）
办公楼	同时上班	16%~25%	早晨上班，下行为零	30s以下良好 30~40s较好 40s以上差
	非同时上班	16%~12.5%		
住宅、公寓、旅馆		8%~12.5%	3：2	60、80、100
百货商店		15%~10%	1：1	
医院	大型	15%~20%	1：1	40s以下
	中小型	12%~16%	1：1	

（11）电梯主参数初选见表7-13。

表 7-13 　　　　　　　　　　　　　　　**电梯主参数初选**

建筑物用途及规模		轿厢额定荷载（kg/人）	轿厢行程（m）	最小额定速度（m/s）	台数初估
办公楼	小型	1000/13～15	0～36	1.5～2	约1台/200～300人
		1250/16～19	36～70	2.5～3	
	中型	1250/16～19	36～70	2.5～3	
		1500/20～23	70～85	3.5	
	大型	1500/20～23	85～115	4	
		1600/21～24	≥115	≥5	
旅馆	中小型	750/13～15	0～36	1.5～2	约1台/100客房服务梯：按40%客梯估算
		800/10～12	36～70	2.5～3	
		100/13～15			
		1250/16～19	70～85	3.5	
	大型（400客房以上）	1250/16～19	85～115	4	
		1500/20～23			
		1600/21～24	≥115	≥5	
医院			0～20	0.75	
		1000/13～15	20～30	1.0	
		1250/16～19	30～40	1.25～1.5	
		1500/20～23	40～55	1.75～2	
		1600/21～24	55～80	2.5～3	
		2000/26～30	＞80	3.5	
住宅楼		630/8～9	0～20	0.75	
		750/10～11	20～40	1.0～1.5	
		800/10～12	40～60	1.5～1.75	
		1000/13～15	＞60	≥1.75～2	
		1250/16～19			
百货商店	中小型	1000/13～15	0～30	1.5～1.75	
		1250/16～19			
	大型	1500/20～23	30～45	1.75～2	
		1600/21～24	45～60	2～2.5	
		2000/26～30	＞60	≥2.5	

（12）AC-2双速电梯主要技术指标见表7-14。

表 7-14				AC-2 双速电梯主要技术指标		
电梯类型	定员（人）	载重量（kg）	运行速度（m/s）	电动机容量（kW）	铜导线（mm²）	断路器整定值（A）
乘客电梯	11	750	1.0	7.5	10	32
	13	900		11	50	80
	15	1000		11	50	80
	17	1150		15	50	80
	11	750	1.5	11	50	80
	13	900		15	50	80
	15	1000		15	50	80
	17	1150		18.5	70	100
	11	750	1.75	15	50	80
	13	900		15	50	80
	15	1000		18.5	70	100

（13）VVVF（变频变压调速）电梯主要技术指标见表 7-15。

表 7-15				VVVF（变频变压调速）电梯主要技术指标		
电梯类型	定员（人）	载重量（kg）	运行速度（m/s）	电动机容量（kW）	铜导线（mm²）	断路器整定值（A）
乘客电梯	13	900	2.0	18	35	63
	15	1000		18	35	63
	17	1150		20	35	63
	20	1350		22	50	80
	24	1600		27	70	100
	13	900	2.5	22	50	80
	15	1000		22	50	80
	17	1150		24	50	80
	20	1350		27	70	100
	17	1150	3.0	24	50	80
	20	1350		27	70	100
	24	1600		33	70	100
	17	1150	3.5	27	70	100
	20	1350		33	70	100
	24	1600		39	120	160
	17	1150	4.0	33	70	100
	20	1350		39	120	160
	24	1600		43	120	160

（14）ACVV（可控硅调压调速）电梯主要技术指标见表 7-16。

表 7-16   ACVV(可控硅调压调速)电梯主要技术指标

电梯类型	定员(人)	载重量(kg)	运行速度(m/s)	电动机容量(kW)	铜导线(mm²)	断路器整定值(A)
乘客电梯	11	750	1.0	7.5	10	32
	13	900		9.5	25	50
	15	1000		9.5	25	50
	17	1150		11	25	50
	11	750	1.5	9.5	25	50
	13	900		13	35	63
	15	1000		13	35	63
	17	1150		15	35	63
	11	750	1.75	11	25	50
	13	900		15	35	63
	15	1000		15	35	63
	17	1150		18.5	50	80

(15) 自动扶梯主要技术指标见表 7-17。

表 7-17   自动扶梯主要技术指标

自动扶梯宽度(mm)	最大提升高度(mm)	运输能力(人/h)	运行速度(m/s)	倾斜角(°)
600	3000~11 000(提升高度超过标准时,可增加驱动级数)	4000~5000	0.5 0.65	27.3
800		8000~9000		30
1000	3000~7000	8000~11 000		35

电动机功率(kW)	电动机额定电流(A)	铜导线最小截面(mm²)	断路器整定值(A)
3.7	9	6	20
5.5	13	10	25
7.5	17	10	32
11	24	25	50
15	32	35	63

(16) PX(R)型照明配电箱主要技术数据见表 7-18。

型号	总开关数量（个）DZ10-100 DZ15-60(40)	分开关数量（个）		外形及安装尺寸（mm）					
				悬挂式			嵌入式		
		DZ15-40/390	DZ15-40/190	H	A	B	H	A	B
PX3-A	1		3	300	304	250	300	328	—
PX3-B	1	1		300	304	250	300	328	—
PX6-A	1		6	380	384	330	380	408	—
PX6-B	1	2		380	384	330	380	408	—
PX9-A	1		9	460	464	410	460	488	—
PX9-B	1	3		460	464	410	460	488	—
PX12-A	1		12	540	544	490	540	568	—
PX12-B	1	4		540	544	490	540	568	—

技能 85   熟悉低压配电箱的内容

1. 含义

低压配电箱是工作在交流电压 1200V 及以下或直流电压 1500V 及以下的电路中对电能的接受、分配、计度，并直接对设备用电实施控制的电气设备，在供配电系统中是配电屏（或称配电柜）后一级的成套电气设备，是动力工程及照明工程的电气控制、保护的关键设备。

2. 分类

（1）按功能分类：动力（往往又称电力）、照明、计量和控制。

（2）按制造标准分类：标准和非标准。

（3）按安装方式分类：明装（又称挂墙或悬挂式）、暗装（又称嵌入式）及落地（往往又称配电柜）。

（4）按安装地点分类：户内及户外。

（5）按装配结构分类：板式、箱式及柜式。其中板式又分铁板和木板，后者因其安全绝缘性能差，几乎不用。板式仅在施工时现场临时用电场合出现。而箱式和柜式主要在于容量（即内部元件规格）大小之别。一般动力配电箱以柜式为主，照明配电箱几乎都是箱式。柜式安装方式自然是落地安装。又分为前维护、后维护及前后两面维护，这涉及安装尺寸及布置。

3. 构成

低压配电箱的构成部分，见表 7-19。

表 7-19　　　　　　　　　　　　低压配电箱的构成部分

项目	内　　　容
壳体	(1) 钢壳为薄钢板冲压、焊接而成。其中个别还要用到型材。钢壳的表面处理一定要良好，然后分电镀及涂料两种。电镀多为镀锌，且为彩色镀锌（不是镀亮锌）。涂料现有喷漆和烘漆两种，但都要先漆防腐漆，再漆多遍面漆。色彩随工程定。 (2) 塑壳多用工程热塑材料一次成型。壳体为不透明材料，板面翻盖有用透明材料的
导体	(1) 金属母线容量大者为金属母线，现铝母线多为铜母线取代。 (2) 单芯铜芯线电流量小的单芯铜芯线为主干。其截面必须符合容量要求，颜色符合规定。线束走线要整齐，往往用线槽归整
接线端子	进出缆线多接以相应的接线端子，且排列要与各低压电器相对应。而 TN-C 系统的 PEN，TN-S 系统的 N 及 PE 多做成接线端子排或板以便多缆线接入，通常 TN-S 系统之 PE 和 N 分置两侧。箱体内还应专门设置与本箱金属外壳良好电气连接的重复接地端子（也可与上述 PEN、PE、N 共用），且需在箱内明确标注
进出线孔	箱的所有进出线必须经预制孔引出、引入。进出孔应做成使用时便于敲掉，不使用的孔仍保留密封的结构。为了防止壳体钢边缘破坏导线绝缘，进、出导线穿过钢壳需在孔内装橡皮护圈。如果穿管安装，又以钢管为接地系统时，还要注意钢管与壳体焊接时既电气联通又密封
电器元件	作为整个配电箱的核心，为保证配电箱功能的可靠，应选用定型、合格的电气元器件

4. 使用要求

(1) 正常使用条件下，要求。

1) 周围空气温度不超过 $+40℃$，也不低于 $-5℃$ 且 24h 内平均温度不超过 $+35℃$。

2) 相对湿度在最高温 $+40℃$ 时不超过 50%，当温度较低时允许有较高湿度（如 $+20℃$ 时为 90%）。但要考虑温度变化偶然产生的适度凝露。

3) 安装海拔高度不得超 2000m。

(2) 特殊场所使用设计时，必须作相应的要求。

1) 多尘场所。以空气中灰尘浓度(mg/m^3)或沉降量[$mg/(m^2 \cdot d)$]衡量。灰尘沉积在绝缘表面吸潮会降低绝缘性能，形成漏电短路、触头烧坏及金属间腐蚀。应选用防尘，甚至密封型。

2) 腐蚀场所。空气中存在的氯、氯化氢、二氧化硫、氧化氮、氨、硫化氢等气体达到一定浓度时，必须使用防腐型。

3) 高海拔地区。气压、气温、湿度及空气含量随海拔高度而减小。连续工作的大发热元件的散热特性，元器件额定耐压及热继电器、熔断器动作特性均变化，应使用高原型元件及箱体。

4）热带地区。一天内 12h 以上气温不低于 20℃，相对湿度不低于 80％的天数为全年累计多于两个月者为湿热地区（高温伴高湿）。最高气温 40℃以上，长期低湿者（高温伴低湿，多为强日照，又多沙尘）为干热地区，应分别选用湿热（TH）或干热（TA）类产品。

5）爆炸、火灾危险场所。可燃气体、易燃液体、闪点不大于环境温度的可燃液体的蒸气、悬浮状可燃粉尘或可燃纤维与空气形成的爆炸性混合物的场所，按 GB 50058—2014《爆炸危险环境电力装置设计规范》选用。

（3）安全要求。

1）外壳防护等级配电箱按使用条件要有相应的防护等级，最少应达 IP2X。

2）防触电措施间隔挡板、隔离、带电时机械自锁、漏电自动保护、触电联锁及报警等，可随条件要求而采用相应的措施。

技能 86 熟悉低压配电箱的设计要点

1. 选型

（1）尽可能用标准型，其次通用型，不得已才用非标型。一则是前者成熟、完善，经过理论和实践验证，二则是成本及相应备件均有优势。再就是非标型，自身设计工作量将增加。

（2）要适用。一方面是对短期内确有可能，且必需使用的新功能、新用途才予考虑；另一方面对使用环境条件的适用性应重于建设方多强调的美观、华丽。

（3）要安全、可靠。对初次使用的产品、初次配合的厂家的企业规范、标准，特别是鉴定、验收、试验资料，须慎作分析。

2. 构造

（1）配电箱数量取决于系统构成用电量小时集中于少数配电箱，便于操作及保护；用电量大、供电面积广、设备控制复杂时，则分设多个配电箱，甚至采用多级方式。

（2）供电范围线路压损不能超标，因此通常供电半径不大于 30m。

（3）馈出线路保护控制不宜分支过多，为此配电箱出线宜 6～9 个支路。

（4）元件选用应考虑控制元件的易操作性，保护元件与线路的配合性，多级保护上、下级间的选择性。电气元件的额定值由动力负荷的容量选定，配电箱的尺寸根据这些电气元件的大小来确定。

（5）系统安全性应该设置的保护必须设置，如整个配电箱及其多出线分支回路的过载、短路保护，以及人可触及平时不带电而故障时可能带电的漏电保护。

（6）三相负荷的均匀性以三相供给各分支为单相负荷的配电箱中应充分考虑

将各单相分配均匀，减少中性线不平衡电流。支路数尽可能为三之倍数，便于分配。

（7）零线的通断零线的通断一般是由三相四极、单相双极开关控制，不能设单极开关。

3. 制造

（1）电气元器件的选择及包装要求。

（2）电气间隙及电气元器件的配电距离。

（3）外接导线端子。

（4）外壳防护等级。

（5）各部位允许温升。

（6）触电防护措施。

（7）短路保护及器件间配合。

（8）总体综合要求。

技能 87　熟悉低压配电箱的安装要点

1. 安装位置

（1）用电多，用电量大的场合，要尽可能接近电气负荷的几何中心位置。

（2）多层建筑的各层布局位置尽可能一致同方向、同位置、同型号，便于施工、安装及今后维护管理。

（3）充分考虑操作方便、检修容易与建筑等专业配合，建筑专业重于美观、风格、艺术效果，而我们重于技术角度。

（4）不妨碍美观整体的前提下，配电箱应设在干燥、通风及采光良好之处。

2. 安装要求

（1）安装方式动力负荷容量大或台数较多时，应采用落地式配电柜或控制台，并在柜底下留沟槽或用槽钢支起以便管路的敷设连接。配电柜有柜前操作和维护、靠墙设立，也有柜前操作柜后维护，一般要求柜前有大于 1.8m 的操作通道，柜后应有 0.8m 的维修通道。

（2）安装高度为方便操作，配电箱底口离地面距离：暗装箱 1.4m、明装箱 1.2m、计度箱电表 1.8m。

（3）预安装由土建预埋以木、砖、铁件先于电气预安装。嵌入式的预留孔洞也先于电气，由土建预留。需做好专业协调。而悬挂式现多用膨胀螺栓固定，可由电气现场一并处理，但进出管线必先按规定位置预埋。

（4）安装牢固嵌墙安装时，后壁用 10mm 厚石棉板及直径 2mm 铅丝制成孔洞为 10mm×10mm 的铅丝网钉牢，再用 1∶2 水泥砂浆抹平，防止开裂、松动。

暗装箱与墙的吻合及防锈要认真处理。

（5）导线穿过箱面的保护，配套管的颜色按要求。

3. 安装验证

（1）使用新型号产品，看其"型式试验"及相应报告一般包括：温升、介电强度、短路温度、保护连续性、耐冲击强度及耐锈、耐热试验等。

（2）首次使用新厂家产品，看"出厂试验"及相应报告内容主要在于"介电强度"及"保护电路连续性"。

（3）施工安装是否按相应施工、竣工验收标准进行除目测的内容外，尚需检测的主要是：导线绝缘电阻及交流耐压，两项均以仪器测定相间及相与壳（地）间参数判断是否达到要求。

技能 88　了解常用的低压配电箱

一直以来，国家集中力量依据国家的标准和规范，按实际使用需要统一归类、设计，全国范围内统一型号、规格的配电箱为标准配电箱。此外为非标准配电箱。其中企业参照国标及相应标准设计制造在某局部地区、行业使用，经过有关部门鉴定认可的配电箱，则为非标定型配电箱。目前，仅动力配电箱有标准产品，其余配电箱尚未规范。

1. 动力箱

（1）XL-10。内装 RL6、RT16 熔断器，组合开关手柄露在箱外。电流分为 15A、35A 及 60A，回路分为 1、2、3 及 4 路。虽为老产品，但作为工厂维修备用电源供给，仍不失为一种常用的选择。

（2）XL-21。靠墙安装，屏前检修，封闭结构，户内安装。进线分断开关为 HR5（原为 HR3）系列刀熔开关，操作手柄装在箱前右柱上部。箱前上部装一只电压表。指示汇流排电压，另装有指示灯及操作按钮。中下部有单扇左手门，打开后全部元器件敞露，极易检修维护。门可做成密封式结构。箱顶盖板开有进线孔，但建议尽可能利用下部进出线。一次方案有 80 种之多，因制造厂不同有别。

（3）EDL。其结构、元器件及电路构成类同 XL-21，但型号更新。由于其尺寸更大，方案号多达百种以上，更为方便选型使用。

2. 照明箱

（1）XM-7 及 XMR-7。XM-7 为悬挂式安装，XMR-7 为嵌入式安装。以薄钢板及角钢制成防护型壳体，以组合开关 H220（原为 H210）系列作电源通断控制，以旋塞式熔断器 RL6（原为 RLl）作保护。箱正门可开启，供检修。箱右侧壁下部 M8 螺栓，供外壳接地用。箱上、下部分别设有进、出线孔。目前在要求不高、节约设备投资情况下使用，共有 15 种线路方案供选用。

（2）XXM/XRM101/102 系列。第二位字母 X 表示悬挂式安装，R 表示嵌入式安装。型号末段数字 101 表示竖式排布，102 表示横式排布。此箱主要是以 D212-60 及 D220（原为 DZlO）-100［低压］断路器作控制及保护元件。101 有 50 种，102 有 35 种线路方案供选用。

（3）XXM/XRM301/302 系列。第二位字母 X 表示悬挂式安装，R 表示嵌入式安装。型号末段数字 301 表示竖式，302 表示横式排布。此箱主要以 NC100 及 C65N（原为 C45N）型断路器作控制及保护元件。301 有 10 种，302 有 10 种方案供选用。301/302 是 101/102 及 7 之替代系列。

3. 计度箱

（1）XRM/XXB95 及 XRM/XXB98 系列。RM，表示嵌入式安装，XB 表示悬挂式安装。使用时要与配电箱 XRM98/XXM98 配套使用。它们使用的电能表分别是 DD862 及 DD862-4 型四倍过载电能表，高低负荷时均准确。

（2）预付费及远传收费计度箱。现在使用的如 DDY102 磁卡式预付电费的卡式电能表及使用 BEC2 三表（水、电、燃气）远传收费系统的计度箱发展很快，类型很多。

4. 插座箱

箱内集中安装了多个单相、三相或既有单相，又有三相的插座，主要供实验室、控制室及工业单位使用。近年来，由于开关板式插座有多个集成在一起的形式，不再使用插座箱。至于移动式插座箱也仅在计算机配电，维修、施工时用电使用外，由于其安全难以保障，一般也不宜使用。常以 3～6 个 86mm×86mm 单元组合，还可加装控制、信号、指示、漏电保护元件。

5. 剩余电流保护箱

在配电箱进线或出线回路添加剩余电流保护装置就构成了对应的带剩余电流保护功能的配电箱。通常在对应型号上加注"L"，即表示有此功能。

6. 控制箱

（1）电源包括电源滤波及不间断供电两类。

（2）双电源自动切换工作电源因故断电时，自动切换为备用电源。工作电源恢复后，又自动恢复，实现双电源供电的自动切换。

（3）双设备自动切换关键设备在关键时间内使用时不能停机，多配置同型号双设备，一个作"工作设备"，另一个作"备用设备"。当工作设备因故停机时，就自动将电源切换到备用设备，以"备用"代替"工作"。当"工作"恢复正常，又返回到原状态。

（4）电动机启动消除启动电流冲击的不良影响，用于电动机的 Y—△、变阻、变频、自耦减压等启动的控制箱。自耦减压等启动用得最多，且以电流转换的 JJ1 系列逐渐取代时间转换的 XJ01 系列。

（5）自控联动与自控接触点组联合作用（如启动、锁定、切换等）构成另一类控制箱。

7. 非标配电箱

（1）JX1/2 机旁配电按钮箱类型。

（2）JX3 挂墙安装类型。

（3）JX4 嵌入安装类型。

（4）JX11-17 落地安装类型，有单、双门及独立、并列安装各类。

（5）X5、X6 户外安装类型。

（6）以上均可分为保护式和防护式，且各有不同规格、尺寸系列，供选择使用。

8. 整体非标箱

从外部尺寸结构到内部线路均为非标设计。近年来，建筑电气发展特别迅速，再加上小型断路器品种不断更新，照明类配电、计度及漏保箱各企业自行开发、设计种类繁多。分薄钢板外壳及塑壳两类，民用小尺寸照明配电箱基本上以塑壳为主。

第八章

动力电气系统设计

（1）建筑内的动力设备种类繁多，既有一般动力，如电梯、生活水泵、消防水泵、防排烟风机、正压风机等，又有空调动力，如制冷机组、冷冻水泵、冷却塔风机、新风机组等。动力设备的总负荷容量较大，其中空调负荷的容量可占到总负荷容量的一半左右。对于不同的动力设备，其供电可靠性的要求也不一样。

（2）在进行动力设备的配电设计时，应根据设备容量的大小、对供电可靠性要求的高低，结合电源情况、设备位置，并注意接线简单、操作维护安全等因素，综合考虑来确定其配电方式。一般配电系统的层次不宜超过两级。对于用电设备容量大或负荷性质重要的动力设备宜采用放射式配电方式；对于用电设备容量不大和供电可靠性要求不高的各楼层配电点宜采用分区树干式配电方式。

动力配电的分类及要求，见表 8-1。

表 8-1　　　　　　　　　　　　　　动力配电的分类及要求

分　类	要　　求
消防用电设备的配电	（1）消防动力包括消火栓泵、喷淋泵、正送风机、防排烟机、消防电梯、防火卷帘门等。由于建筑消防系统在应用上的特殊性，因此要求其供电系统要绝对安全可靠，并便于操作与维护。根据我国消防法规规定，消防系统供电电源应分为主工作电源和备用电源，并按不同的建筑等级和电力系统有关规定确定供电负荷等级。一类高层建筑的消防用电应按一级负荷处理；二类高层建筑的消防用电应按二级负荷处理。为加大备用电源容量，确保消防系统不受停电事故影响，还应配备柴油发电机组。 （2）消防系统的供配电系统应由变电站的独立回路和备用电源（柴油发电机组）的独立回路，在负载末端经双电源自动切换装置供电，以确保消防动力电源的可靠性、连续性和安全性。消防设备的配电线路可采用普通电线电缆，还应穿金属管、阻燃塑料管或金属线槽敷设配电线路。明敷或暗敷均要采取必要的防火、耐热措施

分　类	要　求
空调动力设备的配电	（1）在高层建筑的动力设备中，空调设备是最大的一类动力设备，这类设备容量大、种类多，包括空调制冷机组（或冷水机组、热泵）、冷却水泵、冷冻水泵、冷却塔风机、空调机、新风机、风机盘管等。 （2）空调制冷机组（或冷水机组、热泵）的功率很大，因此，其配电可采用从变电站低压母线直接引到机组控制柜的方式。 （3）冷却水泵、冷冻水泵的台数较多，且留有备用，多数采用减压启动。一般采用两级放射式配电方式，从变电站低压母线引来一路或几路电源到泵房动力配电箱，再由动力配电箱引出线至各个泵的启动控制柜。 （4）空调机、新风机的功率大小不一，分布范围较广，可采用多级放射式配电；在容量较小时也可采用链式配电或混合式配电，应根据具体情况灵活考虑。而风机盘管为220 V单相用电设备，数量多、单机功率小，可采用类似照明灯具的配电方式，一支路可以接若干个风机盘管或由插座供电
电梯的配电	（1）电梯是建筑内重要的垂直运输设备，必须安全可靠，分为客梯、自动扶梯、观景电梯、货梯及消防电梯等。由于运输的轿厢和电源设备在不同的地点，虽然单台电梯的功率不大，但为确保电梯的安全及电梯间互不影响，所以每台电梯宜由专用回路以放射式方式配电，并应装设单独的隔离电器和短路保护电器。电梯轿厢的照明电源、轿顶电源插座和报警装置的电源，可从电梯的动力电源隔离电器前取得，但应另外装设隔离电器和短路保护电器。电梯机房及滑轮间、电梯井道及底坑的照明和插座线路，应与电梯分别配电。 （2）对于电梯的负荷等级，应符合现行《民用建筑电气设计规范》、《供配电系统设计规范》及其他有关规范的规定，并按负荷分级确定电源及配电方式。电梯的电源一般引至机房电源箱，自动扶梯的电源一般引至高端地坑的扶梯控制箱，消防电梯应符合消防设备的配电要求
给水排水装置的配电	建筑内除了消防水泵外，还有生活水泵、排水泵及加压泵等。生活水泵大都集中于泵房设置，一般从变压站低压出线引出单独电源送至泵房动力配电箱，以放射式配电至各泵的控制设备；而排水泵位置比较分散，可采用放射式配电至各泵的控制设备

技能 91　了解动力电气系统设计要求

（1）在动力配电系统设计时，应分别绘制动力配电系统图、电动机控制原理图和动力配电平面图。动力配电系统中一般采用放射式配线，一台电动机一个独立回路。

（2）在动力配电系统图中应标注配电方式、开关、熔断器、交流接触器、热继电器等电气器件，还应有导线型号、截面积、配管及敷设方式等，也可在系统中附材料表和说明。

技能 92　动力配电的布置图及装置

1. 平面布置图

在动力配电平面布置图上，应画出动力干线和负荷支线的敷设方式、导线根数、配电箱（柜）及设备电动机出线口的位置等。

2. 动力配电装置

（1）动力配电装置（箱或柜）内由刀开关、熔断器或空气断路器、交流接触器、热继电器、按钮、指示灯和仪表等组成。电气器件的额定值由动力负荷的容量决定，配电箱的尺寸由电气器件的大小来确定。配电箱（或柜）有铁制、塑料等，一般分为明装、暗装或半暗装。

（2）为方便操作，配电箱中心距地面的高度宜为 1.5m。动力负荷容量大或台数较多时，应采用落地式配电柜或控制台，并在柜底留沟槽或用槽钢支起以便管路的敷设连接。配电柜有柜前操作、维护，靠墙设立的，也有柜前操作、柜后维护的，一般要求柜前有大于 1.8m 的操作通道，柜后应有不少于 0.8m 的维修通道。

技能 93　了解电梯的基本类型

1. 按用途分类

（1）客梯。安全装置完善，按运行稳定及舒适性分为高级和普通两类，后者又称作住宅客梯。

（2）货梯。分为普通货梯、冷库货梯、汽车梯及装卸人员可随梯的客货两用梯。

（3）医用电梯。在医院用于运送病人及医疗器械、救护设备，轿厢窄而深，常前后贯通开门，要求稳定性好、噪声低，故多为低速。

（4）服务梯。服务梯称杂物梯，用于图书、文件、食品及 500kg 以下物件运送，无必备安全装置，不准载人。

（5）专用电梯。有建筑施工人员及材料提升的工程梯、轿厢部分透明的观光梯、矿井专用的矿井梯（有时还需防爆措施）等。

（6）自动扶梯。相邻楼层间的板式运输用，输送能力为轿厢十几倍，特别适合大量连续客流的运输。

2. 按运行速度分类

（1）低速（丙类）。速度为 15、30、45、60m/min，常用于 10 层以下的建筑，多为货梯或客货两用梯。

（2）快速（乙类）。速度为 90、105m/min，以住宅梯为主。

（3）高速（甲类）。速度为 120、150、180m/min，用于 16 层及以上建筑的客梯。

（4）超高速。速度为 210、240、300、360、420、480、600m/min，用于 16 层以上及高度超过 50m 建筑的客梯。

3. 按拖动方式分类

（1）直流梯。曳引机为直流电动机，性能优良，高速、超高速使用。

1）F-D 系列。直流发电机—电动机系列。

2）SCR-D 系列。晶闸管整流器—直流电动机系列。

（2）交流梯。曳引机为交流电动机。

1）单速速度多在 0.5m/s 以下，常称 AV-1。

2）双速高、低两速，速度在 1m/s 以下，常称 AV-2。

3）三速高、中、低三速，速度在 1m/s 以下，常称 AV-3。

4）调速启动和停止时减速，有开环及闭环控制两种。

5）调压调速启、停都闭环控制。

6）调频调压用微机、逆变器、PWM 控制器及速度电流反馈系统，性能佳、安全、可靠，速度可达 6m/s。

（3）液压梯。以电动机产生液压，再用液压传动的电梯。又以液压柱塞直接在下顶撑、柱塞置井道侧通过曳引绳升降，分为柱塞直顶、柱塞侧置两种。

（4）齿轮、齿条梯。以装于轿厢的电动机—齿轮，用构架齿条爬行啮合升降的电梯，多为工程梯。

（5）直线电动机驱动梯。动力源为最新的直线电动机驱动。

4. 按操纵、控制分类

（1）SS 及 SZ 系列。轿厢内操纵手柄开关，自动平层，手动开关门，多为货梯。

（2）AS 及 AZ 系列。轿厢内按钮选层，自动平层，手动开门，多为货梯。

（3）TS 系列。各楼层厅门口按钮操纵，多用于服务梯及层站少的货梯。

（4）信号控制系列。将层门上下召唤信号、轿厢内选层信号和其他专用信号综合分析，由电梯操纵人员操纵运行，控制较自动，常用于客梯和客货两用梯。

（5）集选控制系列。将厅门外召唤外指令、轿内操纵内指令及其他专用信号综合、自动决定上下行及顺序应答，通常无操纵人员运行（人流高峰时，为保安全运行，也可实现有操纵人员操纵）。

（6）下（或上）集选控制系列。乘客只能截停下行梯到下面各层或下行直到基层，再上行到原层之上的某层（上行集选反之），常用于住宅梯。

（7）并控系列。2～3 台电梯控制线路并接，共用厅门召唤信号，按规定顺序逻辑控制、自动调度，确定其运行状态。

（8）群控系列。多台集中排列，共用厅外召唤信号，按规定程序集中调度和控制。

（9）智能控制系列。实现数据采集、交换、存储，并进行分析、筛选、报告，运行状态不仅显示，且根据它优选运行控制方案，使其运行分配合理、节能、高效。

5. 按电梯操纵人员设置分类

（1）有操纵人员。有专职操纵人员操纵。

（2）无操纵人员。不设专职操纵人员操纵，由乘客自操纵，具有集选功能。

（3）有/无操纵人员系列。平时乘客由自己操纵，客流大时由操纵人员操纵。

6. 按机房位置分类

（1）上置式。机房位于电梯井道上部。

（2）下置式。机房位于电梯井道下部，液压柱塞直撑式就是这种情况。

7. 按曳引机

（1）有齿曳引。曳引机配齿轮减速器，用于交流及直流电梯。

（2）无齿曳引。曳引机直接带动曳引轮，无减速箱，用于直流电梯。

技能 94　　了解电梯的系统构成

1. 构造

（1）曳引系统。

（2）控制系统。

（3）电气保安系统。

（4）轿厢系统。

1）轿厢体。载人与物的封闭载体，以轿厢门开闭控制人、物出入，以空间与承载量为服务指标。

2）轿厢架。轿厢的承重物体。

（5）门系统。

1）轿厢门。实行电气联锁，只有门密闭时才可启动，若门开启，运动的轿厢将立即停车。

2）厅门联锁使电梯停在母层的层门处时才可开启，此门闭，电梯才可启动。

3）门锁是机电联锁的安全装置，位于厅门上部，关闭时将门锁紧，并接通电路，分撞击式与非撞击式两种。

（6）导向系统。导引轿厢与对重严格作垂直升降，且与井壁保持合理间隔。

1）导轨架。安于井道壁支承导轨构件。

2）导轨。固定在导轨架上，以确定井道中轿厢与对重的运动导向。

3）导靴。装于轿厢上、下梁两侧，使轿厢滚动滑行于导轨间。

（7）重量平衡系统平衡轿厢及承重，改善曳引性能。

1）对重固定平衡轿厢及 0.4～0.5 倍载重的重物，以平衡重量。

2）补偿装置修正补偿电梯运行中缆绳变化等引起的自重变化。

（8）机械安全保护系统除电气外的安全保护系统，主要有四种。

1）限速器。电梯超速下降时在发出报警及控制电信号的同时，卡住绳轮，制止缆绳移动。

2）安全钳。上述异常时限速器操纵安全钳，以机械方式将轿厢制动在导轨上。

3）限位器。防电梯超越上、下端站的保护行程开关。

4）缓冲器。当轿厢或对重失控高速坠落时，防止撞底或冲顶的吸能装置，是机械保护的最后防线。

2. 性能

（1）使用要求如下。

1）运行性能频繁启动、减速、停止、换向均平稳，运行噪声低、振动小，轿厢尺寸、载重开门形式均满足使用要求。

2）操作性能方便、可靠、自动平层（上、下行停靠同一层）均准确。

3）安全性能安全保护措施完善，运行、停靠、门开启各方面均准确、可靠，维护方便。

（2）型号含义如下。

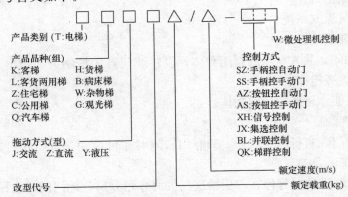

技能 95　熟悉电梯的电气设备及系统

1. 设备

（1）曳引电动机。

1）作用：曳引电动机是电梯最核心的动力设备。

2）要求：①启动转矩大，满载顺利启动。启动迅速，无滞后感。②启动电流不致引起系统电压波动。③机械特性硬，不因载重的变化而引起运行速度的过大变化。④能承受频繁反复的起、停、正、反向运转。⑤能利用电动机的发电制动特征，限制空载上行、满载下行的速度。⑥调速梯的电动机具有良好调速性能。⑦运行平稳，噪声小，维护、调整简易。

3）类型。

a. 交流电动机。

（a）单速笼型。异步电动机单一转速，启动串阻抗，多用于简易电梯。

（b）双速双绕组笼型。异步电动机高速，用于启动、运行；低速，用于减速和检修。减速时，高速转入低速，电动机制动。

（c）双速双绕组绕线转子。异步电动机发热小，效率高，启动和减速时转子电路串入阻抗。

（d）交流调速。异步电动机换速光滑，减速舒适。

b. 直流电动机。

（a）多用晶闸管励磁电动机，发电机组供电方式，其晶闸管整流供电系统正开发中。

（b）ZTF 系列。他励式发电机与交流电动机同轴，分卧式和立式两种。

（c）ZTD 系列。通过涡轮、涡杆变速及通过晶闸管励磁，改变发电机输出供给曳引电动机的电压而调速。

（d）ZTDD 系列。低速直流电动机与曳引轮、制动器组合成无级变速箱曳引机构，用于高速电梯。

（2）励磁装置。

1）作用。励磁装置是以晶闸管励磁作为机组发电机励磁绕组的直流电源。

2）分类。

a. K 系列。用于有齿减速直流快速梯。

b. G 系列。用于无齿减速直流快速梯。

（3）制动器。

1）要求：①制动力矩足够，能迅速制动超载达 125%、额定速度运转下的电梯；②制动及去制动迅速，制动平稳，能频繁动作；③结构简单，易于调整。

2）分类。

a. 电磁制动器。分为 A、B、C、D 四型，均与电动机并联。电动机通电时，电磁线圈通电，电磁铁铁芯吸合，带动制动臂克服制动弹簧的作用力使制动闸瓦张开，电动机运行。反之，电动机断电时，电磁线圈失电，制动臂和制动闸瓦抱紧制动轮，电动机停转。

b. 涡流制动器。由电枢和定子两种组成的涡流制动器与电动机二者转子同轴。电梯减速时电动机断电，同轴涡流制动器定子却被加上直流电源，生成静止直流磁场，进而产生与转轴转动方向相反的涡流制动转矩，使电梯受控减速。

（4）楼层指示器。楼层指示器用以指示电梯停靠楼层及运行方向，其电路多样。

（5）平层装置。当电梯应在某层停车时，装在每层井道的遮磁板即对插入其间的装于轿厢顶部的磁感应器起隔磁作用，从而发出平层信号。

（6）选层器。

1）作用。选层器用以反映轿厢位置、选层、消号及动力方向，发出减速信号。

2）分类：①机械式；②电动式立式电动机带动螺母，模拟轿厢运行；③继电器式应用磁感应原理使干簧管切换；④电气式由逻辑电路构成；⑤电子式数字脉冲微处理计数方式。

（7）超载装置。轿厢自动称重，当载重达额定量的 110%，强行控制电梯不能启动，并发出相应信号的安全装置。

2. 系统

（1）电力拖动系统。

1）作用。为电梯提供动力，并对其速度实施控制。

2）分类：①曳引系统；②供电系统；③速度反馈系统；④调速系统最重要的环节。

（2）电气控制系统。

1）作用。对电梯空间距离、位置、时间、启停等逻辑关系进行综合处理的系统，它决定了电梯的自动化程度。

2）分类。

a. 自动门机系统。自动开关门控制。

b. 内外呼梯系统。以内外呼梯信号决定电梯上、下行方向，并作必要数据处理的系统。

c. 运行方向控制系统。以内外呼梯及电梯所处位置确定运行方向的定向环节。

d. 制动、减速控制系统。到达目的层一定距离前电梯自行减速，逐渐增加减速量，直到运行达目的层时速度减为零，这个全过程的减速信号是重要的控制信号。

e. 平层停车控制系统。适时、准确地发出停车信号，使电梯准确地停靠在目的层平面。

f. 选层、定向功能系统。当有若干内外呼梯信号时，根据电梯目前位置及运行方向，优先选择最合理的运行及停靠方案。

g. 指示功能系统。在轿箱及各厅站指示电梯位置，并及时消除已响应按钮的记忆。

h. 检修控制系统。控制电梯在检修时以检修方式运行，便于检修人员在机房、轿厢或井内工作。

（3）电气保护系统。

1）超速保护。电梯超速时在限速器机械动作前或同时，超速开关即切除供电，使电梯停止运行。

2）过载保护。曳引电动机过载一定时间，热继电器或热敏电阻引起控制回路动作，切除电动机供电。

3）短路保护。短路时剧增的短路电流使熔断器熔断，切除供电。

4）断相及错相保护。缺相造成其他相电流增大，错相使电动机转向相反。一旦发生此类危险时，控制电路迅速切除供电。

5）电气互锁保护。当控制回路使某方向电路工作时，另一方向电路仅在原回路停止工作、失磁后，方可吸合通电。这种防止短路的电气制约措施就是电气互锁保护。

6）紧急报警装置。异常情况时轿厢内可及时有效向外求援的电铃、对讲、电话等设施。

第九章

照明电气系统设计

1. 光的概念

光是能量的一种形式，可通过辐射方式从一个物体传播到另一个物体。光的本质是一种电磁波，其在电磁波的极其宽广的波长范围内仅占极小的一部分。通常把紫外线、可见光和红外线统称为光，而人眼所能感觉到的光，仅是其中很小的一部分。

2. 光度量

光度量及其单位，见表 9-1。

表 9-1　　　　　　　　　　　　　　光度量及其单位

名　称	解　　释
光通量	（1）指单位时间内光辐射能量的大小，根据人眼对光的感觉作出评价。光通量用符号 Φ 表示，单位为流明（lm），1 lm 是发光强度为 1 cd 的均匀点光源在 1 sr 内发出的光通量。 （2）照明工程中，光通量是说明光源发光能力的基本量
发光强度（光强）	光源在某一个特定方向上的单位立体角内（单位球面度内）所发出的光通量，称为光源在该方向上的发光强度。它用来反映发光强弱程度的一个物理量，用符号 I 表示，单位为坎德拉（cd）。发光强度常用于说明光源或灯具发出的光通量在空间各方向或在选定方向上的分布密度
照度	照度用来表示被照面上光的强弱，以被照面上光通量的面积密度来表示。通常把物体表面所得到的光通量与物体表面积的比值称为照度，用符号 E 表示，单位为勒克斯（lx），1 lx 表示在 $1m^2$ 内均匀分布 1 lm 光通量的照度值
亮度	亮度是直接对人眼引起感觉的光量之一。通常把被视物表面在某一视线方向或给定方向的单位投影面上所发出或反射的发光强度，称为该物体表面在该方向的亮度，用符号 L 表示，单位为（cd/m^2）

3. 光源

光源的色温与显色性，见表9-2。

表9-2   **光源的色温与显色性**

项目	内　　容
色温	当某个光源所发射的光的色度与黑体（能吸收全部光辐射而既不反射也不透射的理想物体）在某一温度下辐射的光的色度完全相同时，黑体的这个温度称为该光源的色温，符号为 T_c，单位为开尔文（K）。光源的发光颜色与温度有关。当温度不同时，光源发出光的颜色也不同
显色性	当某种光源的光照射到物体上时，该物体的色彩与阳光照射时的色彩是不一样的，有一定的失真度。光源的显色性，是指不同光谱的光源照射在同一颜色的物体上时，所呈现出不同颜色的特性。通常用显色指数（R_a）表示，光源的显色指数越高，其显色性就越好。与参照光源完全相同的显色性，其显色指数为100。$R_a = 100\sim180$ 表示显色性优良；$R_a = 50 \sim79$ 表示显色性一般；$R_a < 50$ 表示显色性较差

4. 眩光

（1）眩光是照明质量的重要特征，对视觉有极为不利的影响。因此现代人工照明对眩光的限制非常重视。

（2）眩光是指由于视野中的亮度分布或亮度范围不适宜，或存在极端的亮度对比，而引起不舒适的感觉或视觉能力下降。

（3）眩光分直射眩光和反射眩光两种。直射眩光是在观察方向上或附近存在亮的发光体所引起的眩光；反射眩光是在观察方向上或附近由亮的发光体的镜面反射所引起的眩光。

技能97   了解照明方式及种类

（1）照明方式，见表9-3。

表9-3   **照　明　方　式**

方式	内　　容
一般照明	指不考虑特殊局部的需要，为照亮整个场地而设置的均匀照明
分区一般照明	指根据需要，提高某一特定区域照度的一般照明
局部照明	指为满足某个局部的特殊需要而设置的照明
混合照明	指一般照明与局部照明组成的照明

（2）照明种类按其功能的划分，见表9-4。

表 9-4		照 明 种 类
种类		内　　容
正常照明		指在正常情况下使用的室内外照明
应急照明	备用照明	指当正常照明因故障熄灭后，在将会造成爆炸、火灾和人身伤亡等严重事故的场所所设的供继续工作用的照明，或在火灾时为了保证救火能正常进行而设置的照明
	安全照明	指当正常照明发生故障时使人们处于危险状态的情况下，为能继续进行工作而设置的照明
	疏散照明	指当正常照明因故障熄灭后，为避免引起工伤事故或通行时发生危险而设置的照明
值班照明		指在非工作时间内，为需要值班的场所提供的照明
警卫照明		指为保障人员安全，或对某些有特殊要求的厂区、仓库区、设备等的保卫，用于警戒而设置的照明
障碍照明		指为保障航空飞行安全以及船舶航行安全而在高大建筑物上装设的障碍标志照明

技能 98　熟悉电光源和照明灯具的选择

1. 常用电光源

（1）常用的照明光源按发光原理可分为热辐射光源和气体放电光源两大类。

1）热辐射光源有白炽灯和卤钨灯（含碘钨灯）。

2）气体放电光源有荧光灯和高强气体放电灯（含高压汞灯、高压钠灯、金属卤化物灯和氙灯等）。

（2）照明光源的选择，应满足照明设施的目的和用途，考虑环境条件，同时还应考虑初期投资和年运行费用，以下选择可供参考。

1）照明光源宜采用荧光灯、白炽灯、高强气体放电灯。

2）当悬挂高度在 4m 及以下时，宜采用荧光灯；当悬挂高度在 4m 以上时，宜采用高强气体放电灯。若不宜采用高强气体放电灯时，也可采用白炽灯。

3）在下列工作场所的照明光源，可选用白炽灯：

a. 局部照明的场所。

b. 防止电磁波干扰的场所。

c. 频闪效应影响视觉效果的场所。

d. 经常开闭灯的场所。

4）应急照明应采用能瞬时可靠点燃的白炽灯、荧光灯等。当应急照明作为正常照明的一部分经常点燃且不需切换电源时，可采用其他光源。

5）对显色性要求较高的场所（如美术馆、商店等），应选用平均显色指数 $R_a \geqslant 80$ 的光源，当采用一种光源不能满足光色或显色性要求时，可采用两种光源形式的混光照明。

2. 照明灯具

（1）照明灯具的作用和分类，见表 9-5。

表 9-5 照明灯具的作用和分类

项目	内　　容
照明灯具的作用	照明灯具是能透光、分配和改变光源光分布的器具，是包括光源在内的所有照明附件所组成的装置。其主要作用是将光源射出的光通量进行合理的分配，满足照明的需要，提高灯具的效率，避免由光源引起的眩光，同时可以固定和保护光源，并起装饰作用
照明灯具的分类	照明灯具按其向上、下两个半球空间发出的光通量的比例来分类，有直接型灯具、半直接型灯具、漫射（直接间接）型灯具、半间接型灯具、间接型灯具，直接型灯具又可分为特窄照型、窄照型、中照型、广照型、特广照型

（2）照明灯具选择的一般原则，体现在以下几点。

1）应优先选用配光合理、效率较高的灯具。室内开启式灯具的效率不宜低于 70％；带有包合式灯罩的灯具的效率不宜低于 55％；带格栅灯具的效率不宜低于 50％。

2）根据工作场所的环境条件，合理选择灯具。在特别潮湿的场所，应采用防潮灯具或带防水灯头的开启式灯具；在有腐蚀性气体和蒸气的场所，宜采用耐腐蚀性材料制成的密闭式灯具，若采用开启式灯具，各部分应有防腐蚀、防水的措施；在高温场所，宜采用带有散热孔的开启式灯具；在有尘埃的场所，应按防尘的保护等级分类来选择合适的灯具；在振动、摆动较大场所，应选用有防振措施和保护网的灯具，防止灯泡自行松脱或掉下；在易受机械损伤的场所，灯具应加保护网；在有爆炸和火灾危险场所，应根据爆炸和火灾危险的等级选择相应的灯具。

3）为了电气安全和灯具的正常工作，应根据灯具的使用方法和环境，选择带有相应防触电保护的灯具。

4）在满足照明质量、环境条件和防触电保护要求的情况下，应尽量选用效率高、寿命长、安装维护方便的灯具，以降低运行费用，还应注意与建筑相协调。

（3）照明灯具的布置，可从以下几方面来进行。

1）灯具的布置和安装，应从满足工作场所的规定照度、保证工作面照度的均匀，合理进行亮度分布、有效控制眩光等方面，考虑布置方式和安装高度等的要求。

2）灯具的布置方式分为均匀布置和选择布置。均匀布置是指灯具间距离按一定规律进行均匀布置的方式，如正方形、矩形、菱形等，可使整个工作面上获得较均匀的照度。室内灯具作一般照明时，可采用均匀布置的方式，如教室、实验室、会议室等。选择布置是指满足局部要求的一种灯具布置方式，适用于采用均匀布置达不到所要求的照度分布的场所中。

3）灯具在均匀布置时，灯具间的距离 s 与灯具距工作面的高度 h（也称计算高度）的比值称为距高比。要保证照度的均匀性，必须满足灯具最大允许距高比，同时灯具距墙的距离也必须满足 $0.4\sim0.6\mathrm{m}$；若靠墙有工作面时，灯具距墙的距离一般不应大于 $0.75\mathrm{m}$。室内灯具的布置安装高度与光源有很大关系。例如，40W 以下的荧光灯最低悬挂高度为 $2.0\mathrm{m}$，100W 以下的白炽灯最低悬挂高度为 $2.5\mathrm{m}$，而 150W 以下的金属卤化物灯最低悬挂高度为 $4.5\mathrm{m}$。

4）室内灯具的布置可采用上述的均匀布置和选择布置两种方式；室外灯具的布置可采用集中布置、分散布置、集中与分散相结合布置等方式，常用灯杆、灯柱、灯塔或利用附近的高建筑物来装设照明灯具。道路照明应与环境绿化、美化统一规划，设置灯杆或灯柱。对于一般道路可采用单侧布置；对于主要干道可采用双侧布置。灯杆的间距一般为 $25\sim50\mathrm{m}$。

技能 99　熟悉照度计算公式

照度计算常用的方法及公式，见表 9-6。

表 9-6　　　　　　　　　　照度计算常用的方法及公式

方法	内　容	公　式
利用系数法	（1）照明灯的利用系数 U 是指投射到工作面上的有效光通量（含反射光通）Φ_f 与所光源发出的光通量 Φ_s 之比，见式（1）。 （2）利用系数法是根据灯具形式、安装方式，并综合考虑房间结构特征及墙壁、顶棚、地板的反射比等因素确定的。室内平均照度计算，见式（2）。 1）受照房间的结构特征可用"室空间比"RCR 来表征，见式（3）。 室空间比确定后，还需确定有效空间反射比。顶棚有效空间反射比 ρ_c 综合了灯具出光面以上部分各反射面的特征；地板有效空间反射比 ρ_e 综合了工作面以下部分各反射面的特征，一般利用系数表中该值按 20% 确定，当实际不足 20% 时应加以修正，若不要求高精度也可不修正。墙面平均空间反射比 ρ_w 综合了室空间各反射面的特征，建筑表面反射比可取近似值，见表 9-7。 2）按利用系数法计算工作面上的平均照度或确定灯具数量采用利用系数法进行照度计算，可以根据室内实际情况计算各特征参数，并通过查找相关照明技术手册，确定利用系数 U；若不能从表中直接查到，应通过插值法求出对应值，再根据照度计算公式得出平均照度或灯具数量	$U=\dfrac{\Phi_f}{\Phi_s}$ （1） $E=\dfrac{\Phi_s NUK}{A}$ （2） 式中　E——工作面平均照度，lx； 　　　Φ_s——单个灯具光源的额定总光通量，lm； 　　　N——灯具数量； 　　　U——利用系数； 　　　A——工作面面积，m^2； 　　　K——维护系数，见表 9-8。 $RCR=\dfrac{5h_{rc}\,(l+w)}{lw}$ （3） 式中　h_{rc}——室空间高度，m； 　　　l——房间长度，m； 　　　w——房间宽度，m

方法	内　　容	公　　式
概算曲线法	灯具概算曲线是按照利用系数法的计算公式进行计算而绘出的被照房间面积与所用灯具数目的关系曲线。该曲线的假设条件是：被照水平工作面的平均照度为100lx，维护系数为0.7，见式（4）	$E=\dfrac{100KN}{0.7n}$　　（4） 或　$N=\dfrac{0.7En}{100K}$ 式中　K——实际的维护系数（概算曲线依据的维护系数为0.7）； 　　　n——根据概算曲线查得的灯具数； 　　　N——实际灯具数
比功率法	照明光源的比功率，是指单位面积上照明光源的安装功率 W。比功率法又称单位容量法，计算公式见式（5）。受照房间的灯具总功率为 $\Sigma P=WA$，则每盏灯的功率为 $P=\dfrac{\Sigma P}{n}$，或灯具数量为 $n=\Sigma P/P$	$W=\dfrac{nP}{A}$　　（5） 式中　n——灯具数量； 　　　P——每个灯具的额定功率，W； 　　　A——受照房间面积，m^2

表 9-7　　　　　　　　　　建筑表面的反射比近似值

建筑表面情况	反射比（％）
刷白的墙壁、顶棚、窗子装有白色窗帘	70
刷白的墙壁，但窗子未装白色窗帘或装深色窗帘，刷白的顶棚，但房间潮湿，虽未刷白，但干净光亮的墙壁、顶棚	50
有窗子的水泥墙壁、顶棚、或木墙壁、顶棚、糊有浅色纸的墙壁、顶棚，水泥地面	30
有大量深色灰尘的墙壁、顶棚，无窗帘遮蔽的玻璃窗，未粉刷的砖墙，糊有深色纸的墙壁、顶棚，广漆、沥青等地面	10

表 9-8　　　　　　　　　　维　护　系　数

环境特征	房间和场所举例	维护系数 K	
		白炽灯、荧光灯、HID 灯	卤钨灯
清洁	办公室、阅览室、仪器、仪表装配车间	0.75	0.8
一般	营业厅、影剧院、候车室	0.7	0.75
污染严重	锅炉房、锻铸车间、厨房	0.65	0.7
室外	道路、广场、体育场	0.55	0.6

（1）主要内容。确定合理的照明种类和方式；选择照明光源及灯具，确定灯具布置方案；进行照度计算和供电系统的负荷计算，照明电气设备与线路的选择计算；绘制照明系统布置图及相应的供电系统图等。

（2）施工图。

1）电气照明平面布置图。应在土建平面图上画出全部灯具、线路和电源的进线、配电盘（箱）等的位置、型号、规格、穿线管径、数量、容量、敷设方式，及干、支线的编号、走向，开关、插座、照明的种类、安装高度和方式等。

2）电气照明配电系统图。图上应标出各级配电装置和照明线路，各配电装置内的开关、熔断器等电器的规格、导线型号、截面积、敷设方式、所用管径、安装容量等。

技能 101　　了解照明电气系统设计常用数据

（1）光谱颜色、波长和范围，见表 9-9。

表 9-9　　　　　　　　　　　　　光谱颜色、波长和范围

光谱颜色	红	橙	黄	绿	蓝	紫
波长（nm）	700	620	580	510	470	420
范围（nm）	640～750	600～640	550～600	480～550	450～480	400～450

（2）房间表面污染的光衰减系数，见表 9-10。

表 9-10　　　　　　　　　房间表面污染的光衰减系数

环境特征	污染表面反射比（%）	污染表面反射比下降（%）	光损失系数
清洁	62	17	0.96
一般	56	25	0.93
污染严重	50	33	0.91

（3）不同光源在不同环境的光衰减系数，见表 9-11。

表 9-11　　　　　　　　不同光源在不同环境的光衰减系数

环境污染特征＼光源	白炽灯	荧光灯	汞灯	高压钠灯	金属卤化物灯
清洁	0.81	0.76	0.75	0.84	0.58
一般	0.74	0.70	0.68	0.77	0.52
污染严重	0.67	0.64	0.62	0.70	0.48

（4）光源色表分组，见表 9-12。

表 9-12　　　　　　　　　　　　　　　　　　光源色表分组

色表分组	相关色温（K）	色表特征	应用场所举例	应用光源举例
Ⅰ	＜3300	暖	客房、病房、酒吧、卧室、餐厅等	白炽灯、卤钨灯等
Ⅱ	3300～5300	中间	诊室、办公室、图书馆、教室等	高压汞灯、荧光灯等
Ⅲ	＞5300	冷	热加工车间，高照度场所	金属卤化物灯等

（5）室内照明光源对照度和色温的感觉，见表 9-13。

表 9-13　　　　　　　　　　　室内照明光源对照度和色温的感觉

照度（lx）	对光源色的感觉		
	暖	中间	冷
≤500	愉快	中间	冷
500～1000	↑	↑	↑
1000～2000	刺激	愉快	中间
2000～3000	↓	↓	↓
≥3000	不自然	刺激	愉快

（6）显色指数的分级，见表 9-14。

表 9-14　　　　　　　　　　　　　　　　　显色指数的分级

等级	色匹配 （色彩逼真）	良好显色性 （色彩较好）	中等显色性 （色彩一般）	差显色性 （色彩失真）
显色指数	91～100	81～90	51～80	21～50

（7）对于颜色识别有要求的工作场所，当使用照度在 500lx 及以下、采用光源的显色指数较低时，宜提高照度标准值。提高相对照度系数，见表 9-15。

表 9-15　　　　　　　　　　　　　　　　　相对照度系数

照度（lx）	显色指数		备　注
	40～60	60～80	
300～500	1.3	1.2	
＜300	1.4	1.25	

（8）国际照明委员会（CIE）推荐的灯的显色分组，见表 9-16。

表 9-16　　　　　　　国际照明委员会 (CIE) 推荐的灯的显色分组

显色性分组		显色指数范围	对光源色的感觉	应用场所举例		应用光源举例
				优先采用	容许采用	
1	1A	≥90	暖	医疗诊断、画廊等	—	白炽灯、卤钨灯、三基色荧光灯等
			中间			
			冷			
	1B	80～90	暖	办公室、图书馆、学校、医院、住宅、旅馆、餐厅、商店等	—	三基色荧光灯、紧凑型荧光灯、高频无极灯、
			中间			
			中间	纺织工厂、印刷工厂、视觉费力的工业生产等		
			冷			
2		60～80	暖	工业生产等	办公室、学校等	普通荧光灯、高压钠灯等
			中间			
			冷			
3		40～60	—	粗加工工业等	工业生产等	高压汞灯、高压钠灯等
4		20～10	—	—	显色性要求低的场所等	高压钠灯等

（9）不同光源的发热量，见表 9-17。

表 9-17　　　　　　　　　　不同光源的发热量

项目	光源效率 (lm/W)	总合效率 (lm/W)	发热量	
			kW (1000 lm·h)	比
40W 荧光灯	80	64	13	1.0
40W 汞灯	55	50	17	1.3
100W 白炽灯	15	15	57	4.4
备注		包括镇流器损耗		

（10）光源的单位照度辐射能量值，见表 9-18。

表 9-18　　　　　　　　光源的单位照度辐射能量值

光源种类	白炽灯	带红外反透膜的灯泡	带红外吸收膜的灯泡	荧光灯	荧光汞灯	金属卤化物灯	高压钠灯	太阳光
光源的单位照度辐射能量值 [mV/（m²·lx）]	45	17	33	10	12	10	8	10

（11）热辐射光源的红外线、紫外线损害系数值，见表 9-19。

表 9-19　　　　　热辐射光源的红外线、紫外线损害系数值

热辐射光源种类	功率（W）	色温（K）	显色指数	紫外线 UV 损害系数	红外线 RV 损害系数
高色温白炽灯	25～150	3200	100	5.1	45
低色温白炽灯	25～150	2865	100	3.1	45
冷卤钨灯	65～150	—	100	—	≥10

（12）气体放电灯的红外线、紫外线损害系数值，见表 9-20。

表 9-20　　　　　气体放电灯的红外线、紫外线损害系数值

气体放电灯种类	功率（W）	色温（K）	显色指数	紫外线 UV 损害系数	红外线 RV 损害系数
荧光汞灯	250～1000	4100	44	—	12
日光色荧光灯	10～40	5000	74	6.3	≥10
白光色荧光灯	20～40	4200	63	4.6	≥10
暖白光色荧光灯	20～40	3500	59	4.5	≥10
三基色荧光灯	40	5000	92	3.1	≥10
防紫外线荧光灯	40	4200	63	3.0	≥10
高显色金属卤化物灯	125～400	5000	90	—	10
高显色高压钠灯	150～400	2500	80	—	8

（13）国际照明委员会（CIE）推荐眩光限制值，见表 9-21。

表 9-21　　　　　国际照明委员会（CIE）推荐眩光限制值

应用类型	安全情形			运动情形			工作区		
	低危险程度	中等危险程度	高度危险程度	行人	慢行交通	正常交通运行	不精细工作	中等精细工作	很精细工作
额定眩光限制值	55	50	45	55	50	45	55	50	45

（14）直接型灯具最小遮光角，见表 9-22。

表 9-22

表 9-22　　直接型灯具最小遮光角

直接眩光限制质量等级	灯具出口平均亮度（cd/m²）		
	≤20×10³	20×10³～500×10³	>500×10³
	直管型荧光灯	荧光高压汞灯等涂有荧光粉或漫射光玻壳的高光强气体放电灯	白炽灯、卤钨灯和透明玻壳的高光强气体放电灯
Ⅰ	最小遮光角 20°	25°	30°
Ⅱ	10°	20°	25°
Ⅲ	—	15°	20°

（15）各种光源的应用场所及技术指标，见表 9-23。

表 9-23　　各种光源的应用场所及技术指标

光源种类	应用要求	应用场所示例	光效（lm/W）	显色指数	色温（K）	平均寿命（h）
白炽灯	（1）照明开关频繁，要求瞬时启动或要避免频闪效应的场所。 （2）识别颜色要求较高或艺术需要的场所。 （3）局部照明、应急照明。 （4）需要调光的场所。 （5）需要防止电磁干扰的场所	住宅、旅馆、博物馆、办公楼等	15	95～99	2400～2950	1000
卤钨灯	（1）照度要求高，显色要求较高的场所。 （2）要求频闪效应小，且无振动的场所。 （3）需要调光的场所	剧场、体育馆、展览馆、大礼堂等	25	95～99	2800±50	2000～5000
荧光灯	（1）悬挂高度较低（如 6m 以下）要求照度又较高（如 100 lx 以上）的场所。 （2）识别颜色要求较高的场所。 （3）在天然采光或天然采光不足而人们需要长期滞留的场所	住宅、旅馆、商场、图书馆、学校、医院、计算机房、办公楼等	70	70	全系列	10 000
荧光高压汞灯	（1）照度要求较高，但对光色无特殊要求的场所。 （2）有振动场所（自镇流器式不适用）	大中型厂房、仓库、道路照明等	50	45	3300～4300	6000

光源种类	应用要求	应用场所示例	光效 （lm/W）	显色 指数	色温（K）	平均寿命 （h）
金属卤化 物灯	照度要求较高，且光色较好 的场所	体育场、体育馆、 大型精密产品总装 车间	75～95	65～92	30 130/ 4500/ 5600	6000～ 20 000
高压 钠灯	（1）多烟尘场所。 （2）有振动场所。 （3）照度要求较高，但对光 色无特殊要求的场所	车间、城市主要道 路、广场、港口等	100～ 200	23/60/ 85	1950/ 2200/ 2500	24 000

（16）视觉作业场所工作面上的采光系数标准值，见表 9-24。

表 9-24 视觉作业场所工作面上的采光系数标准值

采光 等级	视觉作业分类		侧面采光		顶部采光	
	作业准确级	识别对象的 最小尺寸 d（mm）	采光系数 最低值（%）	室内天然光 临界照度（lx）	采光系数 平均值 （%）	室内天然光 临界照度 （lx）
Ⅰ	特别精细	≤0.15	5	250	7	350
Ⅱ	很精细	0.15<d≤0.3	3	150	4.5	225
Ⅲ	精细	0.3<d≤1.0	2	100	3	150
Ⅳ	一般	1.0<d≤5.0	1	50	1.5	75
Ⅴ	粗糙	d>5.0	0.5	25	0.7	35

（17）各种建筑的采光系数标准值，见表 9-25。

表 9-25 各种建筑的采光系数标准值

建筑 形式	采光 等级	房间名称	侧面采光		顶部采光	
			采光系数 最低值 （%）	室内天然光 临界照度 （lx）	采光系数 平均值 （%）	室内天然光 临界照度 （lx）
办公建筑	Ⅱ	绘图室、设计室	3	150	—	—
	Ⅲ	办公室、会议室	2	100	—	—
	Ⅳ	复印室、档案室	1	50	—	—
	Ⅴ	走道、楼梯间、卫生间	0.5	25	—	—

建筑形式	采光等级	房间名称	侧面采光		顶部采光	
			采光系数最低值（%）	室内天然光临界照度（lx）	采光系数平均值（%）	室内天然光临界照度（lx）
图书馆	Ⅲ	阅览室、书库（开架）	2	100	—	—
	Ⅳ	索引室	1	50	1.5	75
	Ⅴ	书库、走道、楼梯间、卫生间	0.5	25	—	—
旅馆	Ⅲ	会议厅	2	100		
	Ⅳ	大堂、客房、餐厅、多功能厅	1	50	1.5	75
	Ⅴ	走道、楼梯间、卫生间	0.5	25		
医院	Ⅲ	诊室、药房、治疗室、化验室	2	100		
	Ⅳ	候诊室、挂号处、病房、护士室	1	50	1.5	75
	Ⅴ	走道、楼梯间、卫生间	0.5	25		
博物馆和美术馆	Ⅲ	文物修复、复制、工作室、门厅	2	100	3	150
	Ⅳ	展厅	1	50	1.5	75
	Ⅴ	库房、走道、楼梯间、卫生间	0.5	25	—	—
居住建筑	Ⅳ	起居室、卧室、书房、厨房	1	50		
	Ⅴ	卫生间、过厅、楼梯间、餐厅	0.5	25		

（18）居住建筑照明标准，见表 9-26。

表 9-26　　　　　　　　**居住建筑照明标准**

房间或场所		参考平面及其高度	照度标准值（lx）	R_a
起居室	一般活动	0.75m 水平面	100	80
	注写、阅读		300*	
卧室	一般活动	0.75m 水平面	75	80
	床头、阅读		150*	
餐厅		0.75m 餐桌面	150	80
厨房	一般活动	0.75m 水平面	100	80
	操作台	台面	150*	
卫生间		0.75m 水平面	100	80

* 宜用混合照明。

（19）图书馆建筑照明标准，见表 9-27。

表 9-27 图书馆建筑照明标准

房间或场所	参考平面及其高度	照度标准值 (lx)	统一眩光值 UGR	R_a
一般阅览室	0.75m 水平面	300	19	80
国家、省市及其他重要图书馆的阅览室	0.75m 水平面	500	19	80
老年阅览室、珍善本、舆图阅览室	0.75m 水平面	500	19	80
陈列室、目录厅（室）、出纳厅	0.75m 水平面	300	19	80
书库	0.25m 垂直面	50	—	80
工作间	0.75m 水平面	300	19	80

（20）办公建筑照明标准，见表 9-28。

表 9-28 办公建筑照明标准

房间或场所	参考平面及其高度	照度标准值 (lx)	UGR	R_a
普通办公室	0.75m 水平面	300	19	80
高档办公室	0.75m 水平面	500	19	80
会议室	0.75m 水平面	300	19	80
接待室、前台	0.75m 水平面	300	—	80
营业厅	0.75m 水平面	300	22	80
设计室	实际工作面	500	19	80
文件整理、复印、发行室	0.75m 水平面	300	—	80
资料、档案室	0.75m 水平面	200	—	80

（21）商业建筑照明标准，见表 9-29。

表 9-29 商业建筑照明标准

房间或场所	参考平面及其高度	照度标准值 (lx)	UGR	R_a
一般商店营业厅	0.75m 水平面	300	22	80
高档商店营业厅	0.75m 水平面	500	22	80
一般超市营业厅	0.75m 水平面	300	22	80
高档超市营业厅	0.75m 水平面	500	22	80
收款台	台面	500	—	80

（22）影剧院建筑照明标准，见表 9-30。

表 9-30 影剧院建筑照明标准

房间或场所		参考平面及其高度	照度标准值（lx）	UGR	R_a
门厅		地面	200	—	80
观众厅	影院	0.75m 水平面	100	22	80
	剧场	0.75m 水平面	200	22	80
观众休息厅	影院	地面	150	22	80
	剧场	地面	200	22	80
排演厅		地面	300	22	80
化妆室	一般照明	0.75m 水平面	150	22	80
	化妆台	1.1m 高处垂直面	500	—	80

（23）旅馆建筑照明标准，见表 9-31。

表 9-31 旅馆建筑照明标准

房间或场所		参考平面及其高度	照度标准值（lx）	UGR	R_a
客房	一般活动区	0.75m 水平面	75	—	80
	床头	0.75m 水平面	150	—	80
	写字台	台面	300	—	80
	卫生间	0.75m 水平面	150	—	80
中餐厅		0.75m 水平面	200	22	80
西餐厅、酒吧间、咖啡厅		0.75m 水平面	100	—	80
多功能厅		0.75m 水平面	300	22	80
门厅、总服务台		地面	300	—	80
休息厅		地面	200	22	80
客房层走廊		地面	50	—	80
厨房		台面	200	—	80
洗衣房		0.75m 水平面	200	—	80

（24）医院建筑照明标准，见表 9-32。

表 9-32 医院建筑照明标准

房间或场所	参考平面及其高度	照度标准值（lx）	UGR	R_a
治疗室	0.75m 水平面	300	19	80
化验室	0.75m 水平面	500	19	80
手术室	0.75m 水平面	750	19	90

房间或场所	参考平面及其高度	照度标准值（lx）	UGR	R_a
诊室	0.75m 水平面	300	19	80
候诊室、挂号厅	0.75m 水平面	200	22	80
病房	地面	100	19	80
护士站	0.75m 水平面	300	—	80
药房	0.75m 水平面	500	19	80
重症监护	0.75m 水平面	500	19	90

（25）学校建筑照明标准，见表 9-33。

表 9-33 　　　　　　　　　　学校建筑照明标准

房间或场所	参考平面及其高度	照度标准值（lx）	UGR	R_a
教室	课桌面	300	19	80
实验室	实验桌面	300	19	80
美术教室	桌面	500	19	90
多媒体教室	0.75m 水平面	300	19	80
教室黑板	黑板面	500	—	80

（26）博物馆建筑陈列室展品照明标准，见表 9-34。

表 9-34 　　　　　　　　博物馆建筑陈列室展品照明标准

类　别	参考平面及其高度	照度标准值（lx）
对光特别敏感的展品，如纺织品、织绣品、绘画、纸质物品、彩绘、陶（石）器、染色皮革、动物标本等	展品面	50
对光敏感的展品，如油画、蛋清画等，不染色皮革、角制品、骨制品、象牙制品、竹木制品和漆器等	展品面	150
对光不敏感的展品，如金属制品、石质器物、陶器、瓷器、宝玉石器、岩矿标本、玻璃制品、搪瓷制品、珐琅器等	展品面	300

注　陈列室一般照明应按展品照度值的 20%～30% 选取，UGR 不应大于 19，辨色要求一般的场所 R_a 不应低于 80，辨色要求高的场所，如彩色绘画、彩色织物等，R_a 不应低于 90。

（27）展览馆展厅照明标准值，见表 9-35。

表 9-35　　　　　　　　　　　　　　　**展览馆展厅照明标准**

房间或场所	参考平面及其高度	照度标准值（lx）	*UGR*	R_a
一般展厅	地面	200	22	80
高档展厅	地面	300	22	80

注　高于 6m 的展厅，R_a 可降低到 60。

（28）交通建筑照明标准，见表 9-36。

表 9-36　　　　　　　　　　　　　　**交通建筑照明标准**

房间或场所		参考平面及其高度	照度标准值（lx）	*UGR*	R_a
售票台		台面	500	—	80
问询处		0.75m 水平面	200	—	80
候车（机、船）室	普通	地面	150	22	80
	高档	地面	200	22	80
中央大厅、售票大厅		地面	200	22	80
海关、护照检查		工作面	500	—	80
安全检查		地面	300	19	80
换票、行李托运		0.75m 水平面	300	19	80
行李认领、到达大厅、出发大厅		地面	200	22	80
通道、连接区、扶梯		地面	150	—	80
有棚站台		地面	75	—	20
无棚站台		地面	50	—	20

（29）居住建筑每户照明功率密度值不宜大于表 9-37 的规定。

表 9-37　　　　　　　　　　　　　　**居住建筑每户照明功率密度值**

房间或场所	照明功率密度（W/m²）		对应照度值（lx）
	现行值	目标值	
起居室			100
卧室			75
餐厅	7	6	150
厨房			100
卫生间			100

（30）办公建筑照明功率密度值不应大于表 9-38 的规定。

表 9-38

办公建筑照明功率密度值

房间或场所	照明功率密度（W/m²）		对应照度值（lx）
	现行值	目标值	
普通办公室	11	9	300
高档办公室、设计室	18	15	500
会议室	11	9	300
营业厅	13	11	300
文件整理、复印、发行室	11	9	300
档案室	8	7	200

（31）商业建筑照明功率密度值不应大于表 9-39 的规定。

表 9-39　　　　　　　　　**商业建筑照明功率密度值**

房间或场所	照明功率密度（W/m²）		对应照度值（lx）
	现行值	目标值	
一般商店营业厅	12	10	300
高档商店营业厅	19	16	500
一般超市营业厅	12	10	300
高档超市营业厅	20	17	500

（32）旅馆建筑照明功率密度值不应大于表 9-40 的规定。

表 9-40　　　　　　　　　**旅馆建筑照明功率密度值**

房间或场所	照明功率密度（W/m²）		对应照度值（lx）
	现行值	目标值	
客房	15	13	—
主餐厅	13	11	200
多功能厅	18	15	300
客房层走廊	6	5	50
门厅	15	13	300

（33）医院建筑照明功率密度值不应大于表 9-41 的规定。

表 9-41　　　　　　　　　　　医院建筑照明功率密度值

房间或场所	照明功率密度（W/m²）		对应照度值（lx）
	现行值	目标值	
治疗室、诊室	11	9	300
化验室	18	15	500
手术室	30	25	750
候诊室	8	7	200
病房	6	5	100
护士站	11	9	300
药房	20	17	500
重症监护室	11	9	300

（34）学校建筑照明功率密度值不应大于表 9-42 的规定。

表 9-42　　　　　　　　　　　学校建筑照明功率密度值

房间或场所	照明功率密度（W/m²）		对应照度值（lx）
	现行值	目标值	
教室、阅览室	11	9	300
实验室	11	9	300
美术教室	18	15	500
多媒体教室	11	9	300

（35）国际照明委员会（CIE）推荐的照度标准值，见表 9-43。

表 9-43　　　　　　　国际照明委员会（CIE）推荐的照度标准值

被照面材料	推荐照度（lx）			修正系数				
	背景亮度			光源种类修正		表面状况修正		
	低	中	高	汞灯、金属卤化物灯	高、低压钠灯	较清洁	脏	很脏
浅色石材、白色大理石	20	30	60	1	0.9	3	5	10
中色石材、水泥、浅色大理石	40	60	120	1.1	1	2.5	5	8
深色石材、灰色花岗石、深色大理石	100	150	300	1	1.1	2	3	5
浅黄色砖材	30	50	100	1.2	0.9	2.5	5	8
浅棕色砖材	40	60	120	1.2	0.9	2	4	7
深棕色砖材、粉红色花岗石	55	80	160	1.3	1	2	4	6

被照面材料	推荐照度（lx）			修正系数				
	背景亮度			光源种类修正		表面状况修正		
	低	中	高	汞灯、金属卤化物灯	高、低压钠灯	较清洁	脏	很脏
红砖	100	150	300	1.3	1	2	4	5
深色砖	120	180	360	1.3	1.2	1.5	2	3
建筑混凝土	60	100	200	1.3	1.2	1.5	2	3
天然铝材（表面烘漆处理）	200	300	600	1.2	1	1.5	2	2.5
反射率10%的深色棉材	120	180	360	—	—	1.5	2	2.5
红—棕—黄色	—	—	—	1.3	1	—	—	—
蓝—绿色	—	—	—	1	1.3	—	—	—
反射率30%～40%的中色面材	40	60	120	—	—	2	4	7
红—棕—黄色	—	—	—	1.2	1	—	—	—
蓝—绿色	—	—	—	1	1.2	—	—	—
反射率60%～70%的粉色面材	20	30	60	—	—	3	5	10
红—棕—黄色	—	—	—	1.1	1	—	—	—
蓝—绿色	—	—	—	1	1.1	—	—	—

注 1. 对远处被照物，表中所有数据提高30%。
   2. 设计照度为使用照度，即维护周期内平均照度的中值。
   3. 对一个城市或地区的标志性重要建筑，建议提高一个等级取值。

（36）建筑立面夜景照明单位面积安装功率，见表9-44。

表9-44 建筑立面夜景照明单位面积安装功率

立面反射比（%）	暗背景		一般背景		亮背景	
	照度（lx）	安装功率（W/m²）	照度（lx）	安装功率（W/m²）	照度（lx）	安装功率（W/m²）
60～80	20	0.87	35	1.53	50	2.17
30～50	35	1.53	65	2.89	85	3.78
20～30	50	2.21	100	4.42	150	6.63

（37）国际照明委员会（CIE）限制室外照明光污染的最大光度指标，见表9-45。

表 9-45　　　国际照明委员会（CIE）限制室外照明光污染的最大光度指标

光度指标	适用条件	环境区域			
		Ⅰ	Ⅱ	Ⅲ	Ⅳ
窗户垂直面上产生照度（lx）	夜景照明熄灭前，进入窗户的光线	2	5	10	25
	夜景照明熄灭后，进入窗户的光线	0①	1	5	10
灯具的最大光强（kcd）	夜景照明熄灭前，适用于全部照明设备	2500	7500	10 000	25 000
	夜景照明熄灭后，适用于全部照明设备	0②	500	1000	2500
上射光通比的最大值（%）	灯的上射光通量与全部光通量之比	0	5	15	25
建筑物或标志表面亮度（cd/m²）	由被照表面的平均照度和反射比确定		5	10	25
	由被照表面的平均照度和反射比确定或是对自发光标志的平均照度	50	400	800	1000
阈限增量（T1）③	在机动车道路上看到的透光灯所产生的眩光	15%（$L_A=0.1$）	15%（$L_A=1$）	15%（$L_A=2$）	15%（$L_A=5$）

注　1. 本表引自 CIE 干扰光技委会限制室外照明干扰光影指南。
　　2. 环境区域指：
　　Ⅰ—环境暗的地区，如公园、自然风景区。
　　Ⅱ—环境亮度低的地区，如城市较小的街道及田园地带外侧区域。
　　Ⅲ—环境亮度中等的地区，如城市一般街道周边地区。
　　Ⅳ—环境亮度高的地区，如一般住宅区与商业区混合的城市街道或广场。
① 如果使用公共（道路）照明灯具，此值可提高至 1 lx；
② 如果使用公共（道路）照明灯具，此值可提高至 500 cd；
③ 阈限增量（T1）中的 L_A 为适应亮度（单位为 cd/m²）。0.1 为无道路照明时，1 为 M5 级道路照明，2 为 M4/M3 级道路照明，5 为 M2/M1 级道路照明。

（38）道路照明标准，见表 9-46。

表 9-46　　　　　　　　　　　道路照明标准

级别	通路类型	亮 度		照 度		眩光限制	诱导性
		平均亮度 L_{av}（cd/m²）	均匀度 L_{min}/L_{av}	平均照度 E_{av}（lx）	均匀度 E_{min}/E_{av}		
Ⅰ	快速路	1.5	0.4	20	0.4	严禁采用非截光型灯具	很好
Ⅱ	主干路及迎宾路、通向政府机关和大型公共建筑的主要道路、大型交通枢纽等	1.0	0.35	15	0.35		很好

级别	通路类型	亮 度		照 度		眩光限制	诱导性
		平均亮度 L_{av} (cd/m^2)	均匀度 L_{min}/L_{av}	平均照度 E_{av} (lx)	均匀度 E_{min}/E_{av}		
Ⅲ	次干路	0.5	0.35	8	0.35	不得采用非截光型灯具	好
Ⅳ	支路	0.3	0.3	5	0.3	不宜采用非截光型灯具	—

注 1. 表中所列的平均照度仅适合沥青表面，若系水泥混凝土路面，其平均照度值可相应降低 20%～30%。

2. 表中各项数值仅适用于干燥路面。

（39）我国的居住区和人行道路照明标准，见表 9-47。

表 9-47 　　　　　　我国的居住区和人行道路照明标准

通路类型	亮 度		照 度		眩光限制
	平均亮度 L_{av}（cd/m^2）	均匀度 L_{min}/L_{av}	平均照度 E_{av}（lx）	均匀度 E_{min}/E_{av}	
主要供人和非机动车通行的居住区道路和人行道	—	—	1～2	—	采用灯具不受限制

（40）路灯的配光类型、布灯方式与安装高度、间距的关系，见表 9-48。

表 9-48 　　　　　　路灯的配光类型、布灯方式与安装高度、间距的关系

路灯的配光类型		截光型		半截光型		非截光型	
		安装高度 H (m)	间距 S (m)	安装高度 H (m)	间距 S (m)	安装高度 H (m)	间距 S (m)
布灯方式	单侧布置	$H \geqslant W_{eff}$	$S \leqslant 3H$	$H \geqslant 1.2W_{eff}$	$S \leqslant 3.5H$	$H \geqslant 1.4W_{eff}$	$S \leqslant 4H$
	交错布置	$H \geqslant 0.7W_{eff}$	$S \leqslant 3H$	$H \geqslant 0.8W_{eff}$	$S \leqslant 3.5H$	$H \geqslant 0.9W_{eff}$	$S \leqslant 4H$
	对称布置	$H \geqslant 0.5W_{eff}$	$S \leqslant 3H$	$H \geqslant 0.6W_{eff}$	$S \leqslant 3.5H$	$H \geqslant 0.7W_{eff}$	$S \leqslant 4H$
最大光强方向		0°～65°		0°～75°		—	
在指定角度上所发出的最大光强允许值	90°	10cd/1000lm注		50cd/1000lm		1000cd	
	80°	30cd/1000lm注		100cd/1000lm			

注 不管灯泡发出多少光通量，光强最大不得超过 1000 cd。

（41）灯具按防触电保护等级选型，见表 9-49。

表 9-49　　　　　　　　灯具按防触电保护等级选型

灯具防触电保护等级	灯具主要性能	应用说明	应用场所举例
0 类	保护依赖基本绝缘，在易触及的部分及外壳和带电体间的绝缘	用于安全程度高的场所，灯具安装、维护方便	空气干燥、尘埃少、木板地等条件下的吊灯、吸顶灯等
Ⅰ 类	除基本绝缘外，易触及的部分及外壳有接地装置，一旦基本绝缘损坏时，不致有危险	用于金属外壳灯具，提高安全性	透光灯、路灯、庭院灯等
Ⅱ 类	除基本绝缘外，还有补充绝缘外，做成双重绝缘，提高安全性	由于绝缘性能好，安全性高，所以适用于环境差、人经常触及的灯具	台灯、手提灯等
Ⅲ 类	采用特低安全电压（交流有效值小于 50V），且灯具内不会产生高于此值的电压	灯具安全性最高，用于恶劣环境	机床工作灯、水下灯、儿童用灯等

（42）室内一般照明灯具的最低悬挂高度，见表 9-50。

表 9-50　　　　　　　　室内一般照明灯具的最低悬挂高度

光源种类	灯具形式	灯具遮光角	光源功率（W）	配光控制	眩光控制	红外线占灯功率百分数（%）	最低悬挂高度/m
白炽灯	有反射罩	10°～30°	≤100	容易	较易	83	2.5
	乳白玻璃漫射罩	—	≤100				2.0
荧光灯	无反射罩		≤36	难	容易	41	2.0
			＞36				3.0
	有反射罩	10°～30°	—				2.0
金属卤化物灯高压钠灯	有反射罩	10°～30°	＜150	较易	较难	48～64	4.5
			150～250				6.0
			250～400				7.5
			＞400				9.0
	有反射罩带格栅	＞30°	＜150				4.0
			150～250				5.0
			250～400				6.5
			＞400				8.0

注　1. 本表建议在进行初步设计阶段使用。
　　2. 在施工图设计阶段必须对确定眩光评估时，应采用 CIE 推荐的眩光指数法。

（43）教室内黑板灯安装位置，见表9-51。

表 9-51　　　　　　　　　　　　　教室内黑板灯安装位置

灯具的安装高度（m）	2.6	2.7	2.8	3.0	3.2	3.4	3.6
灯具距黑板的距离（m）	0.6	0.7	0.8	0.9	1.1	1.2	1.3

（44）不同房间安装紫外线杀菌灯，见表9-52。

表 9-52　　　　　　　　　　不同房间安装紫外线杀菌灯参考表

房间长度(m)　房间宽度(m)	3.0～4.0	4.0～5.5	5.5～7.0	7.0～9.5	9.5～11.5	11.5～14.0	14.0～17.5
3.0～4.0	1	1	1	1	1	2	2
4.0～5.5		1	1	1	2	2	3
5.5～7.0			1	1	2	3	3
7.0～9.5				2	3	3	4
9.5～11.5					3	3	4

注　1. 表中紫外线杀菌灯功率为30W，室内高度3.5m。

　　2. 对于要求较高场所（如手术室、实验室），应按表中的数值加倍。

（45）航空障碍标志灯技术指标，见表9-53。

表 9-53　　　　　　　　　　　　航空障碍标志灯技术指标

航空障碍标志灯类型	低光强型	中光强型	高光强型
灯光颜色	航空红色	航空白色/红色	航空白色
控光方式及数据（次/min）	恒定光或闪光 40～60	闪光 20～60	闪光 20～60
有效光强	2000cd 用于夜间	2000cd 用于夜间 7500cd 用于黄昏与黎明	2000cd 用于夜间 20 000cd 用于黄昏与黎明 27 000cd 用于白天
可视范围	光源中心垂线15°以上全方位		
适应高度	建筑高度 45m	建筑高度 90m	建筑高度 153m

注　表中时间段对应的背景亮度：夜间<50cd/m²；黄昏与黎明<50～500cd/m²；白天<500cd/m²。

（46）路灯照明器安装高度参考数据，见表9-54。

表 9-54		路灯安装高度	（m）
灯具	安装高度	灯具	安装高度
125～250W 荧光高压汞灯 250～400W 高压钠灯	≥5 ≥6	60～100W 白炽灯或 50～80W 荧光高压汞灯	≥4～6

（47）在建筑物本体上安装泛光灯的间隔，见表 9-55。

表 9-55	在建筑物本体上安装泛光灯的间隔（推荐值）		
建筑物高度 （m）	照明器所形成 的光束类型	灯具伸出建筑物 1m 时的安装间距（m）	灯具伸出建筑物 0.7m 时的安装间距（m）
25	狭光束	0.6～0.7	0.5～0.6
30	狭光束或中光束	0.6～0.9	0.6～0.7
15	狭光束或中光束	0.7～1.2	0.6～0.9
10	狭、中、宽光束均可	0.7～1.2	0.7～1.2

注 狭光束—30°以下；中光束—30°～70°；宽光束—70°～90°及以上。

技能 102　了解照明供电系统基本要求

1. 电压质量

（1）电压偏移要求。照明灯具端电压的允许偏移不得高于额定电压的 5%，且不应低于下列数值：

1）对视觉要求较高的室内照明为 2.5%。

2）一般工作场所的室内照明、室外照明为 5%，极少数远离变电站的场所，允许降低到 10%。

3）事故照明、道路照明、警卫照明及电压 12～36V 的照明，允许降低到 10%。

（2）电压波动要求。

1）电压波动是指电压的快速变化。当照明供电网络中存在冲击性负荷会引起电压波动，电压波动引起光源光通量的波动，从而引起被照物体的照度、亮度的波动，进而影响视觉，因此必须限制电力电压波动。

2）正常照明一般可与其他电力负荷共用变压器供电，但不宜与较大冲击性负荷的变压器合用供电。必要时（如照明负荷较大）可设照明专用变压器供电。

2. 其他要求

（1）在无具体设备连接的情况下，民用建筑中的每个插座可按 100W 计算。

（2）照明系统中的每一单相负荷回路，电流不宜超过 16A。灯具为单独回路时，数量不宜超过 25 个，花灯、彩灯、大面积照明等回路除外。

（3）对于气体放电灯宜采用分相接入法，以降低频闪效应的影响。

（4）重要厅室的照明供电，可采用两个电源自动切换的方式或两个电源各带一半负荷的方式供电。

3. 供电及控制方式

（1）照明线路的供电一般采用单相交流 220V 两线制。当负荷电流超过 30 A 时，应采用三相四线供电。

（2）照明的控制方式及开关的安装位置，应遵循在安全的前提下便于使用、管理和维修的原则。照明配电装置应靠近供电的负荷中心，略偏向电源侧，宜用二级控制方式。大空间场所照明（如大型商场、厂房等）可采用分组在分配电箱内控制，在出入口应装部分开关；一般房间照明开关装于入口处门侧墙上内侧；偶尔出入的房间开关宜装于室外。

（3）道路照明在负荷小的情况下采用单相供电，在负荷大的情况下采用三相四线供电。并应注意三相负荷的平衡。各独立工作地段或场所的室外照明，因为用途和使用时间的不同，应采用就地单独控制的供电方式。除了每个回路应有保护设施外，每个照明装置还应设单独的熔断器保护。

4. 照明负荷计算

对于一般工程，可采用单位面积耗电量法进行估算。根据工程的性质和要求，可以查阅有关手册选取照明装置单位面积的耗电量，再乘以相应的面积，即可得到所需照明供电负荷的估算值。如需进行准确计算，则应根据实际安装或设计负荷汇总，并考虑一定的照明负荷同时系数，确定照明计算负荷，以供电流计算之用。

技能 103　了解照明供电网络设计要求

室内照明供电网络设计要求，见表 9-56。

表 9-56　　　　　　　　　　室内照明供电网络设计要求

项　目	内　　容
室内正常照明	（1）室内正常照明一般由动力与照明共用的电力变压器供电，二次电压为 380/220V。如果动力负荷会引起对照明不允许的电压偏移或波动，在经济技术合理的情况下，对照明可采用有载自动调压电力变压器、调压器，或照明专用变压器供电；在照明负荷较大的情况下，照明也可采用单独的变压器供电（如高照度的多层厂房、大型体育设施等）。 （2）在电力负荷稳定的生产厂房、辅助生产厂房以及远离变电站的建（构）筑物中（如公共和一般的住宅建筑），可采用动力与照明合用供电线路的方式，在电源进户处将动力、照明线路分开。当建筑物内设低压配电屏、低压侧采用放射式配电系统时，照明电源一般可按在低压配电屏的照明专用线上

项　目	内　容
室内备用照明	（1）对于特别重要的照明负荷，可在负荷末级配电盘采用自动切换电源的方式，也可采用由两个专用回路各带约50％的照明灯具的配电方式。当无第二路电源时，可采用自备快速启动发电机作为备用电源，也可采用蓄电池作备用电源。 （2）备用照明应接于与正常照明不同的电源。为了减少、节省照明线，可从整个照明中分出一部分作为备用照明。此时，工作照明和备用照明应同时使用，但其配电线路及控制开关应分开装设。若备用照明不作为正常照明的一部分同时使用，当正常照明因故障停电时，备用照明电源应自动投入。 （3）备用照明可采用以下供电方式：引入10kV（或6kV）电源为专供电源仅装设一台变压器时，与正常照明在变电站低压配电屏上或母线上分开；装设两台及以上变压器时，宜与正常照明分别接于不同的变压器；建筑物内不设变压器时，应与正常照明电源分别引自附近不同的变压器，并不得与正常照明共用一个总开关；当供电条件不备两个电源或两个回路时，可采用蓄电池组或带有直流逆变器的应急照明灯
室外照明	室外照明线路应与室内照明线路分开供电；道路照明、警卫照明的电源宜接在有人值班的变电站低压配电屏的专用回路上。负荷小时，可采用单相供电；负荷大时，可采用三相供电，并应注意各相负荷分配均衡；当室外照明的供电距离较远时，可采用由不同地区的变电站分区供电的方式

技能 104　熟悉照明装置的电气安全控制方法

1. 防触电保护

（1）防止与正常带电体接触而遭电击的保护称为直接接触保护（正常工作时的电击保护），其主要措施是设置使人体不能与带电部分接触的绝缘、必须的遮栏等措施或采用安全电压。预防人体与正常时不带电，而异常时带电的金属构件（如灯具外壳）的接触而采取的保护，称为间接接触保护（故障情况下的电击保护），主要方法是将电源自动切断，或采用双重绝缘的电气产品，或使人不致触及不同电位的两点，或采用等电位连接等。

（2）在照明系统中，正常工作和故障情况下的电击保护可采取下列方式：

1）采用安全电压。如手提灯及电缆隧道中的照明等都采用36V安全电压。但此时电源变压器（220/36V）的一、二次线圈间必须有接地屏蔽层或采用双重绝缘；二次回路中的带电部分必须与其他电压回路的导体、大地等隔离。

2）保护接地。我国低压网络多采用TN或TT接地形式。系统中性点直接接地，设备发生故障（绝缘损坏）时能形成较大的短路电流，从而使线路保护装置很快动作，切断电源。

3）采用残余电流保护装置（RCD—漏电保护）。在TN及TT系统中，当过电流保护不能满足切断电源的要求时（灵敏度不够），可采用残余电流保护。通过保护装置主回路各级电流的矢量和称为残余电流。正常工作时，残余电流值为零；但人接触到带电体或被保护的线路及设备绝缘损坏时，会产生残余电流。对于直接接触保护时，采用 30mA 及以下的数值作为残余电流保护装置的动作电流；对于间接接触保护时，则采用通用人体接触电压极限值 U_L（50V）除以接地电阻所得的值，作为该装置的动作电流。

2. 照明装置及线路的电气安全措施

（1）安装高度低于 25m 时，照明装置及线路的外露可导电部分，必须与保护地线（PE 线）或保护中性线（PEN 线）实行电气连接。

（2）在 TN—C 系统中，灯具的外壳应以单独的保护线（PE 线）与保护中性线（PEN 线）相连，不允许将灯具的外壳与支接的工作中性线（N 线）相连。

（3）采用硬质塑料管或难燃塑料管的照明线路，宜敷专用保护线（PE 线）。

（4）爆炸危险场所的照明装置，需敷设专用保护接地线（PE 线）。在 TN—S 系统中，工作中性线（N 线）上严禁接入可独立操作的开关或熔断器。

（5）在 TN—C 系统中，保护中性线（PEN 线）严禁接入开关设备。

第十章

电 气 控 制 设 计

1. APD 装在备用进线断路器上

电源（一）设为工作电源，电源（二）设为备用电源，自动投入装置（Automatie Throw-in Device of Stand-by Power，APD）装在备用电源进线的断路器上。正常运行时备用线路断开（2QF 断），当工作线路出现故障或因其他原因切除（1QF 断）时，APD 合 2QF，备用电源自动投入，如图 10-1 所示。

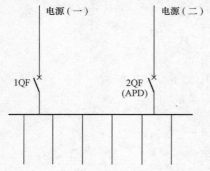

图 10-1　APD 装在备用进线断路器

2. APD 装在母线分段断路器上

两电源（一）、（二）分别供电给单母线左、右两个分段，自动投入装置 APD 装在母线分段断路器（3QF）上。正常运行时母联断路器 3QF 断开，两路电源分别供电给两段母线（1QF、2QF 均合）。当两路电源中有一路发生故障切除时（1QF、2QF 之一断），备用电源自动投入装置将母联断路器（3QF）合上，由未切除电源同时供电给单母线左、右两个分段（此时两个分段可退运行一般负荷，仅保留重要负荷），如图 10-2 所示。

1. 用接触器实现

两电源一主一备，当主电源断电时，备用电源自动投入。继电器 KA 承担主、备电源的切换。它接在主电源开关 1QF 的后面，目的是为了在主电源虽然有电，而当开关 1QF 设过载保护，且因过载而跳闸时，备用电源也可自投，提高供电可靠性。如果开关 1QF 不设保护，则继电器 KA 也可设在 1QF 前。当主电源恢复供电后，备用电源在继电器 KA 的控制下自动断电。如图 10-3 所示。

2. 用 ATS 实现

双电源自动切换电路在很多场合使用，许多场合其工作要求必须安全、可靠，其结构要求体积小、功能全、一体化，于是便产生了双电源转换开关即 ATS。ATS 装置方便了系统设计和施工，在工程中已被广泛使用，其表示方法如图 10-4 所示。

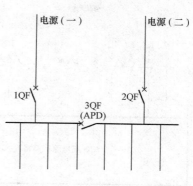

图 10-2　APD 装在母线分段断路器

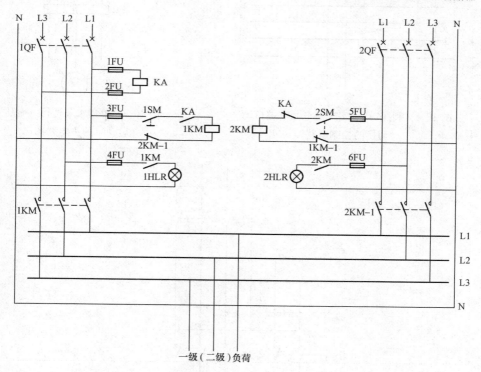

图 10-3　利用接触器实现双电源末端自动切换的控制电路

技能 107　掌握水泵主电路的布置方式

（1）单台水泵运行（全压启动）的主电路如图 10-5 所示。

（2）两台水泵一用一备运行（全压启动）的主电路如图 10-6 所示。

（3）两台水泵自动轮换运行（自耦降压启动）的主电路如图 10-7 所示。

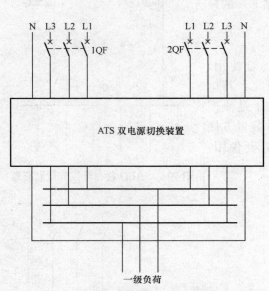

图 10-4　利用 ATS 实现双电源末端自动
切换的控制电路

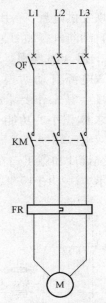

图 10-5　单台水泵运行（全压
启动）的主电路图

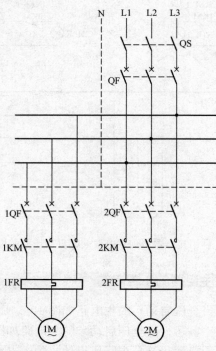

图 10-6　两台水泵一用一备运行（全压启动）的主电路图

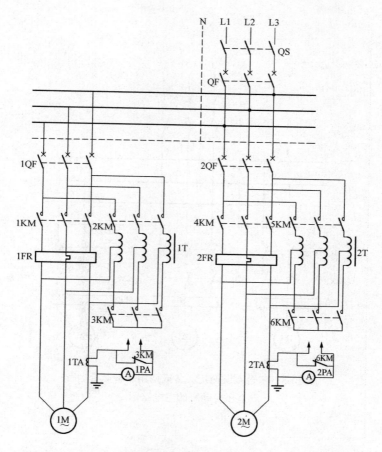

图 10-7　两台水泵自动轮换运行（自耦减压启动）的主电路图

（4）三台水泵两用一备或两用一备交替运行（全压启动）的主电路如图10-8 所示。

///////////

1. 单台生活给水泵

单台生活给水泵的控制比较简单，且与排水泵的控制电路几乎没有多大的区别。一般情况下，可以用类似的排水泵控制电路与控制箱代替。只要将排水泵控制箱引到集水池液位器的线路改引到屋顶水箱，将排水泵的"高水位起泵、低水位停泵"改接为生活给水泵的"低水位起泵、高水位停泵"。控制电路如图 10-9所示。

2. 两台给水泵一用一备

这是常见的形式之一，一般受屋顶水箱的水位控制，"低水位起泵、高水位

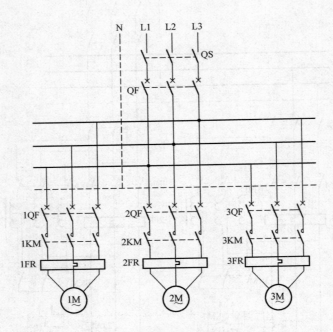

图 10-8　三台水泵两用一备或两用一备交替运行
（全压启动）的主电路图

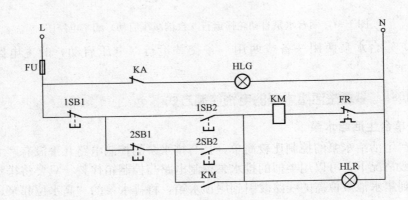

图 10-9　单台生活给水泵的控制电路

停泵"。工作泵故障时，备用泵延时自投，并发出故障报警。控制电路如图
10-10 所示。

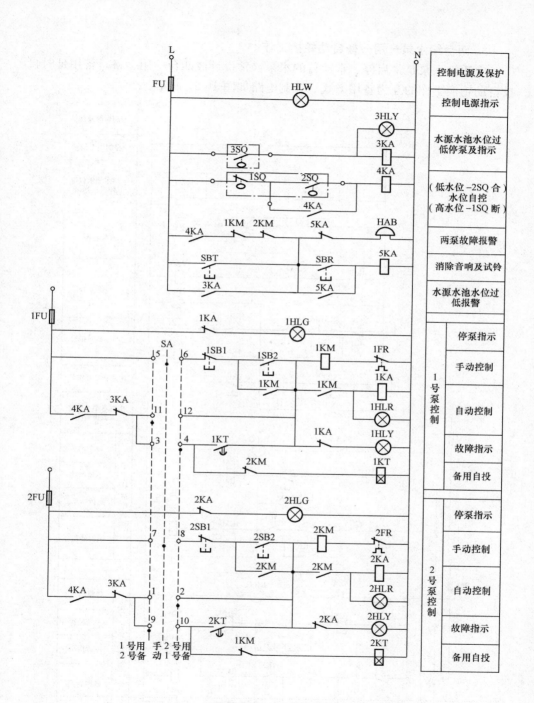

图 10-10　两台给水泵一用一备的控制电路

3. 两台给水泵一用一备自动轮换工作

生活给水泵是常启停、常运行的水泵，常设计成两台一用一备，备用延时自投自动轮换工作的互为备用方式。控制电路如图 10-11 所示。

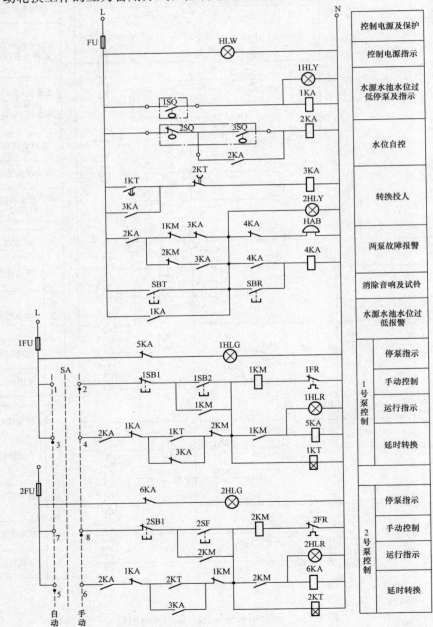

图 10-11 两台给水泵一用一备自动轮换工作的控制电路

4. 变频调速恒压供水的工作模式

（1）非匹配式——水泵的供水量总大于系统的用水量，设蓄水设备。当水至低水位时启泵上水，而达到高水位时则停泵，前述均属此类。

（2）匹配式——水泵的供水量随用水量的变化而变化，无多余水量，不设蓄水设备。变频调速恒压供水就属此类。它通过计算机控制，改变水泵电动机的供电频率，调节水泵的转速，自动控制水泵的供水量，确保用水量变化时，供水量随之变化，从而维持水系统的压力不变，实现了供水量和用水量的相互匹配。它具有节省建筑面积、节能等优点。但停电即停水，故电源必须可靠，且设备造价高。变频调速恒压供水有单台、两台、三台和四台泵的不同组合。

技能 109   掌握热水循环泵温度自控的电路控制方式 ////////////

1. 单台泵

热水循环泵一般安装在热水系统的管道上，要求压头小、扬程低，水泵电动机的功率较小。如果只设一台热水循环泵，控制电路如图 10-12 所示。

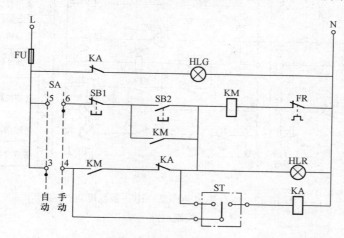

图 10-12   单台热水循环泵温度自控的控制电路

2. 两台泵一用一备温度自控

民用建筑，尤其是重要的民用建筑中的热水循环泵，多数设计为两台泵一用一备形式。控制电路如图 10-13 所示。

3. 两台泵一用一备自动轮换工作

热水循环泵也属于常启停、常运行的水泵，所以一般设计为两泵互为备用自动轮换工作的方式，控制电路如图 10-14 所示。

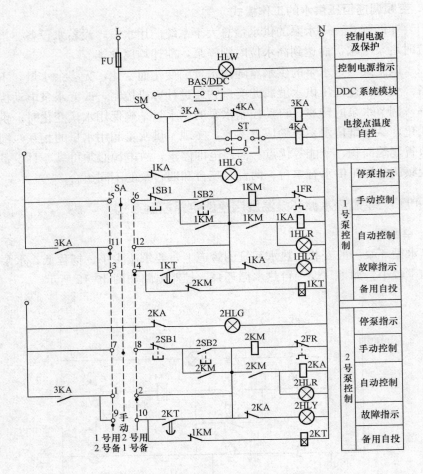

图 10-13　两台热水循环泵一用一备温度自控的
控制电路

1. 单台

一般来说，若排水场所对排水的可靠性要求不高，排水量不大，往往只设一台排水泵。当排水泵的启动不频繁，又不要求自动控制或两地控制，水泵电动机的容量也不大（如 4kW 及以下），这时可不设接触器，只设低压断路器作为启动控制设备，可不必设计自动控制电路。当水泵要求两地操作，但不要求自动控制，可参照采用单台生活给水泵的控制电路。

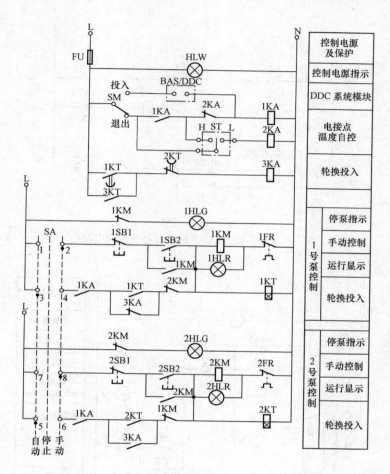

图 10-14 两台热水循环泵一用一备温度自控自动
轮换工作的控制电路

2. 排水泵水位自控或两地控制

要求不高的单台排水泵需水位自控时，其控制电路如图 10-15 所示。

3. 排水泵水位自控及高水位报警

当单台排水泵需水位自控、溢流水位报警时，其排水泵控制电路如图 10-16
所示。

4. 两台排水泵一用一备的控制电路

较重要的建筑中，对排水的可靠性要求较高，常设计为两台排水泵一用一
备，互为备用，水位自控。高水位启泵，低水位停泵，溢流水位及水泵故障时报

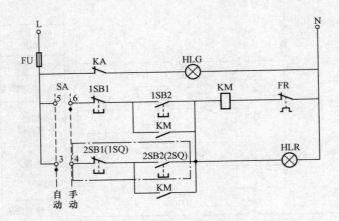

图 10-15 排水泵水位或两地控制的控制电路

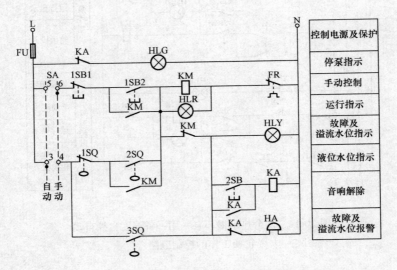

图 10-16 排水泵水位自控、高水位报警的控制电路

警。工作泵故障跳闸时备用泵延时自投运行，同时发出声光报警。其控制电路如图 10-17 所示。

5. 两台排水泵一用一备自动轮换工作

用于生活废水的排水泵，常运转，常启停泵。为使两台泵轮流使用，控制电路常常设计为两台水泵互为备用，自动轮换的控制方式。这样可使两台泵磨损均匀，减少受潮，运行更为可靠。其控制电路如图 10-18 所示。

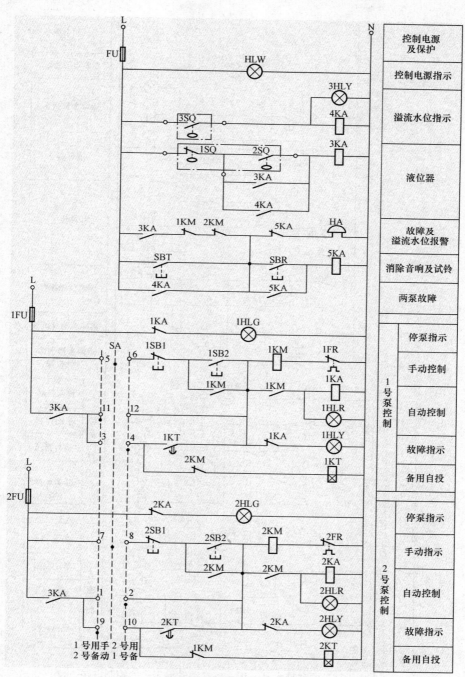

图 10-17　两台排水泵一用一备的控制电路

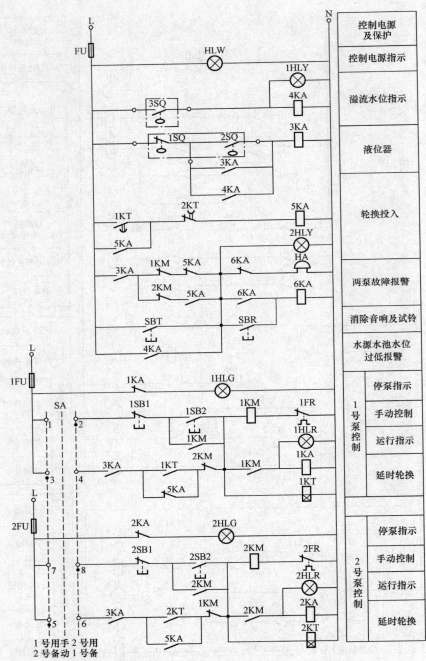

图 10-18　两台排水泵一用一备自动轮换工作的控制电路

　　大型民用建筑中设有 BAS 自动化管理系统时，可将水泵控制纳入 BAS 系统。将各类水位信号、温度信号以及压力信号等以数字（接点）或模拟量（0～20mA）送入 DDC 站。由它处理后，输出 220V、5A 的接点信号，代替图示控制电路中的中间继电器或接触器接点信号，可直接启、停水泵。同时可在 BAS 系统中央控制室或现场 DDC 分站，通过显示屏显示各水池、水箱的水位、温度、压力及泵的运行情况。但水泵直接启动或减压启动的控制不变。采用计算机 BAS 控制系统进行水泵控制已在很多场合被采用，大大增加了控制系统的可靠性和灵活性。如图 10-19 所示的电路适用于小容量电动机，用弱电线路的输出触点直接控制电动机的接触器。如图 10-20 所示的电路适用于大容量电动机，其接触器线圈的功率较大，吸合功率达 500VA 以上，直接用弱电设备的输出触点控制有困难，则采用一个中间继电器与弱电设备的出口相接，使弱电设备的出口触点增容，以控制较大容量的电动机。这两个电路都仅仅是电动机启、停的执行器，所有的自动控制功能，均由计算机控制系统来完成。

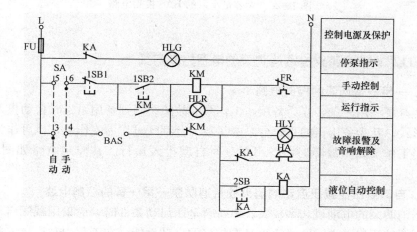

图 10-19　小容量水泵的 BAS 控制电路

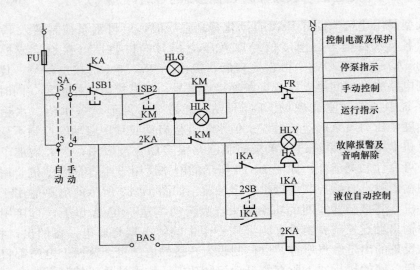

图 10-20　大容量水泵的 BAS 控制电路

掌握消火栓用消防泵的电路控制方式

1. 一用一备两泵的控制电路

两台泵一用一备，互为备用，工作泵因故障跳闸则备用泵延时自动投入是常用的形式，互为备用指的是两台泵中任意一台都既可作为工作泵，也可作为备用泵。当工作泵发生故障时，备用泵延时自动投入运行。其控制电路如图 10-21 所示。

2. 自耦变压器减压启动的消火栓用消防泵一用一备的控制电路

当消防泵的电动机功率较大，不符合全压启动条件时，应采用减压启动。自耦变压器减压启动方式既灵活，又有较好的启动性能，在工程中被广泛采用。其控制电路如图 10-22 及图 10-23。

3. 消火栓用消防泵两用一备的控制电路

三台泵两用一备形式一般情况下要优于两台泵一用一备。其控制电路如图 10-24 与图 10-25 所示。

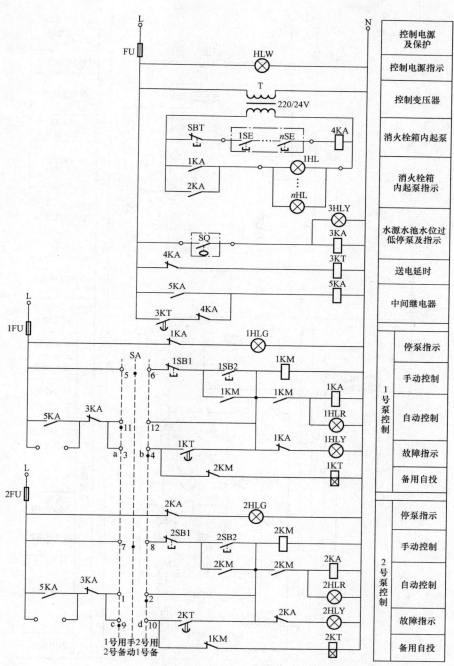

图 10-21　两台消火栓泵一用一备的控制电路

227

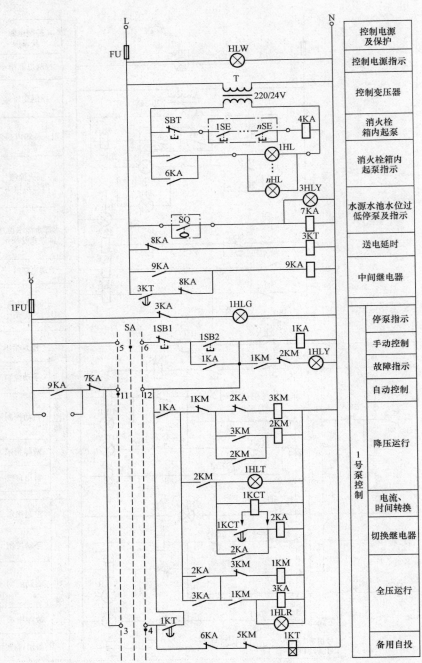

图 10-22 两台消火栓泵—用—备自耦变压器减压启动的控制电路（一）

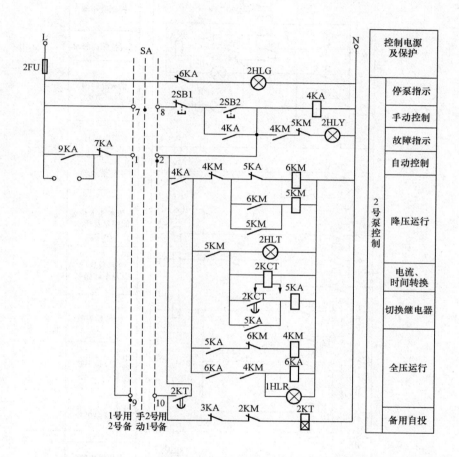

图 10-23　两台消火栓泵一用一备自耦变压器减压启动的控制电路（二）

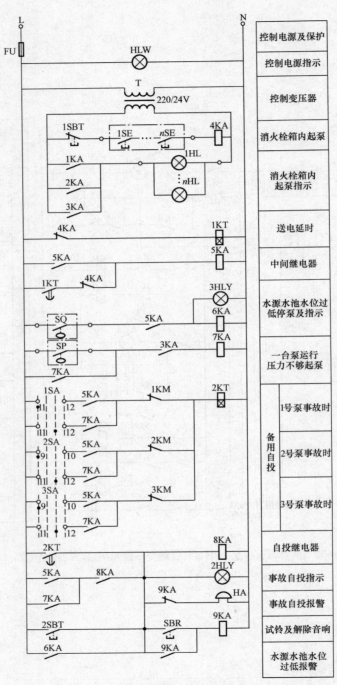

图 10-24 消火栓泵两用一备的控制电路（一）

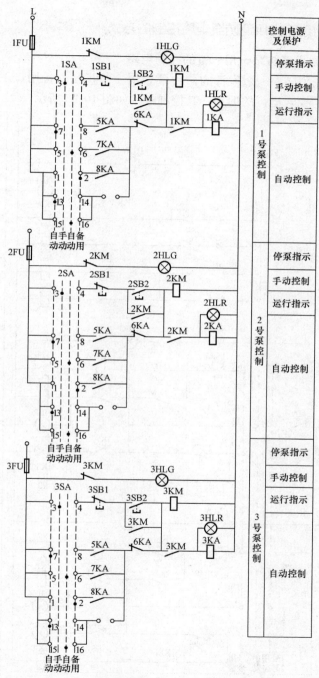

图 10-25　消火栓泵两用一备的控制电路（二）

1. 自动喷洒用消防泵一用一备的控制电路

自动喷洒用消防泵一般设计为两台泵一用一备，互为备用，工作泵故障时，备用泵延时自动投入运行的形式，其控制电路如图 10-26 所示。

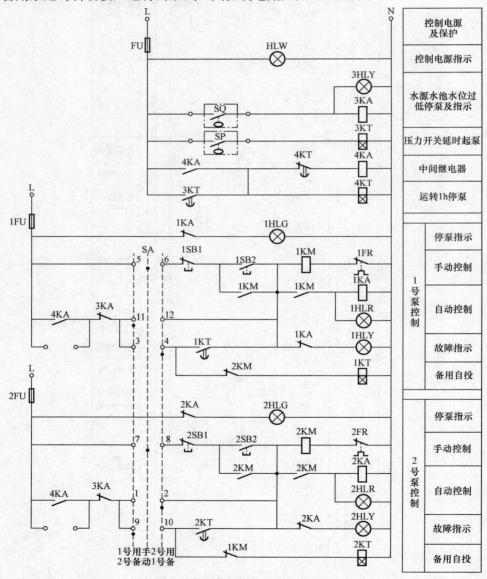

图 10-26　自动喷洒泵一用一备的控制电路

2. 自耦变压器减压启动的自动喷洒用消防泵一用一备的控制电路

当自动喷洒用消防泵的功率较大时，需要减压启动，通常采用自耦变压器减压启动方式，其控制电路如图 10-27 与图 10-28 所示。

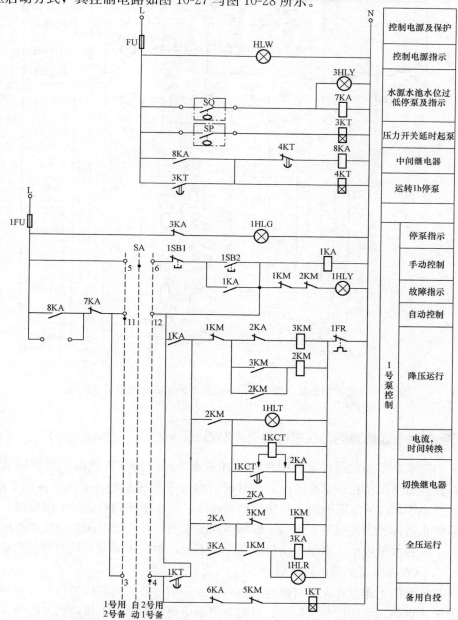

图 10-27　自动喷洒泵一用一备自耦变压器减压启动的控制电路（一）

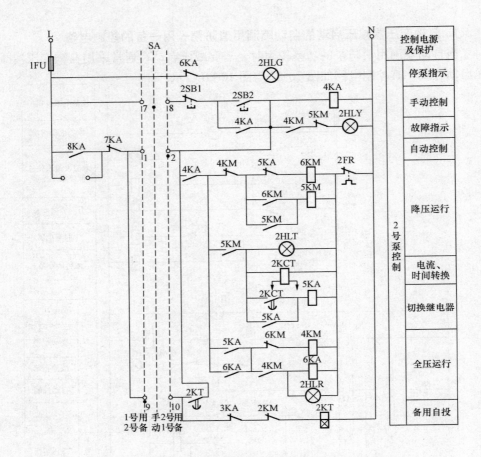

图 10-28　自动喷洒泵一用一备自耦变压器减压启动的控制电路（二）

　　消防水路系统在运行过程中常需设补压泵，目的是维持消防水路管网的压力，使其始终保持在一定范围内。当管网中出现泄漏现象时，水压会逐渐下降，当水压小于规定的下限值时，补压泵启动补压，当水压达到规定的上限值时，补压泵停止运转。因补压泵只是为了维持管网的压力，补充管道泄漏引起的水压下降，一般补水量较小，水泵电动机的功率也不大，单台水泵电动机的容量通常不超过 5.5kW，所以都采用直接启动。

　　补压泵的工作方式主要有两台一用一备或一用一备自动轮换工作。其控制电路同于热水循环泵的控制电路图，只需将控制电路中的温度电接点信号改为压力电接点信号即可。

234

技能 115　了解空调的目的和任务

空气调节是通过调节建筑物内的空气使其保持在所要求的状态，简称空调。空气状态通常指温度、湿度、洁净度及气流速度。空调根据用途不同分为舒适性空调和工艺性空调，前者主要满足建筑物内人的舒适性要求而设置，现在发展极快，用得越来越多的民用空调即此类；后者为满足生产过程中工艺对空气参数的要求而设置，如集成电路制造厂的空调，它属于生产系统的辅助设施。舒适性空调通过调温（夏季：冷源降温；冬季：热源升温）、调湿（干：加湿；湿：除湿）满足室内空气（温度：冬季为 16～17℃，夏季为 26～27℃；湿度：冬季为 40%～60%，夏季为 50%～70%）的要求，并保持适当新鲜空气的补充，使建筑物内居住者感到舒适。

技能 116　了解空调类型的介绍

1. 集中式系统

（1）将热源——锅炉集中于锅炉房。

（2）将冷源——制冷机集中于制冷机房（往往二者毗邻）；空调机置于空调机房；仅风机盘管分散在各个房间，这种关键设备集中放置的系统即为集中式空调系统，俗称中央空调。它的设备相对集中、便于管理；噪声大的设备远离现场，但占用面积大、投资高。大型公共建筑、高档宾馆及工艺空调多用此种系统。

2. 简化的集中式系统

将集中空调系统增加末端调节装置，使室内空调器能根据不同需要单独调节。此系统制冷及锅炉房不分设，甚至空调机房亦省，故比集中式系统更简单、工程量小、施工周期更短。但空调机房内兼有制冷机、通风机，难于控制噪声。办公楼及商业楼多用此种系统。

3. 分散式系统

将小型空调机直接装在需空调的建筑物内的局部空调系统。常见的是窗式（老式）及分体式（新式）。分体式由室外机及室内机组成，室内机有壁挂式、顶棚悬吊式、顶棚嵌入式（可接风管）及落地式四种。

4. 新型的 VRV 空调系统

将电动机变频调速技术用于空调压缩机，而称之为变频调速系统。为此自控调节方便，可按需供冷，节约电能。

技能 117　熟悉空调系统的控制方式

1. 热工控制

空调系统实质上是一个热工系统，对其温湿度的调节、空气质量的监测、新风及回风的比例控制即为热工控制，又称空调的自动控制。它是建筑设备自动化系统（BAS）的重要构成。

2. 电气控制

空调系统的电气控制系指对空调系统的供电电源及主要用电负载（泵、风机）的控制。空调系统用电为二级负荷，因此它的不间断供电及节约用电是相提并论的。空调系统用电负荷大，在建筑电气中甚至能高达 60%。且单台电动机功率又大，启动对系统影响大。工艺对系统各设备运行又有严格的先后顺序及延时要求，故空调供电系统的电源切换、负载的保护及控制十分重要，常用以下方式实现控制。

（1）继电器控制。

（2）模块化控制。

（3）PLC 可编程序控制器控制。

（4）微机综合控制。

技能 118 了解锅炉的分类及设备组成

1. 分类

（1）小型锅炉。蒸发量在 10t/h 及以下，多用于工业生产及采暖。主要是火筒、火筒，烟管组合及小型水管式。

（2）中型锅炉。蒸发量为 10～75t/h，也多用于工业生产及采暖，国内生产多为"D"型。

（3）大型锅炉。蒸发量大于 75t/h，除了工业生产及采暖，也用于发电厂，国内生产多为"n"型。

2. 设备的组成

（1）锅炉本体一般由汽锅、燃烧炉、蒸汽过热器、省煤器和空气预热器五部分组成。

（2）辅助设备锅炉的辅助设备是保证锅炉本体正常运行必备的附属设备，由以下四个系统组成。

1）运煤、除灰系统作用是保证为锅炉运入燃料和送出灰渣。

2）送引风系统由引风机、（一、二次）送风机和除尘器等组成。引风机将炉膛中燃料燃烧后的烟气吸出，通过烟囱排到大气中去；送风机供给锅炉燃料燃烧所需的空气，以帮助燃烧；除尘器清除烟气中的灰渣，以改善环境卫生和减少烟尘污染。为了防倒烟，其控制要求是：启动时，先启动引风机，经 10s 后再开送风机和炉排电机；停止时，先停鼓风机和链条炉排机，经过 20s 后再停止引风机。

3）水、汽系统包括排污系统。

4）仪表及控制系统。

技能 119　熟悉锅炉的运行工况

（1）燃料燃烧过程燃煤锅炉为：燃烧煤加到煤斗中借助自重下落到炉排上，炉排由电动机经变速齿轮箱变速的链轮来带动，将燃料煤带入炉内。燃料一边燃烧，一边向炉后移动。燃烧所需的空气由风机送入炉排腹中风仓。

（2）烟气向水、汽的传热过程在炉膛的四周墙面上布置一排水管，俗称水冷管。高温烟气与水冷壁进行强烈的辐射换热，将热量传递给管内工质。

（3）水的受热和汽化过程此即蒸汽的产生过程，主要包括水循环和汽化分离两过程。经过处理的水由泵加压，先经省煤器而得到预热，然后进入汽锅。

技能 120　熟悉锅炉的自动控制

1. 自动检测

锅炉的工作是根据负荷的要求，产生达到预定参数（压力、温度）的蒸汽。为满足负荷设备的要求，保证锅炉正常运行和给锅炉自动调节提供必要的数据，锅炉房内必须安装相关的热工检测仪表，以显示、记录和变送锅炉运行的各种参数（如温度、压力、流量、水位、气体成分、汽水品质、转速、热膨胀等），并随时提供给操作者和自动化装置。大型锅炉机组常采用巡回检测方式对各种运行参数和设备状态进行巡测，以便进行显示、报警、工况计算以及制表打印。

2. 自动调节

为确保锅炉安全、经济的运行，必须使一些能够决定锅炉工况的关键参数维持在规定的数值范围内或按一定的规律变化。锅炉自动调节主要包括给水、燃烧和过热蒸汽温度三个系统的自动调节，是锅炉自动化的主要组成部件。

3. 程序控制

程序控制室根据设备的具体情况和运行要求，按一定的条件和步骤，靠程序控制装置来实现对一台或一组锅炉进行自动操作。它必须具备必要的逻辑判断能力和联锁保护功能，即当设备完成每一步操作后，它必须能够判断此操作已经实现，并在具备下一步操作条件时，允许设备自动进行下一步操作，否则中断程序并进行报警。程序控制的优点是提高锅炉的自动化水平，减轻劳动强度，并避免误操作。

4. 自动保护

自动保护的任务是当锅炉运行发生异常现象或某些参数超过允许值时，进行报警或进行必要的动作，以避免设备发生事故，保证人身和设备安全。锅炉运行中的主要保护项目有灭火、高低水位、超温、超压等自动保护。

5. 计算机控制

计算机控制功能齐全，不仅具备自动检测、自动调节、程序控制及自动保护功能，而且还具有提供正常运行和启停过程中的有用数据、分析故障原因、给出处理意见、追忆并打印供分析用的事故发生前的参数、分析主要参数的变化趋势、监视操作程序等。

技能 121　熟悉锅炉的自动调节

1. 给水系统的自动调节

锅炉汽包水位的高度关系着汽水分离的速度和生产蒸汽的质量，也是确保安全生产的重要参数，因此"汽包水位"是一个十分重要的被调参数。锅炉的自动控制是从给水自动调节开始，给水自动调节是以"汽包水位调节"为重心。锅炉给水系统自动调节类型有位式和连续调节两种。位式调节是针对锅筒水位的"高水位"和"低水位"两个位置进行控制，低水位时调节系统接通水泵电源，向锅炉上水；达到高水位时，调节系统切断水泵电源，停止上水。常用的位式调节有电极式和浮子式两种。调节装置动作的冲量可以是锅筒水位、蒸汽流量和给水流量，根据取用的冲量不同，分为单冲量、双冲量和三冲量调节三种类型。

2. 蒸汽过热系统的自动调节

（1）维持过热器出口蒸汽温度在允许范围之内，并保护过热器的壁温不超过允许的温度。"过热蒸汽温度"是按生产工艺确定的重要参数，过高会烧坏过热器水管，对负荷设备的安全运行极为不利，超温严重会使汽轮机或其他负荷设备膨胀过大，使汽轮机的轴向位移增大而发生事故；蒸汽温度过低会直接影响负荷设备的使用，影响汽轮机的效率，因此要稳定蒸汽的温度。

（2）温度调节类型主要有两种，即改变烟气量（或烟气温度）的调节和改变减温水量的调节，其中改变减温水水量的调节应用较多。

3. 燃烧系统的自动调节

（1）基本任务。使燃料燃烧所产生的热量适应蒸汽负荷的需要，同时还要保证经济燃烧和锅炉的安全运行。

（2）调节过程。以上调节任务是相互关联的，它们可以通过调节燃料量、送风量和引风量来实现。对燃烧过程自动调节系统的要求是：负荷稳定时，应使燃料量、送风量和引风量各自保持不变，及时地补偿系统的内部扰动（包括燃烧质量的变化以及由于电网频率变化、电压变化引起燃料量、送风量和引风量的变化等）；负荷变化、外干扰作用时，则应使燃料量、送风量和引风量成比例地改变，既要适应负荷的要求，又要使三个被调量（蒸汽压力、炉膛负压和燃烧经济性指标）保持在允许范围内。

燃煤锅炉自动调节的关键问题是燃料量的测量。在目前条件下，要实现准确测量进入炉膛的燃料量（质量、水分、数量等）很难，为此目前常采用"燃料—空气"比值信号的自动调节、热量信号的自动调节等类型。

　　燃烧过程的自动调节一般在大、中型锅炉中应用。在小型锅炉中，常根据检测仪表的指示值，由司炉工通过操作器件分别调节燃料炉排的进给速度和送风风门挡板、引风风门挡板的开度，通常称为"遥控"。

第十一章

楼宇自动化设计

技能 122　熟悉综合布线系统设计原则

1. 结构

综合布线系统分为六个部分：工作区、配线子系统、干线子系统、设备间、管理和建筑群子系统。

2. 配置

综合布线系统的工程设计，应根据用户的实际需要，选择适当的配置方式。综合布线系统的配置，见表 11-1。

表 11-1　　　　　　　　　　综合布线系统的配置

项　　目	内　　容
最低配置	（1）每个工作区有 1 个信息插座。 （2）每个信息插座的配线电缆为 1 条 4 对对绞电缆。 （3）干线电缆的配置。对计算机网络宜 24 个信息插座配两对对绞线，或每一个 HUB（集线器）或 HUB 群配 4 对对绞线；对电话至少每个信息插座配 1 对对绞线
基本配置	（1）每个工作区有两个或两个以上信息插座。 （2）每个信息插座的配线电缆为 1 条 4 对对绞电缆。 （3）干线电缆的配置。对计算机网络宜 24 个信息插座配两对对绞线，或每一个集线器（HUB）或 HUB 群配 4 对对绞线；对电话至少每个信息插座配 1 对对绞线
综合配置	（1）以基本配置的信息插座量作为基础配置。 （2）垂直干线的配置。每 48 个信息插座宜配两芯光纤，适用于计算机网络；电话或部分计算机网络，选用对绞电缆，按信息插座所需线对的 25% 配置垂直干线电缆，或按用户要求进行配置，并考虑适当的备用量。 （3）当楼层信息插座较少时，在规定的长度范围内，可几层合用 HUB，并合并计算光纤芯数，每一楼层计算所得的光纤芯数还应按光缆的标称容量和实际需要进行选取。 （4）如有用户需要光纤到 FTTD（桌面），光缆可经或不经 FD（楼层配线设备）直接从 BD（建筑物配线设备）引至桌面，上述光纤芯数不包括 FTTD 的应用在内。 （5）楼层之间原则上不敷设垂直干线电缆，但在每层的 FD 可适当预留一些接插件，需要时可临时布放合适的电缆线

1. 工作区设计

（1）当功能要求不明确时，工作区的服务面积，对于办公室、总调度室及网管中心等可按 5～10m² 估算；对于机房按 5～10m² 估算。当功能要求明确时，应按具体要求调整面积。

（2）工作区信息插座的数量应按设计等级（配置方式）和具体要求而定。

2. 配线子系统设计

（1）配线子系统应采用 4 对对绞电缆，需要时也可采用光缆。1 条 4 对对绞电缆应全部固定，接在 1 个信息插座上。

（2）配线子系统的配线电缆或光缆长度不应超过 90m，一般在平面图上的长度控制在 75m。在保证线路性能时，水平光缆距离可适当延长。

（3）配线子系统推荐采用 100Ω 对绞电缆、8.3/125μm 单膜光纤、62.5/125μm 多膜光纤，允许采用 150Ω 对绞电缆、10/125μm 单膜光纤、50/125μm 多膜光纤。

（4）配线子系统电缆常用配置形式：用于语音为 3 类线，用于数据为 5 类线；语音和数据应用均为 5 类线。

（5）配线子系统布线方式有：穿管敷设、线槽吊顶敷设、地面线槽敷设。

（6）4 对对绞电缆穿管时的管截面利用率为 25％～30％，线槽截面利用率不超过 50％。

3. 干线子系统设计

（1）位置和数量。根据配线间的位置和数量来确定干线通道的位置和数量，确定配线间时需考虑的因素有：配线子系统最大长度为 90m；配线架的服务面积为 1000m²，一个楼层配线架的点数不大于 600 点，卫生间的服务点数一般不大于 200 点。

当每层多于一个配线架时，干线通道的布置，见表 11-2。

表 11-2　　　　　　　　　　　　　　干线通道的布置

序　号	内　　容
1	一个配线架（配线间）对应一个垂直干线通道，需要注意从设备间至垂直干线通道之间的水平通道的布线方便
2	二级交接间，垂直干线通道为一个，需要注意楼层配线架至二级交接间的水平通道布线方便
3	只设一个垂直干线通道，需注意由垂直干线通道至楼层配线架的水平通道的布线方便

（2）类型、容量及电缆端接。

1）干线线缆有铜芯对绞电缆和光缆。铜芯对绞电缆为大对数电缆，3类对绞电缆有25对、50对、100对等规格，5类对绞电缆为25对。

2）干线子系统所需电缆总对数和光纤芯数按设计等级（配置方式）确定。用于数据的线缆应是光缆或5类对绞电缆，且对绞电缆长度不应超过90m；用于电话的线缆可采用3类对绞电缆。

3）干线电缆宜采用点对点端接，每一路（1根或多根大对数电缆，且至少1根）干线电缆直接接至对应的楼层和交接间。也可采用分支递减端接，将1根大对数干线电缆用电缆接头保护箱（交接间）分出若干小电缆，再接至每个楼层或交接间。

（3）敷设。

1）干线子系统的电缆垂直敷设应采用封闭式专用通道，或与弱电竖井合用。

2）当电缆根数很少时，楼板预留电缆孔，电缆墙上敷设。当电缆根数较少时，楼板预留电缆井，电缆墙上敷设。

3）当电缆根数较多时，采用电缆桥架敷设。电缆根数少时也可采用明管或暗管敷设。

4）干线子系统的水平段可采用暗管敷设或电缆桥架敷设。

5）大对数电缆所穿管的管径利用率为：直管路为50%～60%，弯管路为40%～50%。

4. 设备间、配线间（交接间）设计

（1）配线架选择。

1）用于电话的配线设备，宜选用IDC卡接式模块；用于计算机网络的配线设备，宜选用RJ45或IDC插接式模块。

2）配线架上的连接硬件、跳线、连接线等应与配线电缆等的类别相一致，以满足系统类别。若采用屏蔽系统，则全系统的各个部分均应按屏蔽设计。

3）配线机架应留有适当的空间，以便未来的扩展。

（2）设备间工艺设计。

1）设备间的位置要求：尽可能靠近建筑物电缆引入区和网络接口；宜处于干线子系统的中间位置，便于接地。

2）设备安装要求：机架或机柜前面的净距离不应小于800mm，后面的净距离不应小于600mm；壁挂式配线设备底部离地面高度不宜小于300mm。

3）设备间的面积应保证设备安装的空间，最低不得小于10m²。一般，当系统少于1000个信息点时，设备间的面积约为12m²；当系统较大时，每1500个信息点，设备间的面积约为15m²。

4）安装综合布线系统的总配线设备的设备间可与程控电话交换机、计算机网络等主机和配套设备合装在一起，应满足相关规范的要求。当设备间分别设置时，各设备间之间的距离应尽量短。

5）设备间应提供不少于2个220V、10A带保护接地的单相电源插座。

（3）楼层配线间（交接间）工艺设计。

1）楼层配线间（交接间）的数目应按所服务的楼层范围考虑。

2）配线子系统最大长度为90m，故当配线电缆长度都在90m范围以内时，宜设置一个交接间（配线间），否则应设多个交接间（配线间）。

3）一个配线架的服务面积为1000m²，一个楼层配线架的点数不大于600点，卫生间的服务点数一般不大于200点。

4）交接间的面积不应小于5m²，当覆盖的信息插座超过200个时应适当增加面积。若配线间主要安装200点以下的配线架，面积可为：宽×深＝1.5m×1.2m。

5）交接间的设备安装及环境要求与设备间相同。

技能 124　熟悉综合布线系统保护要点

1. 屏蔽保护

（1）当综合布线系统区域内存在的电磁干扰场强大于3V/m时，或用户对电磁兼容性有较高要求时，宜采用屏蔽缆线和屏蔽配线设备，也可采用光缆系统。屏蔽系统的所有屏蔽层应保持连续性。

（2）当综合布线系统由上部地段与电力线等平行敷设，或接近电动机、电力变压器等可能产生高电平电磁干扰的电气设备时，应满足规范规定的最小间距要求，否则应采用金属管或金属线槽进行局部屏蔽。

2. 接地保护

（1）当综合布线系统采用屏蔽系统时，应有良好的接地系统，且每一楼层的配线柜都应采用导线单独布线至接地体，或在竖井内集中用铜排或粗铜线引到接地体。屏蔽层应连续且宜两端接地，若存在两个接地体时，其接地电位差不应大于 $1V_{rms}$。

（2）屏蔽系统接地导线要求：信息点数量在75个及以下时，绝缘铜导线截面积为 $6\sim16mm^2$；信息点数量在450个及以下时，绝缘铜导线截面为 $16\sim50m^2$。

（3）屏蔽系统接地宜与其他接地采用综合接地方式，接地电阻不大于1Ω；当单独设置接地体时，接地电阻不大于4Ω。

（4）综合布线的电缆采用金属槽道或钢管敷设时，槽道或钢管应保持良好的电气连接，并在两端应有良好的接地。当电缆从建筑物外面进入建筑物时，电缆的金属护套或光缆的金属件均应有良好的接地。

3. 电气保护

（1）当电缆从建筑物外面进入建筑物时，应采用过电压、过电流保护措施。

（2）综合布线电缆与电力电缆的间距、综合布线电缆与其他管路的间距应符合相关规范的规定。

4. 防火保护

综合布线的防火保护措施应根据建筑物的防火等级和对材料的耐火要求来确定。在易燃区域及大楼的竖井内应采用阻燃电缆和光缆；在大型公共场所宜采用阻燃、低烟、低毒电缆和光缆。相邻的设备间或交接间应采用阻燃型配线设备。

技能 125　了解综合布线系统设计常用数据

1. 水平子系统

（1）各种 5 类 4 对双绞电缆、电线的电气特性，见表 11-3。

表 11-3　　　　　各种 5 类 4 对双绞电缆、电线的电气特性

特性指标 缆线类型	频率 （Hz）	特性阻抗 （Ω）	最大衰减 （dB/100Ω）	近端串扰（dB） （最差对）	直流电阻
5 类 4 对排屏蔽、屏蔽双绞电缆	256k	—	1.1	—	9.38Ω MAX. Per 100m@20℃
	512k	—	1.5	—	
	772k		1.8	66	
	1M		2.1	64	
	4M		4.3	55	
	10M	85～115	6.6	49	
	16M		8.2	46	
	20M		9.2	44	
	31.25M		11.8	42	
	62.5M		17.1	37	
	100M		22.0	34	

缆线类型 \ 特性指标	频率（Hz）	特性阻抗（Ω）	最大衰减（dB/100Ω）	近端串扰（dB）（最差对）	直流电阻
5类4对屏蔽双绞电缆软线	256k	—	—	—	14.0Ω MAX. Per 100m@20℃
	512k	—	—	—	
	772k	—	2.5	66	
	1M		2.8	64	
	4M		5.6	55	
	10M		9.2	49	
	16M		11.5	46	
	20M	85～155	12.5	44	
	31.25M		15.7	42	
	62.5M		22.0	37	
	100M		27.9	34	
5类4对非屏蔽双绞电缆软线	256k	—	—	—	8.8Ω MAX. Per 100m@20℃
	512k	—	—	—	
	772k	—	2.0	66	
	1M		2.3	64	
	4M		5.3	55	
	10M		8.2	49	
	16M		10.5	46	
	20M	85～115	11.8	44	
	31.25M		15.4	42	
	62.5M		22.3	37	
	100M		28.9	34	

（2）光纤的传输特性，见表11-4。

表11-4　　　　　光纤的传输特性（25±5）℃

光红类型	多　模	单　模
波长（μm）	0.85	1.3
最大衰减（dB/km）	3.75	1.5
最低信息传输能力（MHz·km）	160	500
带宽（MHz/km）	160	500

2. 管理子系统

（1）综合布线系统壁龛的最小空间尺寸，可参照表 11-5。

表 11-5　　　　　　　　综合布线系统壁龛的最小空间尺寸

壁龛类别	插座			壁龛最小空间尺寸（宽×高×深，mm×mm×mm）
	类别	性质	数量	
小型	信息插座或光缆插座	户内	≤4	300×250×100
		户外引入	≤2	
大型	信息插座或光缆插座	户内	≤7	460×210×200 或 610×460×200
		户外引入	≤2	

注　1. 壁龛的净深 100/200（mm）适用于安装配线设备，如安装其他设备，应根据需要确定净深。

2. 插座的数量如大于表中所列，壁龛的最小空间应按实际需要确定净深。

3. 过线箱的箱体尺寸按邻近壁龛规格选取。

4. 表中插座数量均指单插座，如为双插座则相当于 2 个插座，依次类推。

5. 在潮湿地区，壁龛内壁应加装胶合板。

（2）综合布线系统常用信息配线柜的规格，见表 11-6。

表 11-6　　　　　　　　综合布线系统常用信息配线柜的规格

配线柜名称	规格（宽×高×深，mm×mm×mm）	配线柜名称	规格（宽×高×深，mm×mm×mm）
19 号配线柜（20U）	1100×600×600	19 号配线柜（35U）	1800×600×600
19 号配线柜（20U）	1100×600×700	19 号配线柜（35U）	1800×600×700
19 号配线柜（30U）	1500×600×600	19 号配线柜（40U）	2000×600×600
19 号配线柜（30U）	1500×600×700	19 号配线柜（40U）	2000×600×700

3. 综合布线系统的线路敷设

（1）综合布线系统铜缆的外径，见表 11-7。

表 11-7　　　　　　　　综合布线系统铜缆的外径

规格	3 类线				5 类线	
	4×2×0.5	25×2×0.5	50×2×0.5	100×2×0.5	4×2×0.5	25×2×0.5
外径（mm）	4.7	9.7	13.4	18.2	4.57	12.45

（2）钢管穿铜缆的数量，见表 11-8。

表 11-8钢管穿铜缆的数量

根数 线型	钢管规格	SC15	SC20	SC25	SC32
3 类线 4×2×0.5		2	4	6	11
5 类线 4×2×0.5		2	3	6	10

（3）墙上敷设的综合布线电缆、光缆及管线与其他管线的间距，见表 11-9。

表 11-9　　墙上敷设的综合布线电缆、光缆及管线与其他管线的间距

间距尺寸	间距类别	最小平行净距（mm）	最小交叉净距（mm）
其他管线名称		电缆、光缆或管线	电缆、光缆及管线
避雷引下线		1000	300
保护地线		50	20
给水管		150	20
压缩空气管		150	20
热力管（不包封）		500	500
热力管（包封）		300	300
煤气管		300	20

注　如墙壁电缆敷设高度超过 6000mm 时，与避雷引入线交叉净距应按下式计算

$$S \geqslant 0.05L$$

式中　S——交叉净距，mm；

　　　L——交叉处避雷引下线距地面的高度，mm。

（4）综合布线管道与其他地下管线及建筑物间的最小净距，见表 11-10。

表 11-10　　综合布线管道与其他地下管线及建筑物间的最小净距

其他地下管线及建筑物名称		平行净距（m）	交叉净距（m）
给水管	300mm 以下	0.5	0.15
	300~500mm	1.0	
	500mm 以上	1.5	
排水管		1.0①	0.1②
热力管		1.0	0.25
煤气管	压力≤300kPa	1.0	0.30③
	300kPa≤压力≤300kPa	2.0	

其他地下管线及建筑物名称		平行净距（m）	交叉净距（m）
电力电缆	35kV 以下	0.5	0.50④
	35kV 以上	2.0	
其他通信电缆、弱电电缆		0.75	0.25
绿化	乔木	1.5	—
	灌木	1.0	—
地上杆柱		0.5～1.0	—
马路边石		1.0	—
电车路轨外侧		2.0	—
房屋建筑红线（或基础）		1.5	—

① 主干排水管后敷设时，其施工沟边与综合布线管道的水平净距不宜小于 1.5m。
② 当综合布线管道在排水管下部穿越时，净距不宜小于 0.4m，综合布线管道应作包封，包封长度自排水管两侧各加长 2m。
③ 与煤气管道交接处 2m 范围内，煤气管不应有接合装置和附属设备，如不能避免时，综合布线管道应作包封 2m。
④ 当电力电缆加保护管时。净距可减至 0.15m。

技能 126   熟悉消防报警系统设计原则

（1）确定系统保护对象等级。

（2）确定消防控制室的位置和面积。

（3）确定火灾探测器的设置部位，并根据不同部位的要求确定火灾探测器的种类。

（4）对每个探测区域进行探测器数量计算和布置。

（5）设置手动火灾报警按钮。

（6）选择系统形式。

（7）消防联动控制设计。

（8）设置火灾应急广播或火灾警报装置。

（9）设置消防电话。

（10）系统布线，完成各层平面图。

（11）消防控制室设备布置。

（12）绘制系统图。

技能 127   熟悉消防报警系统设计要点

1. 保护对象等级

火灾自动报警系统的保护对象等级的确定，应符合表 11-11 的规定。

表 11-11　　　　　　　　　　　　**火灾自动报警系统保护对象等级**

等级	保护对象	
特级	建筑高度超过 100m 的高层民用建筑	
一级	建筑高度不超过 100m 的高层民用建筑	一类建筑
	建筑高度不超过 24m 的民用建筑及建筑高度超过 24m 的单层公共建筑	①200 床及以上的病房楼，每层建筑面积为 1000m² 及以上的门诊楼；②每层建筑面积超过 3000m² 的百货楼、商场、展览楼、高级旅馆、财贸金融楼、电信楼、高级办公楼；③藏书超过 100 万册的图书馆、书库；④超过 3000 座位的体育馆；⑤重要的科研楼、资料档案楼；⑥省级的邮政楼、广播电视楼、电力调度楼、防灾指挥调度楼；⑦重点文物保护场所；⑧大型以上的影剧院、会堂、礼堂
	工业建筑	①甲、乙类生产厂房；②甲、乙类物品库房；③占地面积或总建筑面积超过 1000m² 的丙类物品库房；④总建筑面积超过 1000m² 的地下丙、丁类生产车间及物品库房
	地下民用建筑	①地下铁道、车站；②地下电影院、礼堂；③使用面积超过 1000m² 的地下商场、医院、旅馆、展览厅及其他商业或公共活动场所；④重要的实验室、图书、资料、档案库
二级	建筑高度不超过 100m 的高层民用建筑	二类建筑
	建筑高度不超过 24m 的民用建筑	①设有空气调节系统的或每层建筑面积超过 200m²，但不超过 3000m² 的商业楼、财贸金融楼、电信楼、展览楼、旅馆、办公楼、车站、海河客运站、航空港等公共建筑及其他商业或公共活动场所；②市、县级的邮政楼、广播电视楼、电力调度楼、防灾指挥调度楼；③中型以下的影剧院；④高级住宅；⑤图书馆、书库、档案楼
	工业建筑	①丙类生产厂房；②建筑面积大于 50m²，但不超过 1000m² 的丙类物品库房；③总建筑面积大于 50m²，但不超过 1000m² 的地下丙、丁类生产车间及地下物品库房
	地下民用建筑	①长度超过 500m 的城市隧道；②使用面积不超过 1000m² 的地下商场、医院、旅馆、展览厅及其他商业或公共活动场所

2. 探测器的设置

（1）设置部位。火灾探测器在建筑物中的设置部位应与保护对象的等级相适应，并应符合国家现行的有关标准、规范的规定。

（2）类型选择。在选择火灾探测器的类型时，应根据探测区域可能发生的初期火灾的形成和发展特征、房间高度、环境条件以及可能引起误报等因素确定。

（3）设置数量。火灾探测器和手动报警按钮的设置，见表 11-12。

表 11-12   **火灾探测器和手动报警按钮的设置**

项　　目	内　　容
火灾探测器的设置数量	探测区域内的每个房间至少应设置一只火灾探测器。火灾探测器的设置数量应满足探测器的保护面积和保护半径的规定，安装间距不应超过规范所提供的极限曲线规定的范围；在有梁的顶棚上设置感烟探测器、感温探测器时，对于突出顶棚的高度在 200mm 及以上的、梁间净距在 1m 及以上的梁，应考虑其对探测器保护面积的影响
手动火灾报警按钮的设置	每个防火分区应至少设置一个手动火灾报警按钮。从一个防火分区内的任何位置到最近的一个手动火灾报警按钮的距离不应大于 30m。手动火灾报警按钮应设置在公共活动场所的出入口处、明显的和便于操作的部位

3. 系统设计

（1）自动报警系统设计。

1）火灾自动报警与消防联动控制系统的设计，应综合考虑保护对象的分级规定、功能要求和消防管理体制等因素确定。

2）火灾自动报警系统的基本形式，见表 11-13。

表 11-13   **火灾自动报警系统的基本形式**

项　　目	内　　容
区域报警系统	主要由探测器和区域火灾报警控制器（或火灾报警控制器）构成，适用于二级保护对象。当用一台区域火灾报警控制器或用火灾报警控制器警戒多个楼层时，应在每个楼层的楼梯口或消防电梯前室等明显部位，设置识别起火楼层的灯光显示装置，即火警显示灯。系统可设置消防联动控制设备。区域报警系统可不设置专门的消防值班室，但区域火灾报警控制器或火灾报警控制器应设置在夜间有人值班的房间或场所（如保卫值班室、配电室、传达室等）
集中报警系统	主要由探测器、区域火灾报警控制器（或楼层显示器）和集中火灾报警控制器构成，或由探测器、楼层显示器和火灾报警控制器构成，适用于一级和二级保护对象。楼层重复显示器可装设在各楼层消防电梯前室。集中报警系统应设置消防联动控制设备。集中报警控制器应设在专用的消防控制室或消防值班室内

项　目	内　容
控制中心报警系统	主要由探测器、区域报警控制器（或楼层显示器）、集中报警控制器（或火灾报警控制器）和专用消防联动控制设备构成，适用于特级和一级保护对象。在管理体制允许的情况下，可与建筑设备自动化系统连网或作为其一个子系统

（2）消防设备的联动控制。

1）根据工程规模、管理体制、功能要求，消防联动控制方式可以采用集中控制方式或分散与集中相结合的控制方式。

2）在采用分散与集中相结合的控制方式时，一般将消防水泵、送排风机、排烟防烟风机、部分卷帘门和自动灭火控制装置等设备在消防控制室集中控制、统一管理。

3）对于防排烟阀、防火门释放器等大量的，且分散的被控对象，应采用现场分散控制，将控制反馈信号送至消防控制室集中显示、统一管理。

4）对于电梯、非消防电源、火警铃或火警电子音响警报装置等，为避免动作不当造成混乱，此类被控对象应由消防控制室集中控制。

5）在大楼未设置计算机控制的建筑设备自动化管理系统时，各种非消防电源的切除以及电梯的迫降等，应通过消防控制室遥控或用火警电话通知相关的配电室或电梯机房手动控制。

（3）火灾应急广播。

1）控制中心系统、集中报警系统，应设置火灾应急广播。

2）在走廊、大厅、餐厅等公共场所，应急扬声器的设置应能保证从一个防火分区内的任何部位到最近一个扬声器的距离不大于25m。走廊的交叉、拐弯等处应布置扬声器，走廊末端的扬声器距末端墙不大于12.5m。

3）走廊、大厅、餐厅等公共场所装设的扬声器的额定功率不小于3W，宾馆客房内扬声器的额定功率不小于1W。对于空调机房、通风机房、洗衣机房、文娱场所和车库等有环境噪声干扰的场所，当环境噪声大于60dB时，应使扬声器在其播放范围内最远点的播放声压级高于背景噪声15dB。

4）火灾应急广播系统的扩音机的容量，按应急扬声器计算容量的1.3倍来确定。计算容量是指可能同时使用的（着火层及其相邻上下层）应急扬声器容量之和中的最大值。

5）可利用建筑物内的公共广播系统兼作火灾应急广播，该系统应具有火灾广播的优先权。发生火灾时应能在消防控制室进行控制，强制转入火灾应急广播状态。还应设置火灾应急广播的备用扩音机，其容量应按应急扬声器计算容量的

1.5 倍来确定。

6）公共广播系统兼作火灾应急广播有两种方式：一是火灾应急广播系统仅利用公共广播系统的扬声器和馈电线路，而应急广播的扩音机等装置是专用的；二是火灾应急广播系统全部利用公共广播系统的扩音机、扬声器和馈电线路等装置，在消防控制室只设紧急播送装置。

（4）火灾警报装置。

1）每个防火分区至少应设一个火灾警报装置，宜设在各楼层走廊靠近楼梯出口处。警报装置宜采用手动或自动控制方式。

2）在环境噪声大于 60dB 的场所设置火灾警报装置时，警报器的声压级应高于背景噪声 15dB。

（5）消防专用电话。

1）消防专用电话网络应为独立的消防通信系统，不得利用一般电话线路或综合布线网络代替。

2）消防控制室除有消防专用通信系统的总机外，还应专设一条直拨"119"火警电话的电话线和话机。

3）建筑物内的消防泵房、通风机房、主要配变电室、电梯机房、区域报警控制器、卤代烷等管网灭火系统应急操作装置处，以及消防值班室、保卫办公用房等处均应设置消防专用电话分机。

4）手动火灾报警按钮、消火栓按钮等处宜设置消防电话塞孔。

4. 消防控制室

消防控制室的设计要点，见表 11-14。

表 11-14 消防控制室的设计要点

项　目	内　容
消防控制室的位置	（1）消防控制室应设置在建筑物的首层，距通往室外的出入口的距离不大于 20m，且在发生火灾时不易延燃。消防控制室的出口位置应能清晰地看到建筑物通往室外的出入口。通往室外出入口的道路不应拐弯过多或有障碍物。 （2）消防控制室不应设在卫生间、锅炉房、浴室、车库、变压器室等的隔壁和上下层相对应的位置。在有条件时宜与防火监控、广播、通信设施等用房相邻近
消防控制室的面积与布置	（1）消防控制室除应有足够的面积布置火灾报警控制器、各种灭火系统的控制装置、火灾广播和通信装置以及其他联动控制装置外，也应有值班、操作和维护工作所必需的空间。根据工程规模的大小，还应考虑维修、电源、值班办公和休息等辅助用房。消防控制室的门宜向疏散方向开启，且在控制室入口处设有明显的标志。 （2）在布置消防控制设备时，单列布置时盘前操作距离不小于 1.5m；双列布置时不小于 2m；在人员经常工作的一面，控制屏（台）到墙的距离不宜小于 3m；盘后维修距离不宜小于 1m。当控制盘的排列长度大于 4m 时，控制盘的两端应设置宽度不小于 1m 的通道

项　目	内　容
系统接地	（1）火灾自动报警系统的接地装置宜采用专用接地装置，其接地电阻值不应大于4Ω。如没有专用接地装置时，可与其他系统共用接地装置，接地电阻值不应大于1Ω。 （2）应在消防控制室设置专用接地板，并由专用接地干线引至接地极。专用接地干线应采用线芯截面不小于25mm²的铜芯绝缘线（一般为多股铜芯线），穿硬质塑料管暗敷。当利用基础钢筋作接地体时，专用接地干线应引至基础钢筋。 （3）由消防控制室接地板引至各消防电子设备的专用接地线（即接地支线），应采用线芯截面不小于4mm²的铜芯绝缘线。 （4）交流供电的消防电子设备，其金属外壳和金属支架等应做保护接地

5. 线路选择与敷设

（1）导线选择。

1）一类建筑内的电力、照明、自控等线路宜采用阻燃型电线和电缆。对于重要消防设备（如消防水泵，消防电梯，防、排烟风机等）的供电回路，在有条件时可采用耐火型电缆或采用其他防火措施可达到耐火配线的要求的电缆。

2）二类建筑内的消防用电设备，宜采用阻燃型电线和电缆。

（2）线路敷设。

1）火灾探测器的传输线路可按一般配线方式敷设。因为火灾探测器的传输线路主要用作早期报警，而火灾初期阴燃阶段以烟雾为主，当火灾发展到燃烧阶段时，火灾探测器的传输线路已完成使命，由于报警控制器有火警记忆功能，即便传输线路损坏，也不影响报警和部位显示。所以，传输线路不作耐热或耐火要求。

2）连接手动报警器（包括启泵按钮）、消防设备启动控制装置、电气控制回路、运行状态反馈信号、灭火系统中的电控阀门、水流指示器、应急广播等线路宜采用耐热配线。

3）由应急电源引至第一台设备（如应急配电装置、报警控制器等）以及从应急配电装置至消防泵、喷淋泵、送排烟风机、消防电梯、防火卷帘门、疏散照明等的配电线路，宜采用耐火配线。

技能 128　　了解消防报警系统设计常用数据

（1）感烟、感温探测器的保护面积和保护半径，见表11-15。

表 11-15　　　　　　感烟、感温探测器的保护面积和保护半径

表 11-15　　　　　　感烟、感温探测器的保护面积和保护半径

火灾探测器种类	地面面积 S（m²）	房间高度 h（m）	一只探测器的保护面积 A 和保护半径 R					
			屋顶坡度 θ					
			$\theta \leqslant 15°$		$15° < \theta \leqslant 30°$		$\theta > 30°$	
			A（m²）	R（m）	A（m²）	R（m）	A（m²）	R（m）
感烟探测器	$S \leqslant 80$	$h \leqslant 12$	80	6.7	80	7.2	80	8.0
	$S > 80$	$6 < h \leqslant 12$	80	6.7	100	8.0	120	9.9
		$h \leqslant 6$	60	5.8	80	7.2	100	9.0
感温探测器	$S \leqslant 30$	$h \leqslant 8$	30	4.4	30	4.9	30	5.5
	$S > 30$	$h \leqslant 8$	20	3.6	30	4.9	40	6.3

（2）对不同高度的房间点型火灾探测器的选择，见表 11-16。

表 11-16　　　　　　对不同高度的房间点型火灾探测器的选择

房间高度 h（m）	感烟探测器	感温探测器			火灾探测器
		一级	二级	三级	
$12 < h \leqslant 20$	不适合	不适合	不适合	不适合	适合
$8 < h \leqslant 12$	适合	不适合	不适合	不适合	适合
$6 < h \leqslant 8$	适合	适合	不适合	不适合	适合
$4 < h \leqslant 6$	适合	适合	适合	不适合	适合
$h \leqslant 4$	适合	适合	适合	适合	适合

（3）根据保护面积和保护半径确定最佳安装间距选择，见表 11-17。

表 11-17　　　　根据保护面积和保护半径确定最佳安装间距选择

探测器种类	保护面积 A（m²）	保护半径 R 的极限值（m）	对应的极限曲线	最佳安装间距 a、b 及其保护半径 R 值（m）					
				$a_1 \times b_1$	R_1	$a_2 \times b_2$	R_2	$a_3 \times b_3$	R_3
感温探测器	20	3.6	D_1	3.1×6.5	3.6	4.5×4.5	3.2	3.9×5.3	3.3
	30	4.4	D_2	3.8×7.9	4.4	5.5×5.5	3.9	4.8×6.3	4.0
	30	4.9	D_3	3.2×9.2	4.9	5.5×5.5	3.9	4.8×6.3	4.0
	30	5.5	D_4	2.8×10.6	5.5	5.5×5.5	3.9	4.8×6.3	4.0
	40	6.3	D_6	3.3×12.2	6.3	6.5×6.5	4.6	7.4×5.5	4.6

探测器 种类	保护 面积 A （m²）	保护半径 R 的极 限值（m）	对应的 极限曲线	最佳安装间距 a、b 及其保护半径 R 值（m）					
				a₁×b₁	R₁	a₂×b₂	R₂	a₃×b₃	R₃
感烟 探测器	60	5.8	D₅	6.1×9.9	5.8	7.7×7.7	5.4	6.9×8.8	5.6
	80	6.7	D₇	7.0×11.4	6.7	9.0×9.0	6.4	8.0×10.0	6.4
	80	7.2	D₈	6.1×13.0	7.2	9.0×9.0	6.4	8.0×10.0	6.4
	80	8.0	D₉	5.3×15.1	8.0	9.0×9.0	6.4	8.0×10.0	6.4
	100	8.0	D₉	6.9×14.4	8.0	10.0×10.0	7.1	8.7×11.6	7.3
	100	9.0	D₁₀	5.9×17.0	9.0	10.0×10.0	7.1	8.7×11.6	7.3
	120	9.9	D₁₁	6.4×18.7	9.9	11.0×11.0	7.8	9.6×12.5	7.9

注　1. 探测器安装间距的极限曲线。

　　2. 探测器保护面积 A 和保护半径 R 与探测器安装间距间的关系见以下公式

$$a \cdot b = A$$

$$a^2 + b^2 = (2R)^2$$

　　3. 在较小面积的场所（$S \leqslant 80\text{m}^2$）时，探测器宜居中布置，保护半径较小，探测效果较好。

（4）感烟、感温探测器安装间距要求，见表 11-18。

表 11-18　　　　　　　　　　**感烟、感温探测器安装间距要求**

安装场所		安装要求
宽度小于 3m 的内走 道探测器安装间距	感烟探测器	≤10m
	感温探测器	≤15m
主要部位采用耐火结 构材料的防火对象物	定温探测器 Ⅰ 型	≤13m
	定温探测器 Ⅱ 型	≤10m
其他结构的 防火对象物	定温探测器 Ⅰ 型	≤8m
	定温探测器 Ⅱ 型	≤6m
探测器边缘与不同 设施边缘的间距	至墙壁、梁边的水平距离	≥0.5m
	至空调透风口边的水平距离	≥1.5m
	至多孔送风顶棚孔口的水平距离	≥0.5m
	与照明灯具的水平净距	≥0.2m
	距不突出的扬声器净距	≥0.1m
	与各种自动喷水灭火喷头净距	≥0.3m
	与防火门、防火卷帘门的间距	1～2m

（5）按梁间区域面积确定一只探测器保护的梁间区域的个数，见表 11-19。

表 11-19　　　　按梁间区域面积确定一只探测器保护的梁间区域的个数

探测器的保护面积 A（m²）		梁隔断的梁间区域面积 Q（m²）	一只探测器保护的梁间区域的个数
感温探测器	20	$Q>12$	1
		$8<Q\leqslant12$	2
		$6<Q\leqslant8$	3
		$4<Q\leqslant6$	4
		$Q\leqslant4$	5
	30	$Q>18$	1
		$12<Q\leqslant18$	2
		$9<Q\leqslant12$	3
		$6<Q\leqslant9$	4
		$Q\leqslant6$	5
感烟探测器	60	$Q>36$	1
		$24<Q\leqslant36$	2
		$18<Q\leqslant24$	3
		$12<Q\leqslant18$	4
		$Q\leqslant12$	5
	80	$Q>48$	1
		$32<Q\leqslant48$	2
		$24<Q\leqslant32$	3
		$16<Q\leqslant24$	4
		$Q\leqslant16$	5

（6）感烟探测器下表面至顶棚或屋顶的距离，见表 11-20。

表 11-20　　　　　　　感烟探测器下表面至顶棚或屋顶的距离

探测器的安装高度 h（m）	感烟探测器下表面至顶棚或屋顶的距离 d（mm）					
	顶棚或屋顶坡度 θ					
	$\theta\leqslant15°$		$15<\theta\leqslant30°$		$\theta>30°$	
	最小	最大	最小	最大	最小	最大
$h\leqslant6$	30	200	200	300	300	500
$6<h\leqslant8$	70	250	250	400	400	600
$8<h\leqslant10$	100	300	300	500	500	700
$10<h\leqslant12$	150	350	350	600	600	800

（7）点型定温探测器升温速率与响应时间的关系，见表 11-21。

表 11-21   点型定温探测器升温速率与响应时间的关系

升温速率（℃/min）	响应时间上限		响应时间下限					
	名级灵敏度		Ⅰ级灵敏度		Ⅱ级灵敏度		Ⅲ级灵敏度	
	min	s	min	s	min	s	min	s
1	29	0	37	20	45	40	54	0
3	7	13	12	40	15	40	18	40
5	4	09	7	44	9	40	11	36
10	0	30	4	02	5	40	6	18
20	0	22.5	2	11	2	55	3	37
30	0	15	1	34	2	08	2	42

（8）点型定温探测器升温速率与动作温度的关系，见表 11-22。

表 11-22   点型定温探测器升温速率与动作温度的关系

升温速率（℃/min）	探测器动作温度上限（℃）	探测器动作温度下限（℃）		
	各级灵敏度	Ⅰ级灵敏度	Ⅱ级灵敏度	Ⅲ级灵敏度
≤1	≥54	≤62	≤70	≤78

（9）感烟探测器基本特性对比，见表 11-23。

表 11-23   感烟探测器基本特性对比

序号	基本性能	离子感烟探测器	光电感烟探测器
1	对燃烧产物颗粒大小的要求	无要求，均适合	对小颗粒不敏感
2	对燃烧产物颜色的要求	无要求，均适合	不适合于黑烟、浓烟、适合于白烟、浅烟
3	对燃烧方式的要求	适合于明火、热火，对阴燃火响应性能差	适合于阴燃火，对明火反应性差
4	大气环境（温度、湿度、风速）的变化	适应性差	适应性好
5	探测器安装高度的影响	适应性好	适应性差
6	可燃物的选择	适应性好	适应性差

（10）消防用电设备在火灾发生期间的最少连续供电时间，见表11-24。

表 11-24　　　　　消防用电设备在火灾发生期间的最少连续供电时间

序号	消防用电设备名称	保证供电时间（min）
1	火灾自动报警装置	≥10
2	人工报警器	≥10
3	各种确认、通报手段	≥10
4	消火栓、消防泵及自动喷水系统	＞60
5	水喷雾和泡沫灭火系统	＞30
6	排烟设备	＞60
7	CO_2灭火和干粉灭火系统	＞60
8	卤代烷灭火系统	≥30
9	火灾广播	≥20
10	火灾疏散标志照明	≥20
11	火灾时继续工作的备用照明	≥60
12	避难层备用照明	＞60
13	消防电梯	＞60

（11）火灾自动报警系统采用铜芯绝缘导线和铜芯电缆的线芯最小截面面积，见表11-25。

表 11-25　火灾自动报警系统采用铜芯绝缘导线和铜芯电缆的线芯最小截面积

序　号	类　别	线芯的最小截面积（mm²）
1	穿管敷设的绝缘导线	1.00
2	线槽内敷设的绝缘导线	0.75
3	多芯电缆	0.50

（12）应急照明灯规格标准，见表11-26。

表 11-26　　　　　　　　应急照明灯规格标准

类　别	标志灯规格		采用荧光灯时的光源功率（W）
	长边：短边	长边的长度（cm）	
Ⅰ型	4：1或5：1	＞100	≥30
Ⅱ型	3：1或4：1	50～100	≥20
Ⅲ型	2：1或3：1	36～50	≥10
Ⅳ型	2：1或3：1	25～35	≥6

（1）根据需求在平面图上布置电视插座。

（2）根据电视插座的平面分布状况确定分配网络的结构形式，布置分配器和分支器的位置。

（3）确定电视电缆线路规格并敷设。

（4）根据用户电平的要求和电视电缆规格，合理选择无源器件。

（5）根据分配系统应满足的指标要求，设计放大器的工作状态。

（6）校核用户电平，根据需求调整器件参数、位置或分配系统结构。

技能 130　熟悉有线电视系统分配形式

无源器件分配系统常用的三种形式，见表 11-27。

表 11-27　　　　　　　　　无源器件分配系统的形式

项　目	内　容	图　示
分配—分配方式	布线灵活，主要用于支干线、分支干线、楼幢之间的分配	
分配—分支方式	布线灵活，便于管理，通过选择不同损耗的分支器可使用户电平趋于一致，且因分支器的反向隔离特性好而不易造成反向干扰，应用最广泛、最为理想的一种方式	
分支—分支方式	与分配—分支方式基本相同，也是常用方式	

（1）邻频道系统的频道划分及应用，参见表 11-28。

表 11-28　　　　　　　　邻频道系统的频道划分及应用

系统类型	传输频道数目	可传输的频道号
450MHz 邻频系统	43 个频道	DS6-12＋Z1-37
550MHz 邻频系统	53 个频道	DS6-23＋Z1-37
600MHz 邻频系统	60 个频道	DS6-24＋Z1-41
750MHz 邻频系统	80 个频道	DS6-43＋Z1-42
862MHz 邻频系统	93 个频道	DS6-56＋Z1-42

（2）宽频带信息综合网与全频道电缆电视系统的性能比较，见表 11-29。

表 11-29　　　　　宽频带信息综合网与全频道电缆电视系统的性能比较

序号	项　目	宽带综合信息网	全频道电缆电视系统
1	功能	电视、电声、电话、电脑	电视、电声
2	模拟电视	邻频	隔频
3	频带（MHz）	5～1000	47～800
4	交互性	双向、交互性	单向、广播
5	传输	光纤为主	电缆为主
6	宽放	至少推挽模块	基本单端电路
7	屏蔽要求	高	一般
8	阻抗要求	高	一般
9	隔离要求	高	一般
10	用户电平	电平低、范围窄	电平高、范围宽
11	信息容量	大	小
12	发展前景	将来发展方向	

（3）有线电视系统 5～1000MHz 上行、下行波段划分，见表 11-30。

表 11-30　　　　　有线电视系统 5～1000MHz 上行、下行波段划分

序号	波段名称	标准频率分割范围（MHz）	使用业务内容
1	R	5～65	上行业务
2	X	65～87	过渡带
3	FM	87～108	调频广播
4	A	110～1000	模拟电视、数字电视、数据通信业务

（4）有线电视系统输入端接口标准，见表 11-31。

表 11-31　　　　　　　　　有线电视系统输入端接口标准

项　目	阻　抗	电　平	备　注
射频接口电特性要求	75Ω	—	—
视频接口电特性要求	75Ω	IV_{p-p}	正极性
音频接口电特性要求	600Ω（平衡/不平衡）或≥10kΩ	$-6\sim+6$dBm	电平连续可调

（5）共用天线的技术指标，参见表 11-32。

表 11-32　　　　　　　　　　共用天线的技术指标

序号	种　类		频道	增益	驻波比	前后比
	频带	振子数				
1	甚高频宽频段	3	1～5 6～12	2.5～5		9 以上
		5	1～5 6～12	3～7		10 以上
		8	6～12	4～8		12 以上
2	甚高频频段单频道专用	3	低频道	5 以上	2.0 以下	9.5 以上
		5	低频道	6 以上		10.5 以上
		8	高频道	9.5 以上		12 以上
3	特高频低频道	20 以上	12～24	12 以上		15
4	特高频高频道	20 以上	25～68	12 以上		15

（6）宽带型天线放大器的技术指标，见表 11-33。

表 11-33　　　　　　　　　宽带型天线放大器的技术指标

序号	项　目		单位	性能参数							测量方法（GB/T 11381.3）
1	增益	标称值	dB	18	21	24	27	30	33	36	5.1.3
		允许偏差	dB	+3，-1							
2	最大输出电平		dBμV	90	90	90	90	90	95	95	5.2
3	带内平坦度		dB	+3，-1							5.1.3
4	噪声系数		dB	≤3，≤5，≤7							5.4
5	反射损耗	VHF	dB	≥10							5.5
		UHF		≥7.5							
6	供电		V	DC：≤24，AC：≤36							—

（7）频道型天线放大器的技术指标，见表 11-34。

表 11-34　　　　　　　　　　频道型天线放大器的技术指标

序号	项　目		单位	性能参数							测量方法 （GB 11318.3）
1	增益	标称值	dB	18	21	24	27	30	33	36	5.1.3
		允许偏差	dB	+3，−1							
2	最大输出电平		dBμV	90	90	90	90	90	95	95	5.2
3	带平坦内度	VHF	dB	±1							5.1.3
		UHF		±1.5							
		FM		±2							
4	带外衰减		dB	≥20							5.1.3
5	噪声系数		dB	≤5，≤7，≤10							5.4
6	反射损耗	VHF、FM	dB	≥7.5							5.5
		UHF		≥6							
7	供电		V	DC：≤24，AC：≤36							—

（8）场强值范围的划分，见表 11-35。

表 11-35　　　　　　　　　　场强范围的划分

场强划分	VHF		UHF		SHF
	mv/m	dBμv/m	mv/m	dBμv/m	dBμv/m
强场强	50	>94	199	>106	
中场强	5	74	199～19	86～106	约—109
弱场强	0.5	54	19～1.99	66～86	约—114
微场强	0.10	<40	<1.99	<66	约120

（9）卫星电视广播频率范围及频率使用区域，见表 11-36。

表 11-36　　　　　　　　　　卫星电视广播频率范围及频率使用区域

波　段		频率范围（GHz）	带宽（MHz）	应用地区
L		0.62～0.79	170	全球各地使用
S		2.5～2.69	190	全球各地使用
KL	K$_1$	11.7～12.2	500	第二、三区使用
		11.7～12.5	800	第一区使用
		12.5～12.75	250	第三区使用
	K$_2$	22.5～23	600	第二、三区使用

波　段	频率范围（GHz）	带宽（MHz）	应用地区
O_2	40.5～42.5	2000	全球各地使用
85	84～85	2000	全球各地使用
C	3.7～4.2		中国使用

注　第一区为欧洲、非洲、土耳其、阿拉伯半岛、苏联的亚洲地区、蒙古；第二区为南、北美洲；第三区为亚洲大部（除上述第一区外）和大洋洲。

（10）光缆的温度特性，见表 11-37。

表 11-37　　　　　　　　　　　　　光缆的温度特性

分类代号	适用温度范围（℃）			允许光纤附加衰减（dB/km）		
	低限	高限	0 级（特级）	1 级	2 级	3 级
A	−40	+60				
B	−30	+60	无明显附加衰减	≤0.05	≤0.10	≤0.15
C	−20	+60				

注　光缆温度附加衰减为适用温度下相对于 20℃下的光纤衰减差。

（11）光缆允许的最小弯曲半径，见表 11-38。

表 11-38　　　　　　　　　　　　光缆允许的最小弯曲半径

外护层形式	无外护层或 04 型	53、54、33、34 型	05、333、43 型
静态弯曲	10D	12.5D	15D
动态弯曲	20D	25D	30D

技能 132　了解电话通信系统设计步骤

（1）根据需求在平面图上布置电话插座。

（2）结合竖向线路走线确定电话分线盒（箱）的位置和容量。

（3）确定配线方式，选择竖向干线电缆。

（4）根据用户需求和公用电话网的情况，确定系统形式、中继方式和容量。

（5）确定总交接箱或用户交换机的容量。

（6）确定电话站房的位置、面积。

技能 133　了解电话站的设计内容

（1）电话站的位置。

1）电话站的位置选择应根据建筑物的具体布局、周围的环境条件以及进出线的方便程度等因素综合考虑。

2）从管理和配线方便的角度出发，电话站可设置在建筑的主体内，也可设置在与主体建筑紧密相邻的裙房内，且宜设在一至四层的楼层内，房间尽量朝南向。

3）电话站的环境应清静、清洁，不宜将其设在浴室、卫生间、开水房、洗衣房及食堂餐厅粗加工房间等易于积水的房间附近或其下层，也不宜设在空调及通风机房等振动场所附近。

4）电话站也不宜设在变压器室、变配电室、柴油发电机室的楼上、楼下或隔壁。

5）为配线方便，电话站位置的确定应和竖向干线电缆的敷设方法和敷设部位的确定综合考虑，机房引至竖向干线的线路不宜过长且应有足够的走线通道，便于敷设。

（2）电话站的面积。电话站的面积，可按表 11-39 进行估算。

表 11-39　　　　　　　　　　　程控交换机房面积估算

交换机门数	面积（mm²）	最小宽度（m）	交换机门数	面积（mm²）	最小宽度（m）
500～800	60～80	5.5	2500	100～120	8.0
1000	70～90	6.5	3000	110～130	8.8
1600	80～100	7.0	4000	130～150	10.5
2000	90～110	8.0	—	—	—

技能 134　了解电话通信系统配线方式

建筑物的电话线路包括主干电缆（或干线电缆）、分支电缆（或配线电缆）和用户线路等三部分。配线方式应根据建筑物的结构及用户的需要，选用技术先进、经济合理的方案，便于施工和维护管理、安全可靠。

干线电缆配线方式，见表 11-40。

表 11-40　　　　　　　　　　　干线电缆配线方式

项　目	内　容	图　示
单独式配线	各个楼层的电话电缆分别独立配线，楼层电话电缆线对间无连接关系。各楼层所需电缆对数根据需要而定，故障影响范围小，且便于检修。缺点是电话电缆数量较多，工程造价较高。适用于各楼层需要的电缆线对较多且较为固定不变的场合	分线盒 总配线架 或交接箱

项　目	内　　容	图　　示
交接式配线	按楼层分为几个交接配线区域，除总配线架或总交接箱所在楼层和相邻近的几层用单独式配线外，其他各层电缆均由交接配线区内的交接箱引出。故障影响范围小，主干线电缆的芯线利用率较高。适用于各楼层需要的电缆线对数量不同且变化较多的场合	交接箱
递减式配线	各个楼层由同一垂直干线电缆引出，垂直干线电缆在经楼层引出一部分后递减上升，电缆线对互不复接。故障时容易判断和检修，所需的电缆长度较少、工程造价较低。缺点是灵活性较差、线路利用率不高。适用于各楼层需要的电缆线对数量不均匀且有变化的场合	50 100 150
复接式配线	各个楼层由同一垂直干线电缆引出，各个楼层之间的电缆线对全部或部分复接，复接的线对数根据各层的需要而定，但每对线的复接次数不得超过两次。此方式灵活性较大，所需的电话电缆较少。缺点是复接后电缆线对会互相影响，维护检修麻烦。适用于各楼层需要的电缆线对数量不等、变化比较频繁的场合	150 150 150
混合式配线	根据工程具体情况将上述几种配线方式结合起来使用，综合了上述几种配线方式的优点	

技能 135　了解电话通信系统工程设计常用数据

　　（1）程控电话机房的面积，可参照表 11-41 进行估算。

表 11-41 程控电话机房面积

程控交换机门线数	电话机房预期面积（m³）	电话机房最小宽度（m）
500～800	50～80	5.5
1000	60～90	6.5
1600	70～100	7.0
2000	80～110	8.0
2500	90～120	8.0
3000	110～130	8.8
4000	130～150	10.5

（2）程控电话机房对土建设计的要求，见表 11-42。

表 11-42 程控电话机房对土建设计的要求

房间名称	用户交换机室		控制室	话务员室	传输设备室	用户模块室	总配线室	
房间净高（m）（梁或风管下）	低架	≥3.0	≥3.0	≥3.5	≥3.0		每列 100 或 120 回线	≥3.0
	高架	≥3.5					每列 220 回线	≥3.5
							每列 600 回线	≥3.5
均布活荷载（kN/m²）	低架	≥4.5	≥4.5	≥3.0	≥6.0		每列 100 或 120 回线	≥4.5
	高架	≥6.0					每列 220 回线	≥4.5
							每列 600 回线	≥7.5
地面材料（防静电、阻燃）	活动地板							

（3）电话交换机房有害气体的限值、允许尘埃数量限值，可参照表 11-43。

表 11-43 电话交换机房有害气体的限值、允许尘埃数量限值

有害气体	SO_2	H_2S	NO_2	NH_3	Cl_2
平均值（mg/m³）	0.2	0.006	0.04	0.05	0.01
最大限值（mg/m³）	1.5	0.03	0.15	0.15	0.3
电话交换系统机房允许尘埃数量限值					
灰尘颗粒的最大直径（μm）	0.5	1	2	3	
灰尘颗粒的最大浓度（粒子数/m³）	1.4×10^7	7×10^5	2.4×10^5	1.3×10^5	

（4）电话站机房照明的照度标准值，应满足表 11-44 中的要求。

266

表 11-44　　　　　　　　　　　电话站机房照明的照度标准值

序号	名　称	照度标准值（lx）	备　注
1	自动交换机室	100～150～200	
2	话务台	75～100～150	
3	总配线架室、控制室、传输设备室	100～150～200	
4	电力室配电盘	75～100～150	
5	蓄电池槽上表面、电缆进线室电缆架	30～50～75	应采用防爆型灯具
6	库房	30～50～75	

（5）程控交换机房的电力负荷，可依照表 11-45 进行估算。

表 11-45　　　　　　　　　程控交换机房的电力负荷估算

类　别		耗电量
主机耗电	1000 门以下	每门按 2.5W 计
	1000 门以上时大于 1000 门的数量	每门按 2.0W 计

（6）电话机房内中继线数的确定方法，见表 11-46。

表 11-46　　　　　　　　　　中继线数的确定方法

可以和市话局互相呼叫的分机数（线）	接口中继线配发数目	
	呼出至端局中缝	端局来话呼入中继
50 线以内	采用双向中继 1～5 条中继线	
50	3	4
100	6	7
200	10	11
300	13	14
400	15	16
500	18	19

（7）电话电缆、电线穿管敷设的最小管径，见表 11-47 和表 11-48。

表 11-47　电话电缆穿管的最小管径（一）

电话电缆型号规格	管材种类	穿管长度(m)	保护管弯曲线	10	20	30	50	80	100	150	200	300	400
				电缆对数 最小管径（mm）									
HYV HYQ HPVV 2×0.5	SC RC	30m 以下	直通	20	25	32	40	40	50	50	70	80	80
			一个弯曲	25	25	25			50	50	70	80	100
			一个弯曲	32	40	50	70	80					
HYV HYQ HPVV 2×0.5	TC PC	30m 以下	直通	25	32	40	50						
			一个弯曲	32	40	50							
			二个弯曲	40	50								

表 11-48　电话电线穿管的最小管径（二）

导线型号	穿管对数	0.75	1.0	1.5	2.5	4.0	导线型号	穿管对数	0.75	1.0	1.5	2.5	4.0
		导线截面（mm）SC 或 RC 管径（mm）							导线截面（mm）TC 或 RC 管径（mm）				
RVS 250V	1	15	15	20	20	20	RVS 250V	1		16	16	20	25
	2	15	15	25	25	25		2		20	20	32	32
	3	15	20	20	20	20		3	20	20	25	25	40
	4	32	32	32	32	32		4	25	25	32	40	40
	5	40	40	40	40	40		5	25	32	32	50	50

（8）电话电缆在线槽内允许容纳的根数，见表 11-49。

表 11-49　电话电缆在线槽内允许容纳的根数

电话电缆型号	对数	40×30	55×40	45×45	65×120	50×25	70×36	40×30	60×30	80×50	100×50	120×50
安装方式		金属线槽容纳电缆根数						塑料线槽容纳电缆根数				
		墙上或支架				地面内		墙上或支架				
HYV-0.5	10	3	6	5	21	3	6	3	5	11	14	16
	20	2	4	4	15	2	5	2	3	8	10	12
	30	2	3	3	11	1	3	1	2	6	7	8
	50	—	2	2	7	1	2	1	1	3	4	5
	80	—	1	1	5	—	1		1	2	3	4
	100	—	—	1	4	—	1			2	3	3

（9）电话线路穿管的其他要求，见表11-50。

表 11-50 　　　　　　　电话线路穿管的其他要求

电缆电线的敷设地段	最大管径限制（mm）	管径利用率（%）	管截面利用率（%）
		电缆	绞合导线
暗敷于底层地坪	不作限制	50～60	30～35
暗敷于楼层地坪	一般≤25 特殊≤32	50～60	30～35
暗敷于墙内	一般≤50	50～60	30～35
暗设于吊顶内或明敷	不作限制	50～60	25～30（30～35）
穿放用户线	≤25		25～30（30～35）

（10）暗敷电话管线与其他管线的最小净距要求，见表11-51。

表 11-51 　　　　　暗敷电话管线与其他管线的最小净距 　　　　　（mm）

管线种类	电力线路	压缩空气管	给水管	热力管（不包封）	热力管（包封）	煤气管
平行净距	150	150	150	500	300	300
交叉净距	50	20	20	500	300	20

（11）电话电缆管道、直埋电缆与其他管线的最小净距要求，见表11-52。

表 11-52 　　　　电话电缆管道、直埋电缆与其他管线的最小净距

其他地下管道及建筑物名称		平行净距		交叉净距	
		电缆管道	直埋电缆	电缆管道	直埋电缆
给水管	φ75～150mm	0.50	0.50	0.15	0.50
	φ200～400mm	1.00	1.00		
	φ400mm 以上	1.50	1.50		
排水管		1.00	1.00	0.15	0.50
热力管		1.00	1.00	0.25	0.50

其他地下管道及建筑物名称		平行净距		交叉净距	
		电缆管道	直埋电缆	电缆管道	直埋电缆
煤气管	压力≤300kPa	1.00	1.00	0.15注	0.50
	300kPa<压力≤800kPa	2.00	1.00	0.15注	0.50
10kV 以下电力电缆		0.50	0.50	0.50	0.50
建筑物的散水边缘		0.50			
建筑物（无散水时）		1.00			
建筑物基础		1.50			

注 在交叉处煤气管如有接口时，电缆管道应加包封。

（12）室外电话管线的埋深不应低于表 11-53 的要求。

表 11-53 室外电话管线的最小埋深

管道种类	管顶至路面或铁道路基的最小净距（m）			
	人行道	车行道	电车轨道	铁道
混凝土管块、硬塑料管	0.5	0.7	1.0	1.3
钢管	0.2	0.4	0.7	0.8

技能 136　了解有线广播系统的设计内容

1. 扬声器的选择与布置

（1）扬声器的选择。扬声器的选择主要满足播放效果的要求，在考虑灵敏度、频响和指向性等性能的前提下，应考虑功率大小。

（2）扬声器的布置。

1）在办公室、生活间和宾馆客房等场所，可选用 1～2W 的扬声器箱。

2）走廊、门厅及公共活动场所的背景音乐、业务广播，宜选用 3～5W 的扬声器箱。

3）在选用声柱时，应注意广播的服务范围、建筑的室内装修情况及安装的条件，如建筑装饰和室内净空允许，对大空间的场所宜选用声柱（或组合音箱）；对于地下室、设备机房或噪声高、潮湿的场所，应选用号筒式扬声器，且声压级应比环境噪声大 10～15dB；室外使用的扬声器应选用防潮保护型。

4）高级宾馆内的背景音乐扬声器（或箱）的输出，宜根据公共活动场所的噪声情况，设置音量调节装置。

5）对于扬声器布置的数量，在房间内（如会议厅、餐厅、多功能厅）可按 $0.025 \sim 0.05 \text{W/m}^2$ 的电功率密度确定，亦可按下式估算

$$D = 2(H - 1.3) \sim 2.4(H - 1.3)$$

式中　D——扬声器安装间距；

　　　H——扬声器安装高度。

6）在门厅、电梯厅、休息厅顶棚安装的扬声器间距为安装高度的 $2 \sim 2.5$ 倍。

7）在走廊顶棚安装的扬声器间距为安装高度的 $3 \sim 3.5$ 倍。

8）走廊、大厅等处的扬声器宜嵌入顶棚安装。室内扬声器箱可明装，安装高度（扬声器箱的底边距地面）不宜低于 2.2m。

2. 广播用户分路

（1）每一用户分路配置一台独立的功率放大器，且具有音量控制功能。

（2）在满足扬声器与功率放大器匹配的条件下，可以几个用户分路共用一台功放，但需设置扬声器分路选择器，以便选择和控制分路扬声器。

（3）当一个用户分路所需广播功率很大时，可采用两台或两台以上的功率放大器，多台功放的输入端可并联接至同一节目信号，但输出端不能直接并联，应按扬声器与功率放大器匹配的原则将扬声器分组，分别接到各功率放大器的输出端。

（4）在某些分路的部分扬声器上加装音量控制器来调节音量大小，采用带衰减器的扬声器可调整声级的大小。

3. 功放设备的容量

功放设备的容量可按下式计算

$$P = K_1 K_2 \sum P_i$$

式中　P——功放设备输出总电功率，W；

　　　K_1——线路衰耗补偿系数，1dB 时取 1.26，2dB 时取 1.58；

　　　K_2——老化系数，一般取 $1.2 \sim 1.4$；

　　　P_i——第 i 分路同时广播时最大电功率，W。

$$P_i = K_i P_{Ni}$$

式中　P_{Ni}——第 i 分路的用户设备额定容量；

　　　K_i——第 i 分路的同时需要系数，宾馆客房取 $0.2 \sim 0.4$，背景音乐取 $0.5 \sim 0.6$，业务性广播取 $0.7 \sim 0.8$，火灾事故广播取 1。

4. 有线广播控制室

(1) 有线广播控制室应根据建筑物的类别、用途的不同而设置，靠近主管业务部门（如办公楼），宜与电视监控室合并设置（如宾馆）。有线广播控制室也可与消防控制室合用，并应满足消防控制室的有关要求。

(2) 控制室内功放设备的布置应满足以下要求：柜前净距离不应小于1.5m；柜侧与墙以及柜背与墙的净距离不应小于0.8m；在柜侧需要维修时，柜间距离不应小于1m。

5. 线路选择与敷设

(1) 有线广播系统的传输线路应根据系统形式和线路的传输功率损耗来选择。对宾馆的服务性广播，由于节目套数较多，多选用线对绞合的电缆；而对其他场所，宜选用铜芯塑料绞合线。传输线路上的音频功率损耗应控制在5%以内。

(2) 广播线路一般采用穿管或线槽的敷设方式，在走廊里可与电话线路共槽走吊顶内敷设。

技能 137　了解扩声系统的设计内容

1. 扬声器的选择、布置与安装

(1) 扬声器的选择。扬声器的选择应根据声场及扬声器的布置方式合理确定其技术参数。多功能厅扩声系统中，多采用前期电子分频组合式扬声器系统，可以2、3或4分频系统，中、高音单元多采用号筒式扬声器。各种组合音箱也广泛应用，组合音箱大多是由两个或三个单元扬声器组成（中、高音单元多采用号筒），更多采用无源电子分频，亦可为扩大使用范围另配超低频音箱。

(2) 扬声器的布置。扬声器的布置方式，见表11-54。

表 11-54　扬声器的布置方式

方　式	内　容
集中式布置方式	用于多功能厅、2000人以下的会场、体育场的比赛场地。扬声器设置在舞台或主席台的周围，并尽可能集中，大多数情况下扬声器装在自然声源的上方，两侧（台边或耳光）相辅助。这种布置可以使视听效果一致，避免声反馈的影响。扬声器（或扬声器系统）至最远听众的距离不应大于临界距离的3倍
分散式布置方式	用于净空较低、纵向距离长或者可能被分隔成几部分使用及厅内混响时间长的多功能厅，以及2000人以上的会场。这种布置应控制最近的扬声器的功率，尽量减少声反馈，还应防止听众区产生重声现象，必要时加装延时器
分布式布置方式	用于体育馆、体育场观众席，扬声器组在顶棚上呈环形布置

2. 传声器的布置

（1）传声器的布置应能满足减少声反馈、提高传声增益和防干扰的要求。

（2）传声器的位置与扬声器（或扬声器系统）的间距宜大于临界距离，且位于扬声器的辐射范围角以外。

（3）当室内声场不均匀时，传声器应尽量避免设在声压级高的部位。传声器应远离晶闸管干扰源及其辐射范围。

3. 前端与放大设备

（1）前级增音机、调音控制台、扩声控制台等前端控制设备的选择应根据不同的使用要求确定。通常前级增音机至少应有低阻及高阻传声器输入各一路、拾音器输入一路、线路输入和录音重放各一组、录音输出一组。

（2）立体声调音台具有多种功能，可根据具体要求选择，一般选用带有4～8个编组的产品较为适合。调音台的设计可增加多种功能，其主通道的性能是第一位的。

（3）主通道的性能应考虑等效输入噪声电平和输入动态余量，应根据具体要求选择确定。

（4）功率放大设备的单元划分应根据负载分组的要求来选择。为了使扩声系统具有较好的扩声效果，功率放大器应有一定的功率储备量，其大小与节目源的性质和扩声的动态范围有关。平均声压级所对应的功率储备量，在语言扩声时一般为5倍以上，音乐扩声时一般为10倍以上。

4. 扩声控制室

（1）扩声控制室的位置应能通过观察窗直接观察到舞台活动区、主席台和大部分观众席。

（2）为减少强电系统对扩声系统的干扰，扩声控制室不应与电气设备机房毗邻或上、下层重叠设置。控制台与观察窗垂直放置，以使操作人员能尽量靠近观察窗。

5. 线路选择与敷设

调音台的进出线路均应采用屏蔽电缆。馈电线宜采用聚氯乙烯绝缘双芯绞合的多股铜芯导线穿管敷设。为保证传输质量，自功放设备输出端至最远扬声器（或扬声器系统）的导线衰耗不应大于0.5dB（1000Hz时）。对于前期分频控制的扩声系统，其分频功率输出馈送线路应分别单独分路配线。同一供声范围的不同分路扬声器（或扬声器系统）不应接至同一功率单元，以避免功放设备故障时造成大范围失真。在采用晶闸管调光设备的场所，为防干扰，传声器线路宜采用四芯金属屏蔽绞线，对角线并接，穿钢管敷设。

（1）广播馈送回路导线规格选择，见表 11-55。

表 11-55　　　　　　　　　　广播馈送回路导线规格选择

缆线规格（mm²）		不同扬声器总功率允许的最大距离（m）			
二线制	三线制	30W	60W	120W	240W
2×0.5	3×0.5	400	200	100	50
2×0.75	3×0.75	600	300	150	75
2×1.0	3×1.0²	800	400	200	100
2×1.5	3×1.5	1000	500	250	125
2×2.0	3×2.0	1200	600	300	150

（2）广播线与电话线、低压电力线的最小净距，见表 11-56。

表 11-56　　　　　　广播线与电话线、低压电力线的最小净距

平行长度（m）		5	10	20	30	40	50	60	70
间距（mm）	电话用户线	5	10	15	20	21	22	23	24
	低压电力线	20	20	20	50	28	30	40	50

（3）混响时间的推荐值，见表 11-57。

表 11-57　　　　　　　　　　混响时间的推荐值

厅堂用途	混响时间（s）	厅堂用途	混响时间（s）
电影院、会议厅	1.0～1.2	电影同期录音摄影棚	0.8～0.9
立体声宽银幕电影院	0.8～1.0	语音录音（播音）	0.4～0.5
演讲、戏剧、话剧	1.0～1.4	音乐录音（播音）	1.2～1.5
歌剧、音乐厅	1.5～1.8	电话会议、同声传译室	小于 0.4
多功能厅、排练室	1.3～1.5	多功能体育馆	小于 2
声乐、器乐练习室	0.3～0.45	电视、演播室、室内音乐	0.8～1

注　表中所列为频率在 500Hz 时的最佳混响时间。

（4）扩声控制室的建筑及设施要求，见表 11-58。

表 11-58

扩声控制室的建筑及设施要求

项目	扩声主机房 (V·A)			专用扩声机房 (V·A)						扩声控制室	
室型及规模	<250	<1500	<4500	音响机房 <4×300	<1500	<4000	<8000	<13000	同声传译机房	录播室	机房
室型平面（参考尺寸）(m)	3×4.5	3.6×5.4	3.6×6	3.6×5.4	3.6×5.4	3.6×6	6×6	6×9	3.6×7.2		
净高 (m)	2.5	3	3	3	2.5	3	3	3	2.5	≥2.8	≥2.8
荷载 (kg/m²)	250	450	450	450	450	450	450	450	250	200	300
装修 顶棚	白色涂料			随建筑装修设计						根据吸声处理选用材料及布置	表面刷油漆
装修 墙壁	白色涂料			随建筑装修设计						根据吸声处理选用材料及布置	表面刷油漆
门窗	防尘	防尘	防尘	防尘	防尘	防尘	防尘	防尘	防尘	满足隔声要求	不宜开窗
环境 温度℃	15~30	15~30	15~30	15~30	15~30	15~30	15~30	15~30	15~30	独立式空调应符合噪声限制的要求	三级以上旅馆和有值班要求的机房，宜独立式空调
环境 湿度	40~80	40~80	40~80	40~80	40~80	40~80	40~80	40~80	40~80		
环境 换气次/h	2~3	2~3	2~3	2~3	2~3	2~3	2~3	2~3	2~3		
地面	架空地板或塑料地面（防静电）										

注：
1. 另设播音室的扩声机房的混响及隔声要求较表列播音室指标降低一级；
2. 各类机房应避开振动、噪声、扩声、及强电场等干扰源，远离潮湿、有毒及燃易爆环境；
3. 学术报告厅的广播、扩声、传译系统宜合并设置机房，位置合并设置能直播及观众席；服务性音响及电视播放宜合并设置；
4. 表中房间净高及荷载根据实际情况决定。

275

1. 概念

安全防范系统设计应根据建筑物的使用功能、建设标准及安全防范管理的需要，按照被保护对象的风险等级，确定相应的防护级别，满足整体纵深防护和局部纵深防护的设计要求，以达到所要求的安全防范水平。

2. 组成

安全防范系统的主要子系统有电视监控系统、入侵报警系统、出入口控制系统、巡更系统、汽车库（场）管理系统、楼宇对讲电控防盗门系统等。

1. 电视监控

电视监控系统的基本控制方式，见表 11-59。

表 11-59　　　　　　　　　　　　电视监控系统的基本控制方式

方式	内　　容
直接控制方式	适用于摄像机台数较少的小型系统（一般摄像机台数在 10 台以下）；摄像机控制项目较少，采用定焦距镜头、自动光圈控制及采用固定支架；传输距离较近（不超过 100m）；系统基本无增容及控制项目扩展的要求
间接控制方式	适用于摄像机台数较多的中型系统（摄像机台数为 10～50 台）；传输距离不超过 200m
数据编码微机控制方式	适用于摄像机台数较多的大中型系统；摄像机控制项目较多；传输距离较远；需要实行多级控制；系统需要根据使用性质及要求的变化考虑进一步扩容及调整

2. 摄像部分

（1）监视点的确定。需要监视的部位有建筑物出入口、楼梯口及通向室外的主要出入口的通道；电梯前室、电梯轿厢内及上下自动扶梯处；重要的通信广播中心、计算机机房及有大量现金、有价证券存放的财会室；银行金库、保险柜存放处、证券交易大厅、外汇交易大厅及银行营业柜台、现金支付及清点部位；商场营业大厅、自选商场、黄金珠宝饰品柜台、收款台及重要的商品库房；旅客候车厅、候机大厅、安全检查通道；宾馆饭店的总服务台、外币兑换处；展览大厅、博物馆的陈列室、展厅。

（2）摄像机的选择与安装。

1）摄像机的选择。

a. 一般采用体积小、质量轻、便于安装与检修的电荷耦合器件（CCD）型摄像机。应根据监视目标的照度选择不同灵敏度的摄像机，监视目标的最低环境照度应高于摄像机最低照度的 10 倍。

b. 摄像机镜头选择：摄取固定监视目标时可用定焦距镜头；当视距较小而视角较大时用广角镜头；当视距较大时用望远镜头（长焦距镜头）；当视角变化或视角范围较大时用变焦镜头；若摄取的监视目标是连续移动的，或者监视区域空间范围较大，而监视目标的位置及距离不确定且不需同时监视多个目标，或者既需在平时拥有很大的监视范围，又要求看清局部范围内监视目标的细部特征时，选用带遥控全方位电动云台变焦距镜头摄像机。

2）摄像机的安装。

a. 一般摄像机的监视距离可按 25～40m 选定。

b. 摄像机应安装在监视目标附近不易受外界损伤的地方，不影响现场设备运行和人员正常活动。安装高度为：室内距地面 2.5～5m；室外距地面 3.5～10m。

c. 电梯轿厢内的摄像机应安装在电梯操作器对角处的轿厢顶部，应能监视轿厢内全景。一般摄像机的光轴与轿厢内两侧壁及与轿厢顶均成 45°俯角。根据轿厢大小选择水平视场角 70°及以上的广角镜头。

d. 摄像机镜头应避免强光直射，应顺光源方向对准监视目标。当必须逆光安装时，应降低监视区域的对比度，或采用三可变（光圈、焦距、倍数）自动光圈镜头。

3. 传输部分

（1）传输方式，见表 11-60。

表 11-60 传输方式

项目	内　　容
图像信号传输方式	传输距离小于 2.5 km 时，宜采用同轴电缆传输视频基带信号的视频传输方式（400m 以上距离加线路补偿放大器）；传输距离较远，监视点分布范围广或需进有线电视网时，宜采用同轴电缆传输射频调制信号的射频传输方式；长距离传输或需要避免强电磁场干扰的传输，宜采用传输光调制信号的光缆传输方式
控制信号传输方式	多芯线直接传输；遥控信号经数字编码用电（光）缆传输；与视频信号一线多传

（2）线路敷设。

1）对小型系统、线路少，采用金属管或金属线槽敷设；对于大型系统、线路多，用电缆桥架敷设，并加金属盖板保护。

2）电源线、图像信号线和控制信号线等应分管敷设，且不得与其他系统的管路、线槽、桥架或电缆合用。

3）信号传输线与低压电力线的平行及交叉间距不小于 0.3m，与通信线平行及交叉间距不小于 0.1m。

4. 监控室

（1）监控室的位置及工艺要求。

1）监控室的位置宜在建筑物首层及环境噪声小的场所，有条件时，可与消防控制室、广播通信室合用或邻近；不应设在卫生间、浴室、锅炉房、变配电室、热力交换站等相邻部位及其上下层相对应的位置。

2）监控室的面积应根据系统设备数量及尺寸大小和监视器屏幕尺寸的大小确定，一般为 12～50m²。

3）监控室宜采用防静电架空活动地板，架空高度不宜小于 200mm。监控室净高不宜小于 2.5m，门宽不应小于 0.9m，门高不应小于 2.1m。

4）监控室室内照明宜采用格栅灯具，监视器显像管面上的照度不宜大于 100lx。室内温度宜为 16～30℃，相对湿度宜为 30%～75%。

（2）设备布置。

1）监视器及机柜的位置应使屏幕避免外来光直射，且不宜在有阳光直射的采光窗的后面。

2）控制台正面与墙的净距不应小于 1.2m；侧面与墙或其他设备的净距，在主要走道不应小于 1.5m，次要走道不应小于 0.8m。机架背面和侧面距离墙的净距不应小于 0.8m。

（3）监视器的选择。

1）宜采用屏幕尺寸为 23～51cm 的监视器，监视人距监视器的最大距离约为屏幕尺寸的 10 倍。监视重点部位的监视器的屏幕尺寸，应稍大于其他监视器。

2）黑白监视器的清晰度应不低于 600 线，彩色监视器的清晰度应不低于 350 线，且监视器的清晰度应稍高于系统摄像机。

3）在射频传输方式中，可采用电视接收机作为监视器。有特殊要求时，可采用大屏幕监视器或投影电视。

（4）录像机的选择。

1）在同一系统中，录像机的制式和磁带规格应一致。录像机输入、输出信号，视、音频指标均应与整个系统的技术指标相适应。

2）需长时间监视目标记录时，应采用低速录像机或具有多种速度选择的长时间记录的录像机。

5. 供电、接地与安全防护

（1）电视监控系统应设置专用的统一供电电源，为 220V/50Hz 单相交流电源，在监控室设专用配电箱。当电压偏移超出 +5%～-10% 范围时，应设置稳压电源装置，稳压电源装置的标称功率不得小于系统使用功率的 1.5 倍。

（2）摄像机宜由监控室配电箱引出专线经隔离变压器统一供电。当远端摄像机集中供电有困难时，可从事故照明配电箱引专用回路供电，但所引回路必须与监控室电源配电箱同相位，并应由监控室操作通断。

（3）电视监控系统的接地宜采用一点接地方式，接地母线应采用铜芯导线，接地线不得形成封闭回路，采用专用接地装置时的接地电阻不大于 4Ω，采用综合接地网时接地电阻不大于 1Ω。

技能 141　了解入侵报警系统的设计内容

1. 系统设计原则

（1）应设置入侵报警系统的建筑物有：银行及金融大厦；省（市）及以上级博物馆、展览馆、档案馆；重要的政府部门及其他的办公建筑；印钞工厂、黄金及贵重金属生产车间、珠宝首饰生产车间以及相关库房等。

（2）宜设置入侵报警系统的建筑物有：大型百货商场及自选商场；省（市）及以上级图书馆、高等学校规模较大的图书馆内的珍藏书籍室、陈列室；有贵重物品存放的仓库；高档写字楼等。

（3）装设入侵报警装置的部位：大楼出入口；各层楼梯间出入口及通向楼梯间的走道、上下自动扶梯出入口；金库、财务及金融档案用房，存有大量现金、有价证券、黄金及珍宝的保险柜的房间；银行营业柜台、出纳、财会等现金存放、支付清点部位；计算机房、机要档案库；有贵重物品、展品及贵重文物存放的陈列室、展览大厅、仓库；商场的营业大厅及仓库等。

（4）入侵报警系统的警戒触发装置应设有自动报警和紧急手动报警两种方式，在建筑物内安装时应注意隐蔽和保密性。

（5）入侵报警系统应至少有两种以上报警手段，在重要场所及部位应设置三种以上报警手段。

2. 报警探测器的选择与安装

（1）报警探测器的选择。入侵报警探测器应根据使用场所的环境情况、安装条件及各种入侵报警探测器所具有的不同功能特性及探测原理来选择。常用的几种入侵报警探测器，见表 11-61。

表 11-61　　　　　常用的入侵报警探测器的基本性能

报警器名称	主要特性	适用场合	不适用场合
微波报警器	灵敏度高、隐蔽性好，对建筑构件、材料有一定的穿透能力，利于伪装，对空气扰动、温度变化及噪声均不敏感	有热源、光源、流动空气的室内，可安装在木制家具或墙壁里	有大动作物体的场所；有电磁反射及电磁干扰的场所；室外场所

报警器名称	主要特性	适用场合	不适用场合
被动红外报警器	能探测物体运动（包括缓慢运动）和温度变化，对一般材料无穿透能力	静态背景下的室内且探测区内无变化的冷热源装置	探测区内有热源及红外线辐射变化；有冷热气流及电磁干扰的场所；室外场所
微波被动红外双鉴报警器	只在两种不同类型探测器同时感应到入侵者的体温及移动才发出报警，误报率低，抗干扰能力强	其他类型报警器不适用的室内场所	有强电磁干扰；室外场所
双技术玻璃破碎报警器	只在短时间内顺序收到撞击玻璃时，玻璃变形产生的低频信号和玻璃破碎时产生的高频信号才发出报警，误报率低	可感应到不同型号、厚度及大小的玻璃破碎，能在有人活动的室内环境中工作	室外场所
磁控开关报警器	点控型报警器，价格低、寿命长、结构简单、误报率低	门、窗、卷帘门	

（2）报警器的安装。

1）双鉴报警器贴顶（嵌入）式安装时，安装高度不宜低于2.4m，且不高于5m；墙壁上安装时，安装高度不宜低于2.3m，距顶不宜小于0.3m。

2）微波被动红外双鉴报警器在室内走廊、通道及室内周边防范时，宜采用窄视角、长距离型墙壁上安装。在房间内宜贴顶（嵌入）安装，探测范围360°，或用广角型墙壁上安装。

3）广角型双鉴报警器墙壁上安装时，宜放置在墙角或墙角附近。当靠近窗户安装时，应向房间内转一定角度，以避免阳光直射。

4）被动红外报警器在室内安装时，不宜正对热源及有日照的外窗，在无法避免安装在热源附近时，相互间的距离应大于1.5m。

3. 电源与线路敷设

报警控制室应设专用双电源自动切换配电箱，并自带蓄电池组作为应急电源，且蓄电池组应能保证入侵报警系统正常工作时间大于60h。系统宜采用钢管暗敷设，如明敷设时应注意隐蔽。管线敷设不与其他系统合用管路、线槽等。

技能 142　　了解出入控制系统的设计内容

（1）出入口控制系统（或称门禁系统）一般由三部分组成：出入口对象（人、物）识别装置（即读卡器），出入口信息处理、控制和通信装置（管理计算机、控制器等），出入口控制执行机构（门磁开关、出门按钮、门锁等）。

（2）系统应有防止一卡出多人或一卡入多人的防范措施，应有防止同类设备非法复制的密码系统，且密码系统应能修改。

（3）常用的读卡器有普通型读卡器、带密码键盘的读卡器、带指纹识别的读卡器、带掌形识别的读卡器等。

（4）常用卡片有磁卡（用于接触式读卡器）、感应卡（用于感应式读卡器）和IC卡。磁卡价廉、可改写、使用方便，但易消磁、磨损。感应卡防水、防污，操作方便、寿命长，不易被仿制。IC卡防伪功能强，使用寿命长。有条件时可使用双界面的CPU卡，可兼容接触和非接触两种读卡器。

（5）控制器一般安装在离读卡器较近的地方（与出入口近，相互间连线方便），或被控的多个读卡器的中心位置。控制器附近应设电源插座，一个控制器可控制2门、4门、8门等。

技能 143　　熟悉巡更系统的基本类型

巡更系统的分类，见表11-62。

表 11-62　　　　　　　　　　　　　巡更系统的分类

分类	内　　容
有线巡更系统	由计算机、网络收发器、前端控制器和巡更点开关等组成。巡更时，保安人员按规定路线及时间到达各巡更点，触动巡更点开关，将信号经前端控制器及网络收发器送至计算机，自动记录各种巡更信息，可随时打印
无线巡更系统	由计算机、传送单元、手持读取器及编码片等组成。编码片安装在巡更点，巡更时，保安人员按规定路线及时间到达各巡更点，用手持读取器读取编码片资料，巡更结束后将手持读取器插入传送单元，使手持读取器所存信息输入计算机
纳入入侵报警系统的巡更系统	在巡更点设置微波红外双鉴探测器

技能 144　　掌握 BAS 设计流程

（1）确定控制对象系统监控方案，画出各子系统的控制系统（或原理）图（草图）。涉及内容有控制对象系统的组成及工作原理、控制要求；根据不同的控制参数确定调节规律；测量变送装置及执行机构。

（2）按控制对象系统编制监控表（分表）。涉及内容有监控点的类型和数量。

（3）确定分站的监控范围和位置及形式，画出分站监控原理接线图。涉及内容有：分站的位置、容量和布线长度。

（4）编制监控总表。

（5）确定中央站硬件组态、监控中心的位置和布置，画出监控中心设备布置图。涉及内容有供电电源、监控中心用房面积、环境条件。

（6）确定系统的网络结构，画出系统网络图（系统图）。

（7）画出各层 BAS 平面图。涉及内容有：线路敷设、分站位置、中央站位置、监控点位置及类型。

技能 145　了解监控表的编制要点

（1）基本要求。

1）为划分分站及确定分站模件的选型提供依据。

2）为确定系统硬件和应用软件的设置提供依据。

3）为规划通信信道提供依据。

4）为系统能以简捷的键盘操作命令，进行访问和调用具有标准格式显示报告与记录文件创造条件。

（2）监控表内容。

1）所属设备名称及其编号。

2）设备所属配电箱/控制盘编号。

3）设备安装楼层及部位。

4）监控点的被监控量及工程单位。

5）监控点所属类型。

6）对指定点的监控任务是由中央站完成还是由分站与配电箱/控制盘等现场级设备完成，或中央站与现场级均须具有同样的监控功能。

（3）监控总表内容。

1）规划每个分站的监控范围，赋予"分站编号"。

2）对于每个对象系统内的设备，赋予 BAS 所用的系列"分组编号"。

3）通信系统为多总线系统时，赋予总线"通道编号"。

4）对于每个监控点，赋予"点号"。

技能 146　了解分站设计的要点

分站设计的要点，见表 11-63。

表 11-63	分站设计的要点
要点	**内　容**
分站监控区域的划分	（1）集中布置的大型设备应规划在一个分站内监控（如集中空调器、冷冻机组、柴油发电机组等），有利于就地就近方便地安装和维护，也有利于运行管理。 （2）集中布置的设备群应划为一个分站（如变配电站、大空间的照明回路等）。 （3）一个分站实际所用的监控点数不超过最大容量的80%。若点数过多，则可并列设置两个及以上的分站，或在分站之外设置扩展箱。 （4）分站对控制对象系统实施DDC控制时，必须满足实时性的要求。一个分站对多个回路实施分时控制时，要考虑数据采集时间、数字滤波时间、控制程序运算及输出时间的综合时间，避免因分时过短而导致失控，即对每个回路的分时应满足其工作周期要求。若实时性的要求无法满足，解决办法有提高分站主机的性能、增设硬件配置、改变分站区域划分。 （5）每个分站至监控点的最大距离应根据所用传输介质、选定的波特率以及线芯截面等数值按产品规定的最大距离的性能参数确定，且不得超过。应尽可能地在合理范围内缩短，因为这段线路传输的信号为一次仪表信号，线路过长或选择与布置不当都会造成信号失真、损失或引入干扰，也会对维护、调整带来不便。 （6）分站监控范围可不受楼层限制，依据平均距离最短原则设置于监控点附近（一般不超过50m）。但当消防功能被纳入系统后，消防分站（即报警区域）则应按有关消防规范确定，按防火分区或同一楼层的几个防火分区来设置。非消防分站不受防火分区的限制。 （7）出入口控制子系统应独设分站。 （8）巡更联络与保安监视子系统，应独设分站或在某分站内单独设功能模块
分站的位置与布置	（1）分站的位置。 1）噪声低、干扰少、环境相对安静、24h均可接近进行检查和操作的地方。 2）满足产品自然通风的要求，空气自然对流路径畅通。 3）在潮湿、蒸气场所，应采取防潮、防结露措施。 4）远离电动机、大电流母线、电缆通道、间距至少为1.5m，以避免电磁干扰，否则应采取可靠屏蔽和接地措施。 （2）分站的布置。 分站一般应选挂墙的箱式结构，其安装高度可参照动力或照明配电箱的要求，底边距地1.5m，盘前应留有足够的操作空间，以便临时接插各类调试设备，至少需要1.0~1.2m，宜达到1.5m。分站的位置一般在控制参数较为集中的地方（如各种机房）

技能 147　了解中央站、监控中心设计的要点

1. 中央站硬软件组态

（1）中型及中型以上系统中央站的最小基本组态。

1）由中央处理单元（CPU）、存储器、输入输出装置和净化电源组成的计算机系统。系统显示运行与报警状态和操作指示的两种方式："图形中心"方式为主；文字、表格为主。大型和较大型系统应配备工业级计算机。

2）通信接口单元（CIU）。

3）以可分离式键盘和监视器（CRT）为基础构成的主操作台。

4）至少一台打印机（PRT）作为报警信息、操作员处理及系统报告记录用。

（2）设计时需考虑的问题。

1）采用冗余技术。

2）操作台均应选台式结构，在便于操作的台架上单独设置或与可选的（非必选的）彩色图像显示器并列设置。

3）打印机可只设一台，也可设多台。

（3）中央站的软件配置。

1）应具备系统软件、应用软件、语言处理软件、数据库生成和管理软件、通信管理软件及故障自诊断和系统调试与维护软件。

2）应优先选用汉化版工具软件配置。

3）应用软件中应具备必要的数字算法、数学模型和控制算法，如 PID（比例、积分、微分）、自适应、模糊控制等较高级的应用软件。

2. 监控中心的位置设置要点

（1）周围环境相对安静，中央控制室应是环境噪声声级最低的场所。

（2）无有害气体或蒸气及烟尘侵入。

（3）远离变电站、电梯房、水泵房等易产生电磁辐射干扰的场所，距离不宜小于 15m。

（4）远离易燃、易爆场所。

（5）无虫害、鼠害。

（6）监控中心上方或毗邻无厨房、洗衣房及卫生间等潮湿房间。

（7）环境参数满足产品要求。如产品无明确要求时，则参照计算机安装环境参数要求，即，振幅<0.1mm、频率<25Hz，磁场强度<800A/m。

3. 监控中心的土建及设备要求

（1）土建要求。

1）中央控制室一般宜采用搁空的防静电活动地板。当竖向线路在竖井内敷设时，地板下部宜与弱电竖井相通。

2）控制室的门应向外开，宽度不小于 1m；当控制室长度大于 7m 时，宜开两个门。

3）其他土建工程要求如下：

a. 变形缝和伸缩缝不应穿过监控中心。

b. 室内装饰应选用气密性好、不起尘、易清洁、在温度、湿度变化作用下变形小的材料。

c. 墙壁和顶棚表面应平整，减少积灰面，避免眩光。当采用抹灰时应符合高级抹灰的要求。

d. 活动地板下的地面和四壁装饰可采用水泥砂浆抹灰。

e. 吊顶宜选用不起尘的吸声材料，如吊顶以上仅作为敷设管线用时，其四壁应抹灰，楼板底面应清理干净；当吊顶以上空间为空调静压箱时，则顶部和四壁均应抹灰，并刷不易脱落的材料，其管道的饰面，也应选用不起尘的材料。

（2）空气调节与通风要求。

1）监控中心应设空调，一般可取自集中空调系统。

2）当不能满足产品对环境的要求时，应增设一台专用空调装置、设空调室并采取噪声隔离措施。

3）放置蓄电池的专用电源室应设机械排风装置，且在火灾时应能自动关闭，与中央控制室之间不得有任何门窗或非密闭管道相通。

（3）照明要求。中央控制室宜采用顶棚暗装室内照明。室内最低平均照度宜取 150～200lx，必要时可采用壁灯作辅助照明。

（4）消防与安全要求。

1）由于监控中心归属为计算机房范围，应按有关防火规范的规定应设卤代烷或二氧化碳等固定灭火装置。

2）由于 BAS 的监控中心占地大多不超过 40m²，一般为 20～30m²，考虑到监控中心总是有人值班的，为减少投资亦可采用手提灭火装置。

3）禁止采用水喷淋装置，以防误喷或早期火灾自救喷淋造成较大的经济损失。

4）在发生火灾或其他意外灾害时，为方便人员和财产设备迅速向室外疏散，对于规模较大的系统，应在中央控制室宜设直通室外的安全出口，以便火灾时的指挥、调度与疏散。

4. 监控中心的设备布置

（1）为了检修与监视方便，BAS 监控中心控制台前的操作距离应不小于 1.5m，台（屏）后距墙应有不小于 1m 的维修距离。当台前兼作通道时，净空不小于 3m。

（2）对规模较大的系统且有多台监视设备设置于中央控制室时，监控设备应呈弧形或单排直列布置。当横向排列总长度大于 7m 时，应在两端各留大于 1m

的通道。

（3）不间断电源设备设备按规模设专用室时，对于电源室面积的确定，在考虑设备本身占地面积大小的同时，应为方便检修留出足够的面积，且不得小于 $4m^2$。

（4）当中央控制室内安装模拟显示屏时，应留有足够的安装和观察空间。

技能 148　了解电源、接地与线路敷设要点

1. 电源

（1）中央站（监控中心）的配电。

1）由变电站引出两条专用回路供电，两条供电回路一备一用，在监控中心设带自动切换装置的专用配电盘。

2）监控中心内系统主机及其外部设备宜设专用配电盘，不宜与照明、动力混用。

3）监控中心需在最易迅速接近的位置，设置紧急停电开关，并加以醒目标志。

（2）分站配电。

1）对于较大型、大型系统，采用放射式配电方式，即由监控中心专用配电盘以一条支路专供一个分站的方式配电。

2）当分站数量多而分散时，也可采用树干式配电方式，即数个分站共用一条线路。

3）对于中型及以下系统，当系统无要求时，可由分站邻近的动力配电盘以专路供电。

4）含 CPU 的分站，设备应用电池组，支持分站全部负荷运行不小于 72h，保证停电时不间断供电。

2. 接地

（1）BAS 的接地应按计算机系统接地的规定执行。

（2）某些产品可能有规定的接地要求，应予执行；如果执行确有困难时，应要求厂家结合工程实际情况对其原定的接地要求，加以适当修改。

计算机系统接地方式，见表 11-64。

表 11-64　　　　　　　　计算机系统接地方式

项目	内容
交流工作接地	接地电阻不应大于 4Ω
安全保护接地	接地电阻不应大于 4Ω
直流工作接地	接地电阻应按计算机系统具体要求确定
防雷接地	应按 GB 50057—2010《建筑物防雷设计规范》的规定执行

3. 线路选择与敷设

（1）线路选择。

1）BAS 的线路包括中央站至分站、分站之间的通信线路、分站至现场的输入输出线路（控制线路）。

2）通信线路宜选用双绞线、同轴电缆或光缆，在满足传输速率的要求时，应优先选用双绞线，也可采用 1.0mm² 的 RVVP 型护套铜芯电缆或 DJYP₂V 计算机专用电缆。当需穿越户外时，宜选用同轴电缆。在强干扰环境中和远距离传输时，宜选用光缆。

3）分站至现场设备（传感器和阀门等）的控制电缆宜采用 1～1.5mm² 的 RVVP 型护套铜芯电缆，根据具体设备确定是否采用软线及屏蔽线，导线芯数应根据具体设备而定。

（2）线路敷设。

1）BAS 中的配线设计，应考虑可靠性、维修性、经济性和安全性。另外，还应考虑将来系统扩建、设备增加及改变时的适应性问题。

2）对于信号线（包括通信传输介质，即包括 BAS 中从现场到监控中心间除电源线、地线、保护线之外的所有传递信息的线路），应防外界电磁干扰。

3）屏蔽是防电磁干扰的措施，在具体实施时，完全屏蔽（360°全程屏蔽）很难做到，即使做到也较易被损坏。因此，在实际工程中满足一定距离的条件下，无屏蔽也是允许的。当信号线没有采取屏蔽措施而又和电源线平行布置时，两者平行布置的间距在 300mm 以上，便不致影响正常的信号传递。

4）在线槽布线方式中，金属线槽的生产厂家应提供有屏蔽用的金属板附件（或称金属隔离件）。为达到预期的屏蔽效果，应严格按照安装条件执行，必须要采用带金属隔离件的金属线槽。建筑物的配线类型，见表 11-65。

表 11-65   建筑物的配线类型

项目	内　　容
垂直方向配线	（1）垂直方向的配线即干线，在设计中须留有充足的裕度，以适应将来系统扩大和增加设备的需要。 （2）垂直方向配线，多采用竖井配线，亦可沿墙暗敷。在竖井内与其他线路平行敷设时，应考虑防干扰措施。 （3）为利于分站的布置和数据的通信，一个分站的控制范围不宜超过 1000m²，延长距离不宜超过 50m。对于 1000m² 以上的区域、延长距离在 100m 以上，宜设置两个分站。 （4）一般通信主干道（或母线、传输介质）是在竖井中敷设的，为保证传输介质的电气特性不受连接的影响，位于传输介质上的插口和位于分站上的插接件又必须很近，因此分站的位置就必须尽量靠近竖井或在竖井内设置

项目	内　容
水平方向配线	（1）水平方向配线即指楼层内配线，就是从配电盘或端子盘到设在楼层上各处设备之间的配线。 （2）水平方向配线可分为：顶棚内的线槽、线架配线方式；楼板上的搁空活动地板下、地毯下、沟槽配线方式；楼板内的配线管、配线槽方式；房间内的沿墙配线方式等

技能 149　了解建筑设备自动化系统设计常用数据

（1）网络传输限值，见表 11-66。

表 11-66　　　　　　　　　　网络传输限值

最高频率 （Hz）	双绞线（m）			同轴电缆（m）		光缆（m）
	100Ω3 类	100Ω4 类	100Ω5 类	50Ω 粗	50Ω 细	
100k	2000	3000	3000			
1M	200	260	260			
10M				500	185	
16M	100	150	160			
100M						2000

（2）控制箱（DCP）外部接线导线规格，见表 11-67。

表 11-67　　　　　　　控制箱（DCP）外部接线导线规格

序号	监控功能	状态	导线规格
1	启停控制信号	DO	2×(0.75~1.5)
2	工作状态信号	DI	2×(0.75~1.5)
3	故障状态信号	DI	2×(0.75~1.5)
4	手动/自动转换信号	DI	2×(0.75~1.5)
5	远程/就地控制信号	DI	2×(0.75~1.5)
6	故障报警信号	DI	2×(0.75~1.5)
7	过滤网淤塞信号	DI	2×(0.75~1.5)
8	风机压差监测信号	DI	2×(0.75~1.5)
9	电动调节风门	AO	4×(0.75~1.5)
10	电动调节蒸汽阀	AO	4×(0.75~1.5)
11	电动调节阀	AO	4×(0.75~1.5)
12	电动蝶阀	DI、DO	8×(0.75~1.5)
13	防冻开关信号	DI	2×(0.75~1.5)
14	水流量信号	AI	4×(0.75~1.5)

第十二章

建筑智能化系统设计

技能 150　熟悉建筑智能化系统组成部分

（1）建筑设备自动化系统（Building Automation System，BAS）是将建筑物或建筑群内的电力、照明、空调、给水排水、防灾、保安、车库管理等设备或系统，以集中监视、控制和管理为目的构成的综合系统。

（2）通信网络系统（Communication Network System，CNS）是楼内的语音、数据、图像传输的基础，同时与外部通信网络（如公用电话网、综合业务数据网、计算机互联网、数据通信网及卫星通信网等）相连，确保信息畅通。

（3）系统集成（System Integration，SI）是将智能建筑内不同功能的智能子系统在物理上、逻辑上和功能上连接在一起，以实现信息综合、资源共享。SI在硬件上指综合布线系统（Ceneric Cabling System，CCS），即指计算机网络。综合布线系统是建筑物或建筑群内部之间的传输网络，它能使建筑物或建筑群内部的语音、数据通信设备、信息交换设备、建筑物物业管理及综合业务数据网、计算机互联网、数据通信网及卫星通信网等相连，确保信息畅通。

（4）办公自动化系统（Office Automation System，OAS）是应用计算机技术、通信技术、多媒体技术和行为科学等先进技术，使人们的部分办公业务借助于各种办公设备，并由这些办公设备与办公人员构成服务于某种办公目标的人机信息系统。它的主建筑物自动化管理设备等系统之间彼此相连，也能使建筑物内通信网络设备与外部的通信网络相连。

技能 151　熟悉建筑智能化系统技术要点

（1）4C（Computer，Control，Communication，CRT）技术。主要体现：计算机技术发展到并行的分布式计算机网络技术、计算机操作和信息显示的图形化；自动控制系统发展到分布式控制系统（Distributed Control System，DCS）和现场总线控制系统（Fieldbus Control System，FCS）；通信技术发展到具备

ISDN/B-ISDN 的图形显示。

（2）建筑智能化技术依附于建筑是现代建筑技术与现代电子、信息、计算机控制及网络等高新技术发展相结合的产物，是技术进步的必然结果，是信息社会发展的必然要求，是智能化的相关技术在原有建筑技术基础上的应用及发展。离开了建筑本身，建筑智能化之智能就无从谈起。智能建筑与通常建筑虽有区别，但更多的是联系。作为建筑，其构成的最基本要素和其功能的最基本应用是相同的。区别主要在于实现"智能化"及其实现的程度。随着社会的进步，建筑智能化的实现会越来越普及，智能化程度也会越来越高，智能建筑与通常建筑的差别是越来越小，或者说未来的建筑都是智能化的建筑。

（3）建筑智能化技术综合了多学科的新技术，相关技术日新月异的发展必然会反映到智能建筑技术中。

（4）关于智能建筑，"智商"概念的提出，对于正确理解建筑智能化很有帮助，一方面承认智商的差异，另一方面承认智商可提高性。

技能 152 熟悉建筑智能化系统集成标准

1. 通信协议

（1）BACnet 标准。1987 年 1 月 ASHRAE（美国供热、制冷及空调工程师协会）组织了由来自世界各地的 20 名楼宇控制工业部门（包括大学、控制器制造商、政府机构与咨询公司）的志愿者组成了名为"SPC135P"的工作组制定 EMCS（关于楼宇能量管理与控制系统的通信）协议，1995 年 6 月通过为 BACnet 协议，同年 12 月升为美国国家标准。欧共体标准委员会也认可其为欧共体标准草案。BACnet 是一个完全开放性的楼宇自控网，它的协议开放性表现在：

1）独立于任何制造商，也不需要专用芯片，并得到众多制造商的支持。

2）有完善和良好的数据表示和交换方法。

3）按此标准制造成的产品有称为 PICS（Protocol Implementation Conformance Statement）的严格一致性等级。PICS 的主要内容包括描述供货商和 BACnet 设备、一致性等级、功能组、标准服务和专用服务清单、标准对象和专用对象清单、支持的网络选择。

4）产品有良好的互操作性，有利于系统的扩展和集成。

因而 BACnet 是当前智能建筑发展的方向和主流技术，它给楼宇自控设备与系统的产品指明了发展方向，同时也给制造商提供了公平竞争的商机和条件。用户是其最大的受益者。

（2）LonMark 标准。美国 Echelon 公司开发了部分固化于 Neuron 芯片中的 LonTalk 协议。该协议针对现场总线技术的发展，特别适用于新型数字化传感器、变送器、执行器等部件的直接点对点通信。该协议的应用对象不局限于楼宇自控系统。BACnet 被定为标准通信协议后，美国又成立了 LonMark 互操作协会，并公布了 LonMark 标准。该标准以 Echelon 公司针对现场总线技术的 Lon-Talk 协议为基础，适用于楼宇自动控制和其他工业控制领域。

LonTalk 协议直接面向对象，是 LonMarks 系统的灵魂，支持 OIS/RM 模型的 7 层协议、多种传输介质和多种传输速度。地址设置方法不仅提供了巨大的寻址能力，也提供了可靠的通信服务，同时又保证了数据的可靠传输。

LonMark 标准是实时控制领域方面为建筑物控制现场传感器与执行器间实现互操作的网络标准。它适合智能型大楼中 HVAC、电力供应、照明、消防、保安各系统间进行通信、互操作，还可提供一种较为经济、运用效果最佳的方法。LonMarks 网络和 LonTalk 协议已经被证明是控制节点间信息交流的最快和最可靠的工具，此外这个网络提供较低的节点访问价格比、高灵活性的网络拓扑结构、简化了的安装过程、允许无中继的长距离传输、提供了各种传输介质（包括：双绞线，光纤，动力线，射频），这些特点使 LonMark 网络成为理想的控制应用级网络。

高容量的数据通信则采用 Ethernet 以太网作为系统主干，效果可能更好。以太网在办公自动化方面能够传输大量的数据和信息。在控制主干采用以太网的另外一个优点是它采用 TCP/IP 协议，使控制网络同企业级网络如 Intranet 和 Internet 易于集成。这就确保了同迅速变化的计算机和网络技术的兼容，保护控制网络不作不必要的改变。所以推荐系统主干级采用以太网，控制级采用 LonMarks 网络。

（3）BACnet 与 LonMark。建筑设备自动化系统中 BACnet 与 LonMark 两项标准互为补充，实现了实时控制域和管理信息域的网络化运作。点对点双向通信、测控合一、相关数据库与实时数据库、产品互相操作，这些开放系统的特点已植入自动化中。实时控制的 LonMark 标准和信息管理的 BACnet 虽目标不尽一致，但应用时却有交叉之处。BACnet 是以控制器为基础，致力于把不同的"自动化孤岛"连成为一个整体的工作，用于设计低成本的智能式传感器或智能执行器比较困难，但确实包含了 LonMark 标准中一些应用，所以两套标准还是有重叠之处。LonMark 是解决真正开放的分布式控制的有效方法。在实时控制领域方面，尤其设备级适于采用 LonMark 标准；而信息管理域方面，在上层网之间适用于 BACnet 标准，这二者之间不是竞争而是互补。

BACnet 标准是信息管理域方面为实现不同的系统互联而制定的标准。BACnet 比 LonMark 的数据通信量更大，运作高级复杂的大信息量，过程处理更强大，组织处理能力适于大型智能建筑。大型智能建筑可分为若干区域，此时很有可能几个不同的系统（不同的厂家）存在。如果希望可在一个用户界面进行整个系统的操作，BACnet 是最经济、最理想的选择。

除上述两个主要标准协议外，尚有 Profibus FMS、BatiBuS、World FIP、CANBUS、FND、EID 等诸多协议。经济的国际化促进了技术标准的国际化。当前广泛用于智能建筑的标准通信协议是 BACnet 与 LonMark，而前者更具有普遍性。

2. 互联软件

（1）动态数据交换软件（Dynamic Data Exchange，DDE）。一种简单的客户机/服务器结构的应用程序间通信的技术，主要用于 Windows 应用程序之间的信息传递。Microsoft Win-dows，Macintosh System7 和 OS/2 等操作系统均提供此技术。DDE 常用作 Windows 台式计算机应用程序间数据共享（如文字处理系统、电子表格系统以及数据库等）的工具。当支持 DDE 的两个或多个程序同时运行时，它可用会话方式交换数据和命令。DDE 会话是在两个不同的应用间实现双向连接，依靠两者的应用程序可交替地传输数据。

尽管 Windows DDE 有一些缺陷，但它仍为应用程序间提供了一种简单、易使用的通信链路，使得模块化工业控制软件充分体现其自身的使用价值。专业化工业控制软件开发商已开发了具有特殊用途的应用软件产品。DDE 存在的局限性目前正由更强有力的 OLE 技术所取代。

（2）对象链接与嵌入软件（Object Linking and Embedding，DLE）。它定义并实现了一种允许应用程序链接到其他作为软件对象中去的通信（包括数据采集、数据处理等相关功能）规程。这种通信链接规程和协议叫做部件对象模式（Component Object Model，COM）。OLE 部件对象模式建立在部件的概念上。一个部件实际上就是一块可重复使用的软件，此部件可被嵌入到来自于其他软件供应商所提供的部件中去，也可成为一个专门的过程控制工具，且还能对一系列的 I/O 服务器起到彼此相互制约的作用。借助于 OLE，用户可从一个工业控制软件供应商那里购买图形方面的软件包，从另外的控制软件供应商那里购买报警信息记录和趋势曲线记录软件包，然后方便地构成用户所需要的应用程序。

OLE 通过剪贴板交换的是数据的位置，交换的是链接。通过 OLE 可以交换动态的数据链接，复制到剪贴板上的是目标，而不是数据。故原应用程序的数据变化直接反应到目标应用程序，因此 OLE 是"动态"地传递数据。OLE 的重要使用价值在于其具有管理复合文件的套装式应用程序的设计特点。这些应用程序具有不同的文件格式，且还可紧密地嵌入数据或对象的文件。声音和视频信号文件、电子表格、文本文件、矢量绘图以及位图是一些比较复杂的对象文件，常出现在复合文件中，每个对象的复合文件可建立在其自身的服务器应用程序中。通过 OLE 的使用，不同服务器应用程序的功能可集成在一起。OLE 允许实时数据嵌入到 Microsoft Excel 的工作面板中去。此时工作面板就成为了包含有过程实时数据对象的套装文件。

数据对象既可嵌入，也可链接。如果源数据保持其原来形式存入另一应用程序的数据文件中，则该数据为嵌入。这种情况下有两份相互独立的数据文件副本，只要嵌入的对象没变，对原文档所作的任何改变均不会使相应的文档发生变化。如果数据依然存在于一个分离的文件中，仅设置了指针指向存储于另外的应用程序的数据文件，则该数据是链接的。此时仅有一份文件存在，对原文档所作的任何改变都会自动地反映到相应的文档中。

(3) OPC 软件。为增加 OLE 在工业控制市场的使用价值，美国成立了一个专门研究 OLE 应用于工业控制领域的特别工作小组。该组织定义了一种基于 OLE 的通信标准，叫做用于过程控制的 OLE，即 OPC（OLE for Process Control）。

自动化技术因 PC 广泛应用而获得发展。各类自控系统不满足于单套、局部设备的自动控制，同时更强调系统间的集成。然而把不同制造商的系统和设备集成极难，需要为每个部件专门开发驱动或服务程序，还要把这些驱动或服务程序与应用程序联系。这种应用状态中的数据源为数据提供者，应用客户则为数据的使用者，它从数据源获取数据并进行进一步的处理。如果没有统一的规范与标准，就必须在数据提供者和使用者间分别建立一对一的驱动链接。一个数据源往往要为多个客户提供数据；一个客户又有可能需要从多处获取数据，因而逐一开发驱动或服务程序的工作量很大，OPC 就在这种背景下出现。采用 OPC 解决方案，使软件制造商将开发驱动服务程序的大量人力与资金集中到对单一的 OPC 接口的开发，用户则可把精力集中到控制功能的实现上。

OPC 是连接现场信息与监控软件的桥梁。有了 OPC 作为通用接口，就可把现场信号与上位机监控、人机界面软件方便地链接起来，并能与 PC 的某些通用开发平台和应用软件链接。总之 OPC 这个过程控制中的对象链接和嵌入技术和标准，为自动控制系统定义了一个通用的应用模式和结构，在 Server 端完成硬件设备相关功能；而 Client 端完成人机交互、或为上层管理信息系统提供支持，为应用程序间的信息集成和交互提供了强有力的手段。

(4) 开放式数据库链接软件（Open Database Connectivity, ODBC）。ODBC 是一种应用程序访问数据库的标准接口，也是解决异种数据间互联的标准。Microsoft 公司支持此标准，并将其纳入 Windows 98 和 Windows NT 等系统中，为包括关系数据库和非关系数据的异构环境中存取数据提供标准应用程序接口（Application Programming Interface, API）。数据库的标准化无疑是发展方向，如果各数据库厂商的产品都能支持统一的数据库语言与 API 标准，则异种数据库的集成将变得非常容易。ODBC 兼容的应用软件通过 SQL 结构化查询语言，可查询、修改不同类型的数据库。这样一个单独的应用程序通过它们可访问许多不同类型的数据库及不同格式的文件。ODBC 提供了一个开放的，从个人计算机、小型机、大型机数据库中存取数据的方法。使用 ODBC，开发者可开发出对多个异种数据库进行访问的应用程序。现 ODBC 已成客户端 Windows 和 Macintosh 环境下访问服务器数据的 API 标准。

（5）Web 网页技术。一种成熟、简便和十分有效，以低成本达到信息交流——共享的信息传播与处理技术。在智能建筑中弱电系统集成的前提是集成与被集成对象间信息的交互，进而在此基础上再实现协调与优化等目标。因此 Web 技术在智能建筑中的应用领域已从一般客户通过互联网去查询和获取信息，发展到直接用于弱电系统的集成任务中。故此具有廉价、简便以及网络集成商所熟悉等优点。

作为弱电系统集成方法存在的缺点：智能建筑中的监控系统普遍对实时性要求较高，往往通过中断方式满足实时性要求，而 Web 服务器则通常采取定时刷新数据提供浏览方式，就会导致实时性较差，而且大量数据浏览后尚需筛选与加工。

应该全面分析 Web 技术在系统集成中的优劣，设计时扬长避短。在无严格实时性要求的管理系统集成时，Web 技术的简便性、经济性较突出，可作为优选方案。相反场合下，则应慎重考虑。

随着 Internet 的飞速发展，采用 Web 技术的系统应用已较成熟，同样 BMS 系统集成产品随技术潮流，采用先进的 Web 技术也是大势所趋。因此真正意义上的智能建筑 BMS 系统集成产品应是基于真正开放的标准（如 OPC）、采用子系统平等方式集成和采用 B/S 结构、Web 技术的产品。

技能 153　熟悉建筑智能化系统集成平台

1. 用户层

用户层采用基于 Web 的管理，除提供 GUI 用户显示界面外，还支持浏览器方式在 Internet 环境中调阅集成的所有信息。基于网络的多用户操作管理可很好地支持多用户操作管理界面，允许存在多个用户操作同一管理界面，或者是不同的用户根据管理需要制作不同的管理界面，这些不同的用户可具有不同的管理权限和管理范围。用户层具有功能强大的组态工具，可快捷地形成应用的组态画面，使操作管理界面生动、形象。在用户层可对系统信息进行加工、分析，并基于历史数据对一些事件的运行趋势进行智能分析和预测，对可能出现故障的设备进行预报警，提出预测和主动维护建议。通过对各集成子系统进行综合优化设计，充分实现信息资源的共享，提供系统管理性能和全局事件的处理能力。在实现系统联动的同时提升综合管理能力，实现了智能建筑的集中报警管理、建筑内各专业子系统间的互操作、快速响应与联动控制。

2. 服务层

服务层具有功能强大的数据库系统，将所有现场设备在运行过程中所采集的信息进行分类、分析、处理，并按规则进行记录，创建相应的数据库，进行数据库管理。服务层设置对外接口服务模块、语音服务模块、短信服务模块及全局事件处理模块，运行于服务器的软件模块提供对应于用户层的各种功能。

3. 子系统层

子系统层支持多种通信接口和协议，集成了 RS-232、RS-422、RS-485 串行协议、TCP/IP 网络协议，以及 OPC、DDE、ODBC、SOCKET、API 等控制协议。覆盖目前市场上大多数厂家的产品，满足开放系统灵活的集成模式。

技能 154　熟悉建筑智能化系统集成实施

1. 设计

（1）初步设计。根据用户需求，对系统需求、建设目标、技术方案及各子系统作出概略的功能描述，对系统总体设计与设备选型以及工程施工要求作出建议，对建设总经费作出概算，以便建设决策。

（2）深化设计。对初步设计方案的修改、细化和补充，深化设计方案内容如下：

1）用户需求详细说明、方案设计技术说明。

2）系统总体架构及各系统间的关联分析、各子系统的功能描述及实现方法。

3）设备选型分析及所选设备的功能、性能说明及设备清单。

4）工程进度计划、工程安装施工图。

5）系统测试及验收方式。

6）设备及工程经费预算。

7）工程保障措施、培训及服务计划。

2. 施工

（1）质量管理。遵照国家和国际质量管理和质量保证体系，建立多方面、多层次、多专业、全员的质量管理体系。保证集成系统中的每个系统，每个应用软件的每个模块，都质量可靠。否则只要有一个环节质量出问题，就可能导致系统全方面崩溃。

（2）搞好总体设计。在智能化系统招标文件的指导下，在工程建议设计方案的基础上，进一步确定系统远期、近期目标，确定系统总体结构、系统功能、系统划分、系统支撑环境，制定系统的代码共用数据库，提出系统的运行保证措施，提出实施步骤和经费计划等总体设计必须经得起各方面的反复推敲、专家评审，保证万无一失。

（3）平台多样、灵活。由于计算机技术发展特快，软、硬件平台不断更新换代，因此要充分考虑平台的灵活多样。

（4）搞好接口设计。各子系统间、各应用软件间、各设备间的接口设计搞好，系统的总体性能和综合效益才得以充分发挥。因此要安排专门力量研究接口方法和接口技巧。

（5）做好各类测试。系统集成是分阶段开发的，故有的测试只能用模拟方式进行，有些项目测试的难度较大。

（6）建立质保体系。系统集成的工程文档包括：工程质量管理手册、设计文件、程序文件、质量记录、技术档案、外来文件等，这些文档系统能准确地将工程质量管理中所涉及的各个要素细化、展开，把各项工程及其结果用文字规定下来。在重要工作环节采用报告制度，在关键时刻发出通报文件，在每一阶段的开始和结束都要有计划和总结文件。利用文档控制建立质量保证体系。

（7）建立工程管理规范。利用质量过程控制理论管理工程，建立工程管理规范，使质量过程控制可用于系统集成工程的全过程。产品验收后应提交文件为：测试验收方案、验收实施方案、各种测试质量记录、验收报告和不合格报告。

（8）建立工程数据库。工程数据库可协助集成商、用户和工程技术人员及时掌握工程中的技术问题、质量问题、进度和有关档案，及时采取决策和措施。利用工程数据库可作为技术交流和培训的平台，提高全体工程人员的技术水平和管理水平。将工程数据库用于辅导工程管理和质量控制。

3. 竣工

（1）系统检测。

1）设备上电前测试系统的安全地和主接地、接地回路的电阻。

2）系统投运前按正常、中间、满负载和设定的故障条件下测试网络系统的响应和可靠性，保证设计要求的网络宽带和吞吐量，对有保密性要求的系统，应检测其系统安全性和电磁兼容性。

3）软件运行后通过数据读取和接收测试数据库和数据格式，确定数据库的兼容性及实时数据库响应时间；测试操作员界面，确认系统的各功能（包括运行模式、时钟校对、顺控操作、联锁控制、事件操作、紧急操作和正常操作）正确实现，系统达到设计要求，各种操作是否安全、正确和无冲突；检测不同网络负载条件下，各种操作是否在指定的响应时间内完成。

4）按照"接口测试大纲"检测各子系统之间的全部功能接口检测接口的功能、所用标准和协议、软件和数据接口、命名约定、设计约束、电磁兼容性、制造和安全质量、维护方式，保证整个系统的兼容性，并实现接口的功能要求。

5）确认供电正常检测 UPS 和供电系统，测试 UPS 充电性能和故障切换时间及其在线检测系统，保证系统的可用性。

6）根据消防、公安部门的要求，实施强制性法令、法规所规定的检测内容。

7）检测被集成的各子系统与集成系统之间通信的准确性保证各被集成的子系统物理上和逻辑上实现互联，整个系统成为一个有机的整体，以实现信息资源的共享和整体任务的协同工作。

8）考察集成系统的协调调度和综合优化控制功能保证实现建筑设备、综合业务系统的管理信息系统功能及辅助决策功能。

9）考察监测系统的容错性能容错性能包括冗余切换、故障检测与诊断、事故情况下的安全保障措施等。

10）检测与外界各子系统的集成功能包括与消防、公安、电信、广电、给水排水、供电等公共设施的通信能力及系统的互联性能。

11）考察系统维护系统集成商须依据故障树分析法提出可靠性维护的重点、故障模式及其发生时间的分析，做出计划性和预防性维护计划。提供辨别、隔离和故障查找及迅速排除故障的措施，保证系统的平均无故障时间或可用性，保证故障设计要求的平均维护时间。系统集成商必须提供系统维护说明书，在系统验收时应对系统的可维护性措施逐项验收。

（2）验收系统。

1）设备齐套性。

a. 系统设备配置清单是否与实际的系统配置一致。

b. 系统设备、材料及软硬件性能是否满足设计要求，并对设备性能测试记录和验收报告进行审核，有不符之处需重新测试。

c. 系统安装和调试是否符合有关的规范要求，并审查系统安装调试测试验收报告。

2）文档齐套性。

a. 系统文档应根据设计要求，提供全套竣工文件和图样。

b. 提供软硬件使用维护说明书、接口设计规范及检测大纲、软件设计文档与编程文件、计划维护和预防性维护分析以及说明文件。

c. 检查文档编写是否符合文档编制规范，是否保证集成系统在技术上的可移植性，并检查文档与实际工程的符合性。

3）功能验收。

a. 对重要功能（如消防联动系统、故障检测与诊断系统）通过现场试验，检查系统总体功能。

b. 检查测试报告和测试记录与实际相符程度、设计要求满足程度，以核查系统的集成功能。

4）可靠性与可维护性。

a. 通过设定系统故障（如断电、网络故障等重要系统故障），检查系统的容错能力、故障处理能力等可靠性和可维护性性能。

b. 对有保密性要求的集成系统，应对系统安全性（包括身份认证、授权管理、访问控制、信息加密和解密以及抗病毒攻击能力等）有关项目，进行检查和验收。

5）环境及人机工程。

a. 设备及软件在规定的环境下能否正常运转。

b. 系统设计是否符合人机工程学，能否便于使用和维护。

技能 155　　了解智能管理系统的分类

1. 信息管理型

信息管理型是由事务处理型办公系统支持的，以管理控制活动为主，除具备事务处理型系统的全部功能外，还增加信息管理功能。根据不同的应用又分为：政府机关型、商业企业型、生产管理型、财务管理型和人事管理型等。

2. 事务处理型

它和信息管理型系统在硬件上基本相同，无本质的区别。但事务型仅通过网络使各计算机能够实现资源共享，各计算机的工作基本独立。而信息型多了一个层次结构，中心机通过集成系统对各计算机实现了综合管理，各计算机分别在不同的层次上工作，协同性能更好，各计算机通过网络成为服务于某特定目标的整体。集成系统的本质就是把事务处理型办公系统和数据库密切结合。

3. 决策支持型

它是在事务处理系统和信息管理系统的基础上增加了决策或辅助决策功能的最高级的办公自动化系统，主要担负辅助决策的任务，即对决策提供支持。它不同于一般的信息管理，要协助决策者在求解问题答案的过程中方便地检索出相关的数据，对各种方案进行试验和比较，对结果进行优化。

技能 156　　了解智能管理系统软件的功能及特点

1. 功能

（1）系统操作管理。设定系统操作员的密码、操作级别、软件操作及设备控制的权限。

（2）报警/信息显示和打印。通过计算机显示器信息窗口，提供实时的采样点状态信息（包括采样点编号、地址、时间、警报状态、操作员确认时间等）。

（3）图形显示/控制器。用多窗口图形技术，可在同一个显示器上显示多个窗口图形。

（4）文本显示。提供文本显示模块，该模块可以电子邮件方式提供信息。

（5）系统操作指导。为使管理人员熟悉本系统的正确操作，系统软件提供系统操作指导模块。

（6）设定系统辅助功能。提供采样点信息、控制流程或报表、文件的复制或存储；提供用户终端运行状态；设定系统脱网模式、系统巡检速率；设置文件处理模式，提供系统主机硬盘容量的查询和显示。

（7）工具软件。系统工程编制提供给程序员（工程师级）进行本系统工程设计、应用的工具软件。

（8）故障自诊断。当系统的硬件或软件发生故障时，系统通过动态图形标记或文字的方式，提示系统故障的所在和原因。

（9）设定组合控制。提供组合控制模块，该模块可将需要同时控制的若干个不同的控制对象组合在一起。组合控制也可以由时间或事件响应程序联动执行。

（10）节假日期设定。提供若干年内的节假日期或特定日期的设定。

（11）快速信息检索。提供快速信息检索模块，可以通过信息点地址来检索该信息点所在位置。

（12）报警的处理。根据电脑显示器显示的报警窗口图形的提示，获取报警点的级别，管理人员按轻重缓急来处理这些报警信号。

（13）安防管理。提供安防管理模块，该模块可自动显示和记录巡更状态，可联动视频监控 CCTV 系统，对现场状态进行监视和记录。

（14）智能卡系统管理。提供智能卡的运行模块，对出入口（门禁）等进行控制。

（15）直接数字控制模式。提供直接数字控制模式，主要用于对建筑设备控制。

（16）控制设备节能。提供对建筑物内设备的节能控制。

2. 特点

（1）系统的界面软件设计应便于管理人员操作，应采用简捷的人机会话中文系统。

（2）建立系统应用软件包，编制应用控制程序、时间或事件响应程序，编成简单的操作方式，让操作者易掌握。

（3）具有自动纠错提示功能和设备故障提示功能，协助操作员正确操作系统，帮助系统维修人员迅速发现故障所在处，采用正确的方法维修系统的硬件设备和软件模块。

（4）对智能卡系统软件提供支持，智能卡系统可与建筑物内的出入口（门禁）系统、物业管理、商业财务管理、职工人事工资、考勤管理等多个子系统物理性地融为一体。

（5）提供与电话和寻呼系统直接通信的能力。

（6）设置不依赖于中央控制软件，各外围分站能够完全独立地监视和控制所属区域的设备。

技能 157 　 了解智能服务系统的构成

（1）功能构成智能化住宅小区的功能构成如图 12-1 所示。

（2）网络构成智能化住宅小区的网络构成如图 12-2 所示。

（3）通信系统构成智能化住宅小区的通信系统构成如图 12-3 所示。

技能 158 　 了解智能服务系统软件的组成及功能

1. GIS（Geographic Information System）的应用

物业信息管理系统中采用 Mapinfo 等 GIS 可实现图表达与处理功能、电子地图详尽直观的显示功能、数据查询分析功能和数据的可视表达方式。把建筑物和环境赋予到 GIS 中，通过 3D 模型创建特定项目的物理模型，该工程所有设施的静态与动态信息都集成到物业地理信息系统中，从而实现可视化监控和管理。

2. 资产管理系统的应用

应用此系统建立资产管理解决方案，可帮助企业购买、跟踪、管理和出售其重要资产。通过模块化的设计，将资产管理结合到工作的各个方面。

3. 今日任务模块

此模块用以明确列出物业管理工作的当日任务。

4. 工作计划模块

此模块是物业信息管理系统的重要部分，建立在操作界面主菜单工具栏的"工作计划"之下。用户必须键入正确的"用户名"和"密码"，才能打开"工作计划"对话框。工作计划是按照"标题"和"作者"进行分类的，可为用户增加新的工作计划和配置数据。

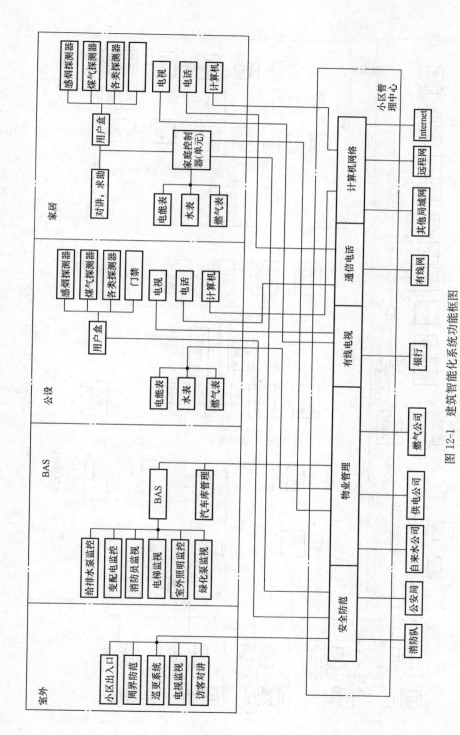

图 12-1 建筑智能化系统功能框图

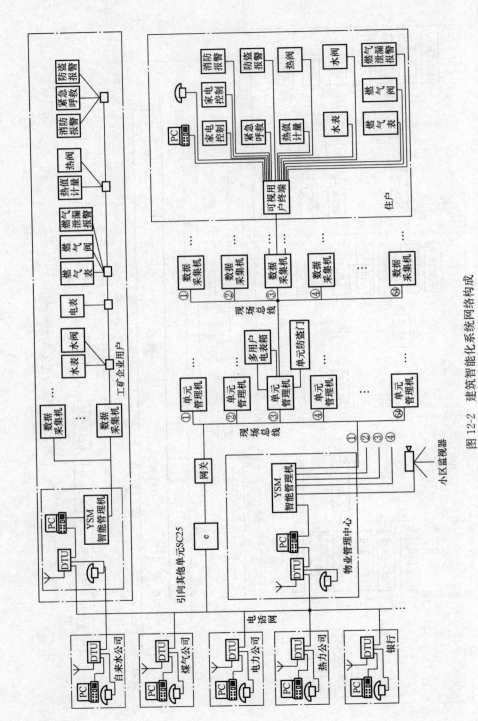

图 12-2 建筑智能化系统网络构成

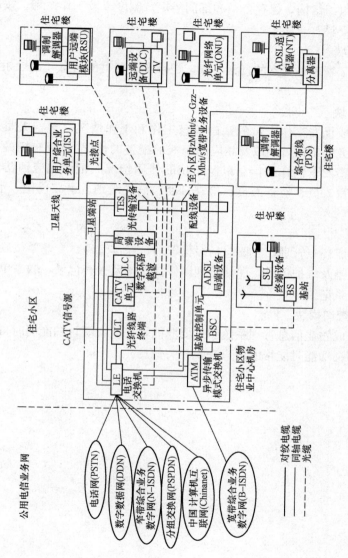

图 12-3 住宅小区通信系统构成

5. 工程设备管理模块

主要包括设备管理、报修管理、维修计划、库存管理。

6. 人事管理模块

显示公司组织结构，保存公司和部门的规章制度以及工作计划。按部门管理员工以及相关资料。

7. 办公模块

此模块用于管理办公室的日常事务，记录客户投诉的信息，记录相应的公司的文档。

8. 安防模块

此模块完成保安工作人员的基础信息工作和工作情况（包括人员名称、岗位、籍贯、职务、工作日期以及相应的警戒的配备的情况），对车辆的车位进行管理。记录车主的车辆详细信息以及车位的使用情况。记录相应消防区域的名称、地点、负责人员、检查人员、检查日期、消防级别、事故登记、消防器材、消防检查记录。

9. 环卫模块

此模块完成环卫管理，主要包括绿化管理、保洁管理、专业单位联系。绿化管理即绿化安排及维护记录，保洁管理即保洁安排及检查记录，联系单位即联系单位信息及联系记录。

10. 统计查询模块

此模块完成物业信息管理系统的重要职能，在执行统计功能同时可打印统计报表，执行查询功能时能帮助用户查找相关信息。

第十三章

防雷与接地设计

建筑防雷等级的划分，见表 13-1。

表 13-1　　　　　　　　　　　建筑防雷等级的划分

项目	内　　容
划为第一类的防雷建筑物	（1）制造、使用或储存炸药、火药、起爆药、火工品等大量爆炸物质的建筑物，因电火花而引起爆炸，会造成巨大破坏和人身伤亡的。 （2）具有 0 区或 10 区爆炸危险环境的建筑物。 （3）具有 1 区爆炸危险环境的建筑物，因电火花而引起爆炸，会造成巨大破坏和人身伤亡的
划为第二类的防雷建筑物	（1）国家级重点文物保护的建筑物。 （2）国家级的会堂、办公建筑物、大型展览和博览建筑物、大型火车站、国宾馆、国家级档案馆、大型城市的重要给水水泵房等特别重要的建筑物。 （3）国家级计算中心、国际通信枢纽等对国民经济有重要意义且装有大量电子设备的建筑物。 （4）制造、使用或储存爆炸物质的建筑物，且电火花不易引起爆炸或不致造成巨大破坏和人身伤亡的。 （5）具有 1 区爆炸危险环境的建筑物，且电火花不易引起爆炸或不致造成巨大破坏和人身伤亡的。 （6）具有 2 区或 20 区爆炸危险环境的建筑物。 （7）工业企业内有爆炸危险的露天钢质封闭气罐。 （8）预计雷击次数大于 0.06 次/年的部、省级办公建筑物及其他重要或人员密集的公共建筑物（如集会、展览、博览、体育、商业、影剧院、医院、学校等）。 （9）预计雷击次数大于 0.3 次/年的住宅、办公楼等一般性民用建筑物

项目	内　　容
划为第三类的防雷建筑物	（1）省级重点文物保护的建筑物及档案馆。 （2）预计雷击次数大于或等于 0.012 次/年，且小于或等于 0.06 次/年的部、省级办公建筑物及其他重要或人员密集的公共建筑物。 （3）预计雷击次数大于或等于 0.06 次/年，且小于或等于 0.3 次/年的住宅、办公楼等一般性民用建筑物。 （4）预计雷击次数大于或等于 0.06 次/年的一般性工业建筑物。 （5）根据雷击后对工业生产的影响及产生的后果，并结合当地气象、地形、地质及周围环境等因素，确定需要防雷的 21 区、22 区、23 区火灾危险环境。 （6）在平均雷暴日大于 15 日/年的地区，高度在 15m 及以上的烟囱、水塔等孤立的高耸建筑物；在平均雷暴日小于或等于 15 日/年的地区，高度在 20m 及以上的烟囱、水塔等孤立的高耸建筑物

技能 160　了解建筑物防雷的原则及措施

1. 建筑物防雷原则

（1）建筑防雷设计，应根据地质、地貌、气象、环境等条件和雷电活动规律以及被保护物的特点等，采取相应的防雷措施，对所采用的防雷装置做技术经济比较，使其符合建筑形式和其内部存放设备和物质的性质，做到安全可靠、技术先进、经济合理以及施工维护方便。

（2）建筑物防雷工程是一个系统工程，必须将外部防雷措施和内部防雷措施作为整体综合考虑。

（3）建筑物电子信息系统应根据所在地区雷暴等级，对设置在不同的雷电防护区，以及系统对雷电电磁脉冲的抗扰度，应采取不同防护标准。

（4）建筑防雷设计时宜明确建筑物防雷分类和保护措施及相应的防雷做法，如接闪器、引下线、接地装置、屏蔽、等电位联结、电涌保护器、安全距离隔离措施等。

2. 建筑物防雷措施

（1）总体原则。

1）各类防雷建筑物均应采取防直击雷和防雷电波侵入的措施。装有防雷装置的建筑物，在防雷装置与其他设施和建筑物内人员无法隔离的情况下，应采取等电位联结。

2）建筑物防雷设计包括六个要素：接闪功能、分流影响、屏蔽作用、均衡电位、接地效果和合理布线等。

3）现代建筑物内电子设备较多，应通过采取等电位联结、屏蔽、合理选择过电压保护器、合理布线和良好的接地等方法，以减少建筑物内的雷电流和产生的电磁效应，防止反击及接触电压、跨步电压、二次雷害和雷电电磁脉冲所造成的危害。

（2）防直击雷的措施。

1）在建筑物易遭受雷击的部位，如图 13-1 所示。装设避雷网（带）或避雷针或其混合组成的接闪器，避雷网格的最大尺寸见表 13-2。为提高可靠性和安全性，便于雷电流的流散以及减少流经引下线的雷电流，所有避雷针都应采用避雷带相互连接。

2）引下线不应少于两根，并沿建筑物四周均匀或对称布置，其间距及每根引下线的冲击接地电阻最大值不超过表 13-2 所列数值。当利用建筑物四周的钢柱或柱内钢筋作引下线时，引下线可按跨度设置，但其平均间距应符合表 13-2，建筑物外廓各个角上的柱筋应被利用。

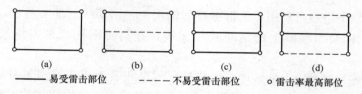

—— 易受雷击部位　　- - - - 不易受雷击部位　　○ 雷击率最高部位

图 13-1　建筑物易受雷击的部位

（a）平屋面；（b）坡度不大于 1/10 的坡屋面；

（c）大于 1/10，小于 1/2 的坡屋面；（d）坡度不小于 1/2 的坡屋面

表 13-2　　　　　　　　　　建筑物防直击雷装置的要求

防雷建筑物类别	避雷网格（m×m）	引下线间距（m）	接地电阻（Ω）
第一类防雷建筑物	≤5×5 或≤6×4	≤12	≤10
第二类防雷建筑物	≤10×10 或≤12×8	≤18	≤10
第三类防雷建筑物	≤20×20 或≤24×16	≤25	≤30

（3）防雷电感应的措施。

1）建筑物内的设备、管道、构架等主要金属物（不包括混凝土构件内的钢筋），可就近接至防直击雷接地装置或电气设备的保护接地装置上，不另设接地装置。

2）平行敷设的管道、构架和电缆金属外皮等长金属物，当其净距小于100mm 时应采用金属线跨接，跨接点间距不应大于 30m；交叉净距小于 100mm时，其交叉处应跨接。建筑物内防雷电感应的接地干线与接地装置的连接不应少

于两处。

（4）防雷电波侵入的措施。

1）当低压线路全长采用电缆埋地引入或电缆敷设在架空金属线槽内引入时，在入户端应将电缆金属外皮和金属线槽接地。

2）当低压线路采用架空线转换金属铠装电缆或护套电缆穿钢管直接埋地引入时，连接处应装设避雷器，避雷器、绝缘子铁脚、金具、电缆金属外皮、钢管等均应连接接地。架空和直埋的金属管道在进出建筑物处，应与防雷的接地装置连接或独自接地。

（5）等电位和防侧击的措施。

1）从首层起，每三层框架圈梁的底部钢筋与人工引下线或作为防雷引下线的柱内钢筋连接一次，竖直敷设的金属管道也应每三层与圈梁钢筋连接一次。

2）对于高度超过45m的第二类防雷建筑物和高度超过60m的第三类防雷建筑物，应考虑防侧击。

3）防侧击措施可利用建筑物本身的钢构架、钢筋或其他金属物，将上述高度以上的钢构架和混凝土的钢筋互相连接，并利用钢柱或柱内钢筋作防雷引下线。

4）上述高度及以上的外墙上的栏杆、门窗和表面装饰等较大的金属物应与防雷装置连接。竖直敷设的金属管道及金属物的顶端和底端应与防雷装置连接。

（6）防雷装置。

避雷针宜采用圆钢或焊接钢管制成。避雷带和避雷网宜采用圆钢或扁钢，应优先采用圆钢。防雷装置各部件的最小尺寸，见表13-3。

表13-3　　　　　　　　　　防雷装置各部件的最小尺寸

防雷装置的部件	圆钢直径（mm）	钢管直径或厚度（mm）	扁钢截面	角钢厚度
避雷针（长1m以下）	12	直径20		
避雷针（长1~2m）	16	直径25		
避雷带和避雷网	8		48mm² 厚4mm	
引下线	8		48mm² 厚4mm	
垂直接地体	10	厚3.5		厚4mm
水平接地体	10		100mm² 厚4mm	

技能161　了解电气系统接地的基本类型

电气系统（包括电力装置和电子设备）的接地可分为功能性接地和保护性

接地。

（1）功能性接地包括电力系统中性点接地、防雷接地及电子设备的信号接地（即为保证信号具有稳定的基准电位而设置的接地）、功率接地（即除电子设备系统以外的其他交、直流电路的工作接地）、电子计算机的直流接地（包括逻辑及其他模拟量信号系统的接地）和交流工作接地。

（2）保护性接地包括电力用电设备、电子设备和电子计算机等的安全保护接地（包括保护接地和接零）。

技能 162　熟悉电气系统各种接地要求

1. 低压配电系统接地

低压配电系统接地的基本要求：电气装置的外露导电部分应与保护线连接；能同时触及的外露导电部分应接至同一接地系统；建筑物电气装置应在电源进线处做总等电位联结；TN 系统和 TT 系统应装设能迅速自动切除接地故障的保护电器；IT 系统应装设能迅速反应接地故障的信号电器，必要时可装设自动切除接地故障的电器；TN 系统，N 线与 PE 线分开后，N 线不得再与任何"地"做电气连接。

2. 电气装置接地

电气装置接地的要求，见表 13-4。

表 13-4　电气装置接地

项目	内　　容
保护接地的范围	（1）应接地或接保护线的电气设备外露导电部分及装置外导电部分有：电器的柜、屏、箱的框架，金属架构和钢筋混凝土架构，以及靠近带电体的金属围栏和金属门；电缆的金属外皮，穿导线的钢管和电缆接线盒、终端盒的金属外壳等。 （2）除另有要求外，可不接地或接保护线的电气设备外露导电部分有：正常环境，干燥场所交流标称电压 50V 以下、直流 120V 以下的电气设备（Ⅲ级设备）的金属外壳；安装在电器屏、柜上的电器和仪器外壳；安装在已接地的金属架构上的设备，如套管等（应保证电气接触良好）
电气装置接地的一般要求	保护性接地和功能性接地可采用共同的或分开的接地系统。在建筑物的每个电源进线处应做总等电位联结

3. 信息系统接地

（1）建筑物内的信息系统（电子计算机、通信设备、控制装置等）接地分信号地和安全地两种。

（2）一般信息系统接地应采取单点接地方式。竖向接地干线采用 35mm² 的多股铜芯线缆（如 VV-1kV-1×35）穿金属管、槽的敷设，宜设置在建筑物的中间部位，不得与防雷引下线相邻平行敷设，避免防雷引下线的强磁场的干扰，并严禁再与任何"地"有电气连接，金属管、槽必须与 PE 线连接。由设备至接地母线的连接导线应采用多股编织铜线，且应尽量缩短连接距离。

（3）各种接地宜共用一组接地装置，接地电阻不大于 1Ω。若信号接地采用独立的专用接地系统，应与其余接地系统的地中距离不宜小于 20m。当建筑物未装设防雷装置时，专用接地系统宜与保护接地系统分开。

4. 防静电接地

凡可能产生静电危害的管道和设备均应接地，接地点不应少于两处。对于电子计算机房、洁净室、手术室等房间，应采用接地的导静电地面或导静电活动地板。对于专门用于防静电接地的接地系统，其接地电阻不宜大于 100Ω，若与其他接地共用接地系统，则接地电阻应符合其中的最小值要求。为保证人员安全，防静电接地的接地线应串联一个 1MΩ 的限流电阻，即通过限流电阻与接地装置相连。防静电接地的接地线不小于 6mm²。

技能 163　熟悉电气系统接地装置要点

（1）接地体和接地线的设置应满足：接地电阻值应能满足工作接地和保护接地规定值的要求；应能安全地通过正常泄漏电流和接地故障电流；选用的材质及其规格在其所在环境内应具备一定的防机械损伤、腐蚀和其他有害影响的能力。

（2）应充分利用自然接地体（如水管、基础钢筋、电缆金属外皮等），但应注意：选用的自然接地体应满足热稳定的条件；应保证接地装置的可靠性，不致因某些自然接地体的变动而受影响（如用自来水管作自然接地体时，应与其主管部门协议，在检修水管时应事先通知电气人员做好跨接线，以保证接地接通有效）；为安全起见，在利用自然接地体时，应采用两种以上。

（3）人工接地体可采用水平敷设或垂直敷设的角钢、钢管及圆钢，也可采用金属接地板。人工接地体宜优先采用水平敷设方式。

（4）接地母线或总接地端子作为一建筑物电气装置内的参考电位点，将其与电气装置的外露导电部分与接地体相连接，并与通过它将电气装置内的诸总等电位联结、互相连通。

（5）对于地下等电位联结，要求地面上任意一点距接地体不超过 10m，即要求地面下有 20m×20m 的金属网格。

技能 164　了解电气系统接地设计常用数据

（1）避雷针采用圆钢或焊接钢管制成，其直径不应小于表 13-5 所列数值。

表 13-5 避雷针规格

针长	材料	规格
<1m	圆钢	12mm
	钢管	20mm
1～2m	圆钢	16mm
	钢管	25mm
烟囱顶上的针	圆钢	20mm
	钢管	40mm

（2）避雷带和避雷网采用圆钢或扁钢，其尺寸不应小于表 13-6 和表 13-7 所列数值。

表 13-6 避雷带、避雷网规格

材 料	规 格
圆钢	直径 8mm
扁钢	截面 48mm²（厚度不小于 4mm）

表 13-7 烟囱顶上避雷环规格

材 料	规 格
圆钢	直径 12mm
扁钢	截面 100mm²（厚度不小于 4mm）

（3）金属屋面做接闪器条件，见表 13-8。

表 13-8 金属屋面做接闪器条件

条件	材料	规 格		备 注
金属屋面下无易燃物时	钢板	厚度不应小于 0.5mm	搭接长度不应小于 100mm	当金属屋面不符合上述规格时，应在金属屋面上做避雷网保护。金属屋面上刷油漆或 0.5mm 以下的沥青或 1mm 以下聚氯乙烯保护层，作防锈蚀之用
金属屋面下有易燃物时	钢板	厚度不应小于 4mm		
	铜板	厚度不应小于 5mm		
	铝板	厚度不应小于 7mm		

（4）接闪器的布置要求，见表 13-9。

表 13-9 接闪器的布置要求

建筑物防雷类别	滚球半径（m）	避雷网网格尺寸（m×m）
一类防雷建筑物	30	≤5×5 或≤6×4
二类防雷建筑物	45	≤10×10 或≤12×8
三类防雷建筑物	60	≤20×20 或≤24×16

（5）建筑物易受雷击部位，见表 13-10。

表 13-10　　　　　　　　　　　　　建筑物易受雷击部位

建筑物屋面的坡度	易受雷击部位	示意图
平屋面或坡度不大于 1/10 的屋面	檐角、女儿墙、屋檐	平屋顶 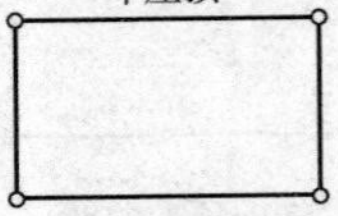 坡度不大于 1/10 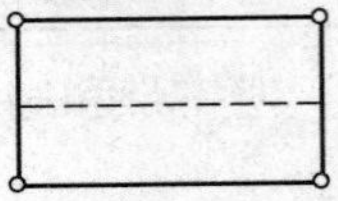
坡度大于 1/10，小于 1/2 的屋面	屋角、屋脊檐角、屋檐	坡度大于1/10，小于1/2 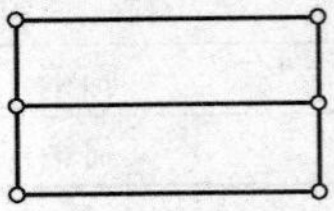
坡度大于或等于 1/2 的屋面	屋角、屋脊、檐角	坡度大于1/2 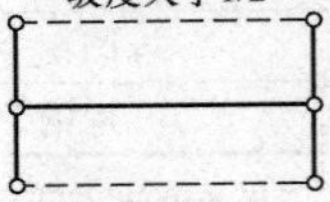

注　1. 屋面坡度用 a/b 表示：a—屋脊高出屋檐的距离（m）；b—房屋的宽度（m）。
　　2. 示意图中：—为易受雷击部位；○—雷击率最高部位；———为不易受雷击的屋脊或屋檐。

（6）避雷引下线选择，表 13-11。

表 13-11　　　　　　　　　　　　　避雷引下线选择

类别	材料	规格	备　　注
明敷	圆钢	直径≥8mm	（1）明设接地引下线及室内接地干线的支持件间距应均匀，水平直线部分宜为 0.5～1.5m；垂直直线部分宜为 1.5～3m，弯曲部分为 0.3～0.5m。 （2）明装防雷引下线上的保护管宜采用硬绝缘管，也可用镀锌角铁扣在墙面上。不宜将引下线穿入钢管内
	扁钢	截面≥48mm²（厚度≥4mm）	
暗敷	圆钢	直径≥10mm	
	扁钢	截面≥80mm²	
烟囱避雷引下线	圆钢	直径≥12mm	高度不超过 40m 的烟囱，可设一根引下线。超过 40m 的烟囱，应设两根引下线
	扁钢	截面≥100mm²（厚度≥4mm）	

（7）避雷引下线的数量及间距选择，见表 13-12。

表 13-12 避雷引下线的数量及间距选择

建筑物防雷分类	避雷引下线间距	避雷引下线数量	备　　注
一类	12m	大于 2 根	
二类	18m	大于 2 根	
三类	25m	大于 2 根	40m 以下建筑除外

（8）各种电气装置要求的接地电阻值，见表 13-13。

表 13-13 各种电气装置要求的接地电阻值

电气装置名称	接地的电气装置特点	接地电阻要求（Ω）
发电厂、变电站电气装置保护接地	有效接地和低电阻接地	$R \leqslant \dfrac{2000^{①}}{I}$ 当 $I > 4000A$ 时，$R \leqslant 0.5$
不接地、消弧线圈接地和高电阻接地系统中发电厂、变电站电气装置保护接地	仅用于高压电力装置的接地装置	$R \leqslant \dfrac{250^{②}}{I}$（不宜大于 10）
不接地、消弧线圈接地和高电阻接地系统中发电厂、变电站电气装置保护接地	高压与低压电力装置共用的接地装置	$R \leqslant \dfrac{120^{②}}{I}$（不宜大于 4）
低压电力网中，电源中性点接地		$R \leqslant 4$
	由单台容量不超过 100kV·A 或使用同一接地装置并联运行且总容量不超过 100kV·A 的变压器或发电机供电	$R \leqslant 10$
	上述装置的重复接地（不少于三处）	$R \leqslant 30$
引入线上装有 25A 以下的熔断器的小容量线路电气设备	任何供电系统	$R \leqslant 10$
	高低压电气设备联合接地	$R \leqslant 4$
	电流、电压互感器二次线圈接地	$R \leqslant 10$
土壤电阻率大于 500Ω·m 的高土壤电阻率地区发电厂、变电站电气装置保护接地	独立避雷针	$R \leqslant 10$
	发电厂和变电站接地装置	$R \leqslant 10$
建筑物	一类防雷建筑物（防止直击雷）	$R \leqslant 10$（冲击电阻）
	一类防雷建筑物（防止感应雷）	$R \leqslant 10$（工频电阻）
	二类防雷建筑物（防止直击雷）	$R \leqslant 10$（冲击电阻）
	三类防雷建筑物（防止直击雷）	$R \leqslant 30$（冲击电阻）
共用接地装置		$R \leqslant 1$

①I—流经接地装置的入地短路电流，A

$$I = \frac{U(L_{k} + 35L_{1})}{350}$$

当接地电阻不满足公式要求时，可通过技术经济比较增大接地电阻，不得大于 5 Ω。

②I—单相接地电容电流，A；U—线路电压；L_{k}—架空线总长度；L_{1}—电缆总长度。

（9）弱电系统接地电阻值，见表 13-14。

表 13-14   弱电系统接地电阻值

序号	名称	接地装置形式	规模	接地电阻值要求（Ω）	备注
1	调度电话站	独立接地装置	直流供电	≤15	P_e 为交流单相负荷
			交流供电 $P_e \leqslant 0.5$kW	≤10	
			交流供电 $P_e > 0.5$kW	≤5	
		共用接地装置		≤1	
2	程控交换机房	独立接地装置		≤5	
		共用接地装置		≤1	
3	综合布线系统	独立接地装置		≤4	
		接地电位差		≤1Vr.m.s	
		共用接地装置		≤1	
4	天馈系统	独立接地装置		≤4	
		共用接地装置		≤1	
5	电气消防	独立接地装置		≤4	
		共用接地装置		≤1	
6	有线广播	独立接地装置		≤4	
		共用接地装置		≤1	
7	楼宇监控系统、扩声、安防、同声传译等系统	独立接地装置		≤4	
		共用接地装置		≤1	

（10）人工接地装置规格，见表 13-15。

表 13-15   人工接地装置规格

类别	材料	规　格		接地体间距	埋设深度
垂直接地体	角钢	厚度≥4mm	一般长度不应小于2.5m	间距及水平接地体间的距离宜为5m	其顶部距地面应在冻土层以下并应大于0.6m
	钢管	壁厚≥3.5mm			
	圆钢	直径≥10mm			
水平接地体及接地线	扁钢	截面≥100mm²			
	圆钢	直径≥10mm			

（11）钢接地体和接地线的最小规格，见表 13-16。

表 13-16　　　　　　　　　　钢接地体和接地线的最小规格

种类、规格及单位		地上		地下	
		室内	室外	交流电流回路	直流电流回路
圆钢直径（mm）		6	8	10	12
扁钢	截面（mm²）	60	100	100	100
	厚度（mm）	3	4	4	6
角钢厚度（mm）		2	2.5	4	6
钢管管壁厚（mm）		2.5	2.5	3.5	4.5

（12）二类防雷建筑环形人工基础接地体的规格，见表 13-17。

表 13-17　　　　　　二类防雷建筑环形人工基础接地体的规格

闭合条形基础的周长（m）	扁钢（mm）	圆钢（根数×直径/mm）
>60	4×25	2×ϕ10
>40 至 <60	4×50	4×ϕ10 或 3×ϕ12
<40		钢材表面积总和>4.24mm²

注　1. 当长度相同、截面相同时，宜优先选用扁钢。

　　2. 采用多根圆钢时，其敷设净距不小于直径的 2 倍。

　　3. 利用闭合条形基础内的钢筋作为接地体时可按本表校验。除主筋外，可计入箍筋的表面积。

（13）三类防雷建筑环形人工基础接地体的规格，见表 13-18。

表 13-18　　　　　三类防雷建筑环形人工基础接地体的规格

闭合条形基础的周长（m）	扁钢（mm）	圆钢（根数×直径/mm）
>60	—	1×ϕ10
>40～<60	4×20	2×ϕ8
<40		钢材表面积总和>1.89mm²

注　1. 当长度相同、截面相同时，宜优先选用扁钢。

　　2. 采用多根圆钢时，其敷设净距不小于直径的 2 倍。

　　3. 利用闭合条形基础内的钢筋作为接地体时可按本表校验。除主筋外，可计入箍筋的表面积。

（14）单根垂直接地体的简化计算系数 K 值，见表 13-19。

表 13-19　　　　　　单根垂直接地体的简化计算系数 K 值

材料	规格（mm）	直径或等效直径（m）	K 值
钢管	ϕ50	0.06	0.30
	ϕ40	0.048	0.32

材料	规格（mm）	直径或等效直径（m）	K 值
角钢	40×40×4	0.033 6	0.34
	50×50×5	0.042	0.32
	63×63×5	0.053	0.31
	70×70×5	0.059	0.30
	75×75×5	0.063	0.30
圆钢	$\phi20$	0.02	0.37
	$\phi15$	0.015	0.39

注　表中 K 值按垂直接地体长 2.5m、顶端埋深 0.8m 计算。

（15）单根直线水平接地体的接地电阻值，见表 13-20。

表 13-20　　　　　　　　单根直线水平接地体的接地电阻　　　　　　　　（Ω）

接地体材料及尺寸 （mm）		接地体长度（m）											
		5	10	15	20	25	30	35	40	50	60	80	100
扁钢	40×4	23.4	13.9	10.1	8.1	6.74	5.8	5.1	4.58	3.8	3.26	2.54	2.12
	25×4	24.9	14.6	10.6	8.42	7.02	6.04	5.33	4.76	3.95	3.39	2.65	2.20
圆钢	$\phi8$	26.3	15.3	11.1	8.78	7.3	6.28	5.52	4.94	4.10	3.47	2.74	2.27
	$\phi10$	25.6	15.0	10.9	8.6	7.16	6.16	5.44	4.85	4.02	3.45	2.70	2.23
	$\phi12$	25.0	14.7	10.7	8.46	7.04	6.08	5.34	4.78	3.96	3.40	2.66	2.20
	$\phi15$	24.3	14.4	10.4	8.28	6.91	5.95	5.24	4.69	3.89	3.34	2.62	2.17

注　按土电阻率为 100Ω·m、埋深为 0.8m 计算。

（16）人工接地装置工频接地电阻值，见表 13-21。

表 13-21　　　　　　　　人工接地装置工频接地电阻值

形式	简图	材料尺寸（mm）及用量（m）				土壤电阻率（Ω·m）		
		圆钢 $\phi20$	钢管 $\phi50$	角钢 50×50×5	扁钢 40×4	100	250	500
						工频接地电阻（Ω）		
单根			2.5			30.2	75.4	151
		2.5				37.2	92.9	186
					2.5	32.4	81.1	162
2 根			5.0	2.5		10.0	25.1	50.2
			5.0	2.5		10.5	26.2	52.5

形式	简图	材料尺寸（mm）及用量（m）				土壤电阻率（Ω·m）		
		圆钢 φ20	钢管 φ50	角钢 50×50×5	扁钢 40×4	100	250	500
						工频接地电阻（Ω）		
3 根		7.5			5.0	6.65	16.6	33.2
				7.5	5.0	6.92	17.3	34.6
4 根		10.0			7.5	5.08	12.7	25.4
				10.0	7.5	5.29	13.2	26.5
5 根		12.5			20.0	4.18	10.5	20.9
				12.5	20.0	4.35	10.9	21.8
6 根		15.0			25.0	3.58	8.95	17.9
				15.0	25.0	3.73	9.32	18.6
8 根		20.0			35.0	2.81	7.03	14.1
				20.0	35.0	2.93	7.32	14.6
10 根		25.0			45.0	2.35	5.87	11.7
				25.0	45.0	2.45	6.12	12.2
15 根		37.5			70.0	1.75	4.36	8.73
				37.5	70.0	1.82	4.56	9.11
20 根		50.0			95.0	1.45	3.62	7.24
				50.0	95.0	1.52	3.79	7.58

（17）接地体的工频接地电阻与冲击电阻的比值，见表 13-22。

表 13-22　　　接地体的工频接地电阻与冲击电阻的比值 R/R_{ch}

各种形式接地体中接地点至接地体最远端的长度	土壤电阻率 ρ（Ω·m）			
	≤100	500	1000	≥2000
	比值 R/R_{ch}			
20	1	1.5	2	3
40	—	1.25	1.9	2.9
60	—	—	1.6	2.6
80	—	—	—	2.3

（18）土和水的电阻率参考值，见表13-23。

表 13-23   土和水的电阻率参考值

类别	名　称	电阻率近似值	电阻率的变化范围		
			较湿时（一般地区、多雨区）	较干时（少雨区、沙漠区）	地下水含盐碱时
土	陶黏土	10	5～20	10～100	3～10
	泥炭、泥炭岩、沼泽地	20	10～30	50～300	3～30
	捣碎的木炭	40	30～1000		
	黑土、园田土、陶土、白垩土	50			
	黏土	60		50～300	10～30
	砂质黏土	100	30～300	80～1000	10～30
	黄土	200	100～200	250	30
	含砂黏土、砂土	300	100～1000	＞1000	30～100
	河滩中的砂	—	300		
	煤	—	350		
	多石土	400	—		
	上层红色风化黏土、下层红色页岩	500(30％)湿度			
	表层土夹石、下层砾石	600(15％湿度)			
砂	砂、砂砾	1000	250～1000	1000～2500	—
	砂层深度＞10m、地下水较深的草原	1000	—	—	—
	地面黏土深度≤1.5m、底层多岩石				
岩石	砾石、碎石	5000	—	—	—
	多岩山地	5000	—	—	—
	花岗岩	20 000			
混凝土	在水中	40～55	—	—	—
	在湿土中	100～200	—	—	—
	在干土中	500～1300			
	在干燥的大气中	12 000～18 000			
矿	金属矿石	0.01～1	—	—	—
水	海水	1～5	—	—	—
	湖水、池水	30	—	—	—
	泥水、泥炭中的水	15～30	—	—	—
	泉水	40～50	—	—	—
	地下水	20～70	—	—	—
	溪水	50～100	—	—	—
	河水	30～280	—	—	—
	污秽的水	300	—	—	—
	蒸馏水	1 000 000	—	—	—

(19)各种性质土的季节系数，见表13-24。

表 13-24 各种性质土的季节系数

土的性质	深度（m）	ψ_1	ψ_2	ψ_3
黏土	0.5～0.8	3	2	1.5
	0.8～3	2	1.5	1.4
陶土	0～2	2.4	1.4	1.2
砂砾盖于陶土	0～2	1.8	1.2	1.1
园地	0～3	—	1.3	1.2
黄砂	0～2	2.4	1.6	1.2
杂以黄沙的砂砾	0～2	1.5	1.3	1.2
泥炭	0～2	1.4	1.1	1.0
石灰石	0～2	2.5	1.5	1.2

注 ψ_1—测量前数天下过较长时间的雨，土很潮湿时用之。

ψ_2—测量时土较潮湿，具有中等含水量时用之。

ψ_3—测量时土干燥或测量前降雨不大时用之。

(20)自然接地体的接地电阻值，见表13-25～表13-27。

表 13-25 直埋铠装电缆金属外皮的接地电阻值

电缆长度（m）	20	50	100	150
接地电阻值（Ω）	22	9	4.5	3

注 1. 本表编制条件为：土电阻率 ρ 为 100Ω·m，3～10kV，3×(70～185)mm² 铠装电缆，埋深 0.7m 时。

2. 当 ρ 不是 100Ω·m 时，表中电阻值应乘以换算系数：50Ω·m 时为 0.7；250Ω·m 时为 1.65；500Ω·m 时为 2.35。

3. 当 n 根截面相近的电缆埋设在同一沟槽中时，如单根电缆的接地电阻为 R_0，则总接地电阻为 $R_0/\sqrt{n}$。

表 13-26 直埋金属水管的接地电阻值 （Ω）

长度（m）		20	50	100	150
公称口径	25～50mm	7.5	3.6	2	1.4
	70～100mm	7.0	3.4	1.9	1.4

注 本表编制条件为：土电阻率 ρ 为 100Ω·m，埋深 0.7m。

表 13-27　　　　　　　　　　　钢筋混凝土电杆接地电阻估算表

接地装置形式	杆塔形式	接地电阻估算值（Ω）
钢筋混凝土电杆的自然接地体	单杆	0.3ρ
	双杆	0.2ρ
	拉线单、双杆	0.1ρ
	一个拉线盘	0.28ρ
n 根水平射线（$n \leqslant 12$，每根长约60m）	各型杆塔	$\dfrac{0.062\rho}{\pi+1.2}$

注　表中 ρ 为土的电阻率，单位是 Ω·m。

（21）浴室、卫生间各防护区域内装设电气设备的规定，见表13-28。

表 13-28　　　　　　　浴室、卫生间各防护区域内装设电气设备的规定

场所区域	0 区	1 区	2 区	3 区
电气设备的防护等级（不低于）	IPX7	IPX5	IPX4（公共浴池 IPX5）	IPX1（公共浴池 IPX5）
允许装设的电气设备	（1）只允许采用专用于浴缸的电器。（2）只允许使用标称电压不超过12V 的安全超低电压用电设备，其安全电源设于区外	只可装设电热水器	只可装设电热水器及Ⅱ类灯具	可装设插座，但应符合下列条件之一：（1）由隔离变压器供电。（2）由安全超低压（<50V）供电。（3）采用动作电流不大于30mA、动作时间不超过 0.1s 的剩余电流保护器
不允许装设的电气设备	不允许装设接线盒、开关设备及辅助设备	不允许装设接线盒、开关设备及辅助设备，但采用绝缘软线的线控开关除外		

（22）游泳池和地上游泳池各防护区域内装设电气设备的规定，见表13-29。

表 13-29　　　　　游泳池和地上游泳池各防护区域内装设电气设备的规定

场所区域	0 区	1 区	2 区
电气设备的防护等级（不低于）	IPX8	IPX4	IPX2（室内游泳池）IPX4（室外游泳池）

场所区域	0区	1区	2区
允许装设的电气设备	只允许采用标称电压不超过12V的安全超低电压供电的灯具和用电器具（如水下灯、水泵等）	（1）采用安全超低压供电； （2）采用Ⅱ类用电器具； （3）可装设地面内加热器件，但应用金属网格（与等电位接地相连的）或接地的金属罩罩住	（1）可装设插座，但应符合下列条件之一： 1）由隔离变压器供电； 2）由安全超低压供电； 3）采用动作电流不大于30mA、动作时间不超过0.1s的剩余电流保护器。 （2）用电器具应符合： 1）由隔离变压器供电； 2）Ⅱ类用电器具； 3）采用动作电流不大于30mA、动作时间不超过0.1s的剩余电流保护器。 （3）可装设地面内加热器件，但应用金属网格（与等电位接地相连的）或接地的金属罩罩住
不允许装设的电气设备	（1）不允许装设接线盒、开关设备及辅助设备； （2）不允许非本区的配电线路通过	（1）不允许装设接线盒、开关设备及辅助设备； （2）不允许非本区的配电线路通过	

（23）潮湿场所漏电电流保护器动作参数选择，见表13-30。

表13-30　　　　　潮湿场所漏电电流保护器动作参数选择

分类	接触状态	场所示例	允许接触电压	保护动作要求
Ⅰ类	人体非常潮湿	游泳池、浴池、桑拿浴室等照明灯具及插座	<15V	6～10mA <0.1s
Ⅱ类	人体严重潮湿	洗衣机房动力用电设备、厨房灶具用电设备等	<25V	10～30mA 0.1s
Ⅲ类	人体接触电压时，危险性较大	住宅中的插座，客房中的照明及插座，试验室的试验台电源，锅炉房动力设备、地下室电气设备	<50V	0～50mA 0.1s

（24）剩余电流保护器的分类，见表 13-31。

表 13-31 剩余电流保护器的分类

分类		额定漏电动作电流/mA	动作时间
高灵敏度型	快速型	5，15，30	额定漏电动作电流 0.1s 以内
	延时型		额定漏电动作电流延时 0.1～2s 1.4 倍额定漏电动作电流延时 0.2～1s
	反时限型		4.4 倍额定漏电动作电流时 0.2～0.5s 额定漏电动作电流 0.05s 以内
中灵敏度型	快速型	50，100，200 300，500，1000	额定漏电动作电流 0.1s 以内
	延时型		额定漏电动作电流延时 0.1～2s

（25）不同用途剩余电流保护器动作电流的选择，见表 13-32。

表 13-32 不同用途剩余电流保护器动作电流的选择

用 途	剩余电流保护器动作电流（mA）
手握式用电设备	15
环境恶劣或潮湿场所的用电设备	6～10
医疗电气设备	6
建筑施工工地的用电设备	15～30
家用电器回路	30
成套开关柜、分配电盘等	≥100
防止电气火灾	≤500

参 考 文 献

[1] 中华人民共和国建设部.JGJ 16—2008 民用建筑电气设计规范[S].北京:中国建筑工业出版社,2008.

[2] 中华人民共和国信息产业部、中华人民共和国建设部.GB 50311—2007 综合布线系统工程设计规范[S].北京:中国标准出版社,2007.

[3] 中华人民共和国建设部.GB/T 50314—2006 智能建筑设计标准[S].北京:中国计划出版社,2007.

[4] 中华人民共和国住房和城乡建设部.GB 50052—2009 供配电系统设计规范[S].北京:中国计划出版社,2010.

[5] 中华人民共和国建设部,中华人民共和国国家质量监督检疫总局.GB 50034—2004 建筑照明设计标准[S].北京:中国建筑工业出版社,2004.

[6] 中华人民共和国住房和城乡建设部.GB 50057—2010 建筑物防雷设计规范[S].北京:中国计划出版社,2007.

[7] 手册编写组.建筑电气设计手册[M].北京:中国建筑工业出版社,1991.

[8] 博智书苑.AutoCAD 辅助设计[M].北京:航空工业出版社,2010.

[9] 关光福.建筑电气[M].重庆:重庆大学出版社,2007.

[10] 马誌溪.电气工程设计与绘图[M].北京:中国电力出版社,2007.

[11] 翁双安.供电工程[M].北京:机械工业出版社,2004.

[12] 马誌溪.供配电工程[M].北京:清华大学出版社,2009.

[13] 谢杜初,刘玲.建筑电气工程[M].北京:机械工业出版社,2005.

[14] 段春丽,黄士元.建筑电气[M].北京:机械工业出版社,2007.

[15] 陈一才.现代建筑设备工程设计手册[M].北京:机械工业出版社,2001.

[16] 芮静康.建筑防雷与电气安全技术[M].北京:中国建筑工业出版社,2003.

[17] 孙成群.建筑工程设计编制深度实例范本——建筑电气[M].北京:中国建筑工业出版社,2004.

[18] 孙成群.简明建筑电气工程师数据手册[M].北京:中国建筑工业出版社,2004.